Springer-Lehrbuch

Springer
Berlin
Heidelberg
New York
Barcelona
Budapest
Hong Kong
London
Mailand
Paris
Tokyo

Wolfgang Domschke · Andreas Drexl

Einführung in Operations Research

Dritte, verbesserte und erweiterte Auflage

Mit 79 Abbildungen
und 58 Tabellen

Springer

Professor Dr. Wolfgang Domschke
Technische Hochschule Darmstadt
Institut für Betriebswirtschaftslehre
Fachgebiet Operations Research
Hochschulstraße 1
D-64289 Darmstadt

Professor Dr. Andreas Drexl
Christian-Albrechts-Universität zu Kiel
Lehrstuhl für Produktion und Logistik
Olshausenstraße 40
D-24118 Kiel

Die Deutsche Bibliothek - CIP-Einheitsaufnahme

Domschke, Wolfgang:
Einführung in Operations-Research : mit 58 Tabellen /
Wolfgang Domschke ; Andreas Drexl. - 3., verb. und erw. Aufl.
- Berlin ; Heidelberg ; New York ; Barcelona ; Budapest ;
Hong Kong ; London ; Mailand ; Paris ; Tokyo : Springer, 1995
(Springer-Lehrbuch)

ISBN 3-540-60202-X
NE: Drexl, Andreas:

ISBN 3-540-60202-x Springer-Verlag Berlin Heidelberg New York

ISBN 3-540-54386-4 2. Auflage Springer-Verlag Berlin Heidelberg New York

42/2202-5 4 3 2 1 0 - Gedruckt auf säurefreiem Papier

Vorwort (zur 3. Auflage)

Mehrfacher Einsatz des Buches in Lehrveranstaltungen haben uns in der Absicht bestärkt, auch bei der dritten Auflage dessen Grundkonzeption beizubehalten. Gegenüber der zweiten Auflage wurden einige Passagen des Manuskriptes – mit dem Ziel der Verbesserung der Verständlichkeit – umgeschrieben. An manchen Stellen haben wir Hinweise auf Aufgaben und Musterlösungen im inzwischen veröffentlichten "Übungsbuch Operations Research" aufgenommen. Diese sollen zum vertieften Verständnis beitragen. Gelegentlich werden Aspekte aus einer etwas anderen Sicht dargestellt; ein Beispiel hierfür ist die Dualität bei linearen Optimierungsproblemen.

In Kap. 6.4 haben wir einen Überblick über neuere heuristische Lösungsprinzipien (genetische Algorithmen, Simulated Annealing, Tabu Search) aufgenommen, die mit zunehmendem Erfolg zur Lösung großer, auch praktischer Probleme der ganzzahligen und kombinatorischen Optimierung eingesetzt werden.

Ein herzliches Dankeschön für die tatkräftige Unterstützung bei der Neuauflage gilt Frau Dipl.-Math. Gabriela Krispin sowie den Herren Dipl.-Wirtsch.-Inf. Robert Klein und Dr. Armin Scholl.

Darmstadt / Kiel, im Juni 1995

Wolfgang Domschke
Andreas Drexl

Vorwort (zur 1. Auflage)

Das vorliegende Buch ist aus **Vorlesungen zur Einführung in Operations Research** entstanden, die wir für Studenten der Betriebswirtschaftslehre, der Volkswirtschaftslehre, des Wirtschaftsingenieurwesens, der (Wirtschafts-) Informatik und der Mathematik an der Technischen Hoch-schule Darmstadt und an der Christian-Albrechts-Universität zu Kiel gehalten haben.

Das Operations Research hat sich in den letzten 20 Jahren stürmisch entwickelt. In allen grundlegenden Bereichen des Operations Research, mit denen wir uns in den Kapiteln 2 bis 10 dieses Buches näher auseinandersetzen, wurde eine Vielzahl unterschiedlicher Modelle und leistungsfähiger Verfahren konzipiert. Dasselbe gilt für diejenigen Bereiche, die sich mit primär anwendungsorientierten Problemen beschäftigen. Ein Ende dieser Entwicklung ist nicht in Sicht.

Die Ergebnisse dieser Forschungsbemühungen werden in einer Fülle von Fachzeitschriften und Monographien dokumentiert. Für die meisten dieser Publikationen gilt, daß sie von Fachleuten für Fachleute verfaßt werden. Für Anfänger ist der Zugang teilweise recht schwierig.

Dieses Buch ist angesichts der oben bereits genannten heterogenen studentischen Zielgruppe **ein einführendes Studienskript mit grundlegenden Modellen und Verfahren des Operations Research.** Im Vordergrund steht damit nicht die Darstellung neuester Forschungsergebnisse, sondern eine didaktisch günstige Aufbereitung und Vermittlung von Grundlagen dieser jungen Wissenschaft. Die Ausführungen sind so gehalten, daß sie weitgehend auch zum Selbststudium geeignet sind. Alle Verfahren werden daher, soweit erforderlich und mit vertretbarem Aufwand möglich, algorithmisch beschrieben und an Beispielen verdeutlicht. Ein über die in den Text gestreuten Beispiele hinausgehender Aufgaben- und Lösungsteil befindet sich in Vorbereitung.

Wir danken unseren Mitarbeitern, insbesondere Frau Dipl.-Math. *Birgit Schildt* sowie den Herren Dipl.-Wirtsch.-Inf. *Armin Scholl* und Dipl.-Math. *Arno Sprecher* für die kritische Durchsicht des Manuskripts sowie wertvolle Anregungen und Verbesserungsvorschläge. Herrn Dr. *Werner Müller* vom Springer-Verlag danken wir für die Aufnahme dieses Buches in die Reihe der Springer-Lehrbücher.

Wir widmen dieses Buch Barbara und Ulrike. Ihnen sollte ein OR-Preis verliehen werden: Während der Wochen und Monate, die wir mit dem Schreiben dieses Buches zugebracht haben und damit unseren Familien nicht zur Verfügung standen, ist es ihnen gelungen, unsere Kinder davon zu überzeugen, daß die Beschäftigung mit Operations Research die schönste und wichtigste Sache im Leben ist.

Wir hoffen, daß unsere Studenten und Kollegen nach der Lektüre des Buches diese Auffassung teilen.

Darmstadt / Kiel, im August 1990

Wolfgang Domschke
Andreas Drexl

Inhaltsverzeichnis

Symbolverzeichnis

$:=$	definitionsgemäß gleich (Wertzuweisung in Verfahren)
$\mathbb{N}$	Menge der natürlichen Zahlen
$\mathbb{R}$, $\mathbb{R}_+$	Menge der reellen bzw. der nichtnegativen reellen Zahlen
$\mathbb{Z}$, $\mathbb{Z}_+$	Menge der ganzen bzw. der nichtnegativen ganzen Zahlen
ϕ	leere Menge
∞	unendlich; wir definieren $\infty \pm p := \infty$ für $p \in \mathbb{R}$
$i \in I$	i ist Element der Menge I
$I \subseteq J$	I ist Teilmenge von J ($I \subset J$: I ist echte Teilmenge von J)
$I \cup J$	Vereinigung der Mengen I und J
$t : X \to \mathbb{R}$	Abbildung, die jedem Element von X einen Wert aus $\mathbb{R}$ zuordnet
$\min \{a_{ij} \mid i = 1,...,m\}$	Minimum aller $a_{1j}, a_{2j}, ..., a_{mj}$
$\|\delta\|$, $\|I\|$	Absolutbetrag von δ, Mächtigkeit der Menge I
$A = (a_{ij})$	Koeffizientenmatrix
$\mathbf{b} = (b_1,...,b_m)$	Vektor der rechten Seiten
$\mathbf{c} = (c_1,...,c_n)$	Vektor der Zielfunktionskoeffizienten
$c_{ij} = c(i,j) = c[i,j]$	Kosten (Länge, Zeit etc.) auf Pfeil (i,j) bzw. auf Kante [i,j]
$c(w)$	Länge des Weges w
$C(G) = (c_{ij})$	Kostenmatrix des Graphen G
E	Kanten- oder Pfeilmenge
$F(.)$	etwa $F(\mathbf{x})$, verwendet für Zielfunktionswert
$G = [V,E]$	ungerichteter, unbewerteter Graph
$G = (V,E)$	gerichteter, unbewerteter Graph
$G = (V,E,c)$	gerichteter Graph mit Kostenbewertung c
GE	Geldeinheiten
g_i	Grad des Knotens i (in ungerichteten Graphen)
m	Anzahl der Restriktionen
M	hinreichend große Zahl für fiktive Bewertungen
ME	Mengeneinheit(en)
n	Anzahl der Variablen
$\mathcal{N}(i)$, $\mathcal{N}(J)$	Menge der Nachfolger des Knotens i bzw. der Knotenmenge J
NB(i)	Menge der Nachbarn des Knotens i
S[1..n]	eindimensionales Feld der Länge n
T	Baum
V	Knotenmenge
$\mathcal{V}(i)$	Menge der Vorgänger des Knotens i
$\mathbf{x}$	wird vorwiegend als Vektor von Variablen x_{ij}, etwa $(x_{11}, x_{12},..., x_{mn})$, verwendet
ZE	Zeiteinheiten
∇f	Gradient der Funktion f

Kapitel 1: Einführung

1.1 Begriff des Operations Research

Menschliches Handeln schlechthin und wirtschaftliches Handeln im besonderen lassen sich vielfach als zielgerichteter, rationaler Prozeß beschreiben. Dieser ist in die **Phasen** *Planung (Entscheidungsvorbereitung), Entscheidung, Durchführung* und *Kontrolle* unterteilbar.

Planung kann dabei beschrieben werden als systematisch-methodische Vorgehensweise zur Analyse und Lösung von (aktuellen bzw. zukünftigen) Problemen. Die Abgrenzung zwischen Planung und Entscheidung (für eine Alternative, eine Lösung, einen bestimmten Plan) ist in der Literatur umstritten. Zumindest sind Planung und Entscheidung eng miteinander verbunden; denn während der Ausführung der einzelnen Teilprozesse der Planung sind zahlreiche (Vor-) Entscheidungen zu treffen. Die Alternative zur Planung ist die Improvisation.

Operations Research (OR) dient der Vorbereitung einer Entscheidung im Rahmen eines Planungsprozesses. Dabei werden quantifizierbare Informationen (Daten) unter Einbeziehung eines oder mehrerer operational formulierbarer Ziele verarbeitet. OR arbeitet mit Modellen (siehe Kap. 1.2). Zur Formulierung und Lösung der Modelle bedient es sich mathematischer Methoden.

Planung allgemein und damit auch OR-gestützte Planung vollzieht sich in einem **komplexen Prozeß** mit sechs Schritten, die sich wie folgt skizzieren lassen:

(1) *Erkennen und Analysieren eines Problems:* Ausgangspunkt des Prozesses ist das Auftreten von Entscheidungs- und Handlungsbedarf (z.B. in Form eines defizitären Unternehmensbereichs, eines defekten Betriebsmittels) oder das Erkennen von Entscheidungs- und Handlungsmöglichkeiten (z.B. Einsatz neuer Fertigungstechnologien, Einführen neuer Produkte).

(2) *Bestimmen von Zielen und Handlungsmöglichkeiten:* Rationales Handeln erfordert eine Zielorientierung, dh. die Ermittlung bzw. Vorgabe von Zielen. Alternative Möglichkeiten der Zielerreichung sind herauszuarbeiten und voneinander abzugrenzen. Da in der Regel aus den verschiedensten Gründen (begrenzter Kenntnisstand, Zeit- und/oder Budgetbeschränkungen) nicht alle Aspekte einbezogen werden können, entsteht ein vereinfachtes Abbild *(deskriptives Modell)* der Situation.

(3) *Mathematisches Modell:* Ausgehend vom deskriptiven Modell wird ein mathematisches Modell formuliert.

(4) *Datenbeschaffung:* Für das mathematische Modell sind, ggf. unter Einsatz von Prognosemethoden, Daten zu beschaffen.

(5) *Lösungsfindung:* Mit Hilfe eines **Algorithmus** (eines Verfahrens, einer Rechenvorschrift) wird das mathematische Modell unter Verwendung der Daten gelöst. Als Lösung erhält man eine oder mehrere hinsichtlich der Zielsetzung(en) besonders geeignete Alternativen.

(6) *Bewertung der Lösung:* Die erhaltene Lösung ist (auch im Hinblick auf bei der Modellbildung vernachlässigte Aspekte) zu analysieren und anschließend als akzeptabel, modifizierungsbedürftig oder unbrauchbar zu bewerten.

Diese Schritte bzw. Stufen stellen eine idealtypische Abstraktion realer Planungsprozesse unter Verwendung von OR dar; zwischen ihnen gibt es vielfältige Interdependenzen und Rückkoppelungen. Sie sind als Zyklus zu verstehen, der i.a. mehrmals – zumindest in Teilen – zu durchlaufen ist.
Eine ausführlichere Darstellung OR-gestützter Planungsprozesse findet man in Müller-Merbach (1973), Gal und Gehring (1981), Kern (1987) sowie Zimmermann (1992).

OR im weiteren Sinne beschäftigt sich mit Modellbildung und Lösungsfindung (Entwicklung und/oder Anwendung von Algorithmen) sowie mit Methoden zur Datenermittlung. OR im engeren Sinne wird in der Literatur (wie auch in diesem Buch) primär auf die Entwicklung von Algorithmen beschränkt.

1.2 Modelle im Operations Research

Modelle spielen im OR eine zentrale Rolle. Wir charakterisieren zunächst verschiedene Modelltypen und beschäftigen uns anschließend v.a. mit Optimierungsmodellen.

1.2.1 Charakterisierung verschiedener Modelltypen

Ein **Modell** ist ein vereinfachtes (isomorphes oder homomorphes) Abbild eines realen Systems oder Problems. OR benützt im wesentlichen Entscheidungs- bzw. Optimierungs- sowie Simulationsmodelle.

Ein **Entscheidungs**- bzw. **Optimierungsmodell** ist eine formale Darstellung eines Entscheidungs- oder Planungsproblems, das in seiner einfachsten Form mindestens eine Alternativenmenge und eine diese bewertende Zielfunktion enthält. Es wird entwickelt, um mit geeigneten Verfahren optimale oder suboptimale Lösungsvorschläge ermitteln zu können. **Simulationsmodelle** sind häufig sehr komplexe Optimierungsmodelle, für die keine analytischen Lösungsverfahren existieren. Sie dienen dem Zweck, die Konsequenzen einzelner Alternativen zu bestimmen (zu untersuchen, "durchzuspielen").

Während OR unmittelbar von Optimierungs- oder Simulationsmodellen ausgeht, dienen ihm Beschreibungs-, Erklärungs- sowie Prognosemodelle zur Informationsgewinnung. **Beschreibungsmodelle** beschreiben Elemente und deren Beziehungen in realen Systemen. Sie enthalten jedoch keine Hypothesen über reale Wirkungszusammenhänge und erlauben daher keine Erklärung oder Prognose realer Vorgänge. Ein Beispiel für ein Beschreibungsmodell ist die

Buchhaltung. **Erklärungsmodelle** werten empirische Gesetzmäßigkeiten oder Hypothesen zur Erklärung von Sachverhalten aus; Produktionsfunktionen sind Beispiele für Erklärungsmodelle. **Prognosemodelle** werden in der Regel zur Gruppe der Erklärungsmodelle gezählt; sie dienen der Vorhersage von zukünftigen Entwicklungen, z.B. des zukünftigen Verbrauchs eines Produktionsfaktors.

1.2.2 Optimierungsmodelle

1.2.2.1 Formulierung eines allgemeinen Optimierungsmodells

Ein Optimierungsmodell läßt sich allgemein wie folgt aufschreiben:

$$\text{Maximiere (oder Minimiere)} \quad z = F(\mathbf{x}) \tag{1.1}$$

unter den Nebenbedingungen

$$g_i(\mathbf{x}) \begin{Bmatrix} \geq \\ = \\ \leq \end{Bmatrix} 0 \qquad \text{für } i = 1,...,m \tag{1.2}$$

$$\mathbf{x} \in \mathbb{R}^n_+ \quad \text{oder} \quad \mathbf{x} \in \mathbb{Z}^n_+ \quad \text{oder} \quad \mathbf{x} \in B^n \tag{1.3}$$

Dabei sind:

$\mathbf{x}$	ein Variablenvektor mit n Komponenten[1]
$F(\mathbf{x})$	eine Zielfunktion
$\mathbf{x} \in \mathbb{R}^n_+$	Nichtnegativitätsbedingungen (kontinuierliche Variablen)
$\mathbf{x} \in \mathbb{Z}^n_+$	Ganzzahligkeitsbedingungen (ganzzahlige Variablen)
$\mathbf{x} \in B^n$	Binärbedingungen (binäre Variablen)

(1.1) entspricht einer Zielfunktion, die maximiert oder minimiert werden soll. (1.2) ist ein System von m Gleichungen und/oder Ungleichungen (Restriktionensystem). (1.3) ist der Wertebereich der Entscheidungsvariablen. Über unsere Formulierung hinaus müssen natürlich nicht alle im Vektor $\mathbf{x}$ zusammengefaßten Variablen aus demselben Wertebereich sein; vielmehr können einige Variablen nichtnegative reelle, andere nichtnegative ganzzahlige und weitere binäre Werte (0 oder 1) annehmen. Darüber hinaus ist es möglich, daß einige Variablen im Vorzeichen nicht beschränkt sind.

(1.1) – (1.3) ist insofern sehr allgemein, als sich fast alle von uns in den folgenden Kapiteln behandelten Modelle daraus ableiten lassen. Nicht abgedeckt sind davon Modelle mit mehrfacher Zielsetzung, wie wir sie in Kap. 2.8 behandeln, sowie Simulationsmodelle, die zumeist nicht in dieser einfachen Form darstellbar sind.

---

[1] Ein gegebener Vektor $\mathbf{x}$, bei dem alle Variablenwerte (Komponenten) fixiert sind, entspricht einer Alternative im obigen Sinne. Das Restriktionensystem (1.2) beschreibt damit in Verbindung mit (1.3) alle verfügbaren Handlungsalternativen.

Bemerkung 1.1 *(Problem – Modell):* Während wir in Kap. 1 konsequent von Optimierungsmodellen sprechen, verwenden wir in den folgenden Kapiteln fast ausschließlich den Begriff Optimierungsproblem. Der Grund hierfür besteht darin, daß es in der Literatur üblicher ist, von zueinander dualen Problemen und nicht von zueinander dualen Modellen, von Transportproblemen und nicht von Transportmodellen etc. zu sprechen.

1.2.2.2 Beispiele für Optimierungsmodelle

Wir betrachten zwei spezielle Beispiele zu obigem Modell, ein lineares Modell mit kontinuierlichen Variablen und ein lineares Modell mit binären Variablen.

Beispiel 1: Ein Modell der Produktionsprogrammplanung

Gegeben seien die Preise p_j, die variablen Kosten k_j und damit die Deckungsbeiträge $d_j = p_j - k_j$ von n Produkten (j = 1,...,n) sowie die technischen Produktionskoeffizienten a_{ij}, die den Verbrauch an Kapazität von Maschine i für die Herstellung einer Einheit von Produkt j angeben. Maschine i (= 1,...,m) möge eine Kapazität von b_i Kapazitätseinheiten besitzen. Gesucht sei das Produktionsprogramm mit maximalem Deckungsbeitrag.

Bezeichnen wir die von Produkt j zu fertigenden Mengeneinheiten (ME) mit x_j, so ist das folgende mathematische Modell zu lösen (vgl. auch das Beispiel in Kap. 2.4.1.2):

$$\text{Maximiere } F(\mathbf{x}) = \sum_{j=1}^{n} d_j x_j \tag{1.4}$$

unter den Nebenbedingungen

$$\sum_{j=1}^{n} a_{ij} x_j \leq b_i \qquad \text{für } i = 1,...,m \tag{1.5}$$

$$x_j \geq 0 \qquad \text{für } j = 1,...,n \tag{1.6}$$

(1.4) fordert die Maximierung der Deckungsbeiträge für alle Produkte. (1.5) stellt sicher, daß die vorhandenen Maschinenkapazitäten zur Fertigung des zu bestimmenden Produktionsprogramms auch tatsächlich ausreichend sind. (1.6) verlangt, daß nichtnegative (nicht notwendig ganzzahlige) "Stückzahlen" gefertigt werden sollen.

Bemerkung 1.2: Das Nebenbedingungssystem eines Optimierungsmodells stellt i.a. ein Erklärungsmodell dar; in (1.5) und (1.6) wird z.B. unterstellt, daß der Produktionsprozeß des betrachteten Unternehmens durch eine linear-limitationale Produktionsfunktion (Leontief-Produktionsfunktion) beschrieben, dh. daß der Faktorverbrauch durch diese Funktion erklärt werden kann.

Beispiel 2: Ein binäres Optimierungsmodell, das Knapsack-Problem

Ein Wanderer kann in seinem Rucksack unterschiedlich nützliche Gegenstände (Güter) verschiedenen Gewichts mitnehmen. Welche soll er auswählen, so daß bei einem einzuhaltenden Höchstgewicht maximaler Nutzen erzielt wird?

Beispielsweise mögen vier Gegenstände mit den Nutzen 3, 4, 2 bzw. 3 und den Gewichten 3, 2, 4 bzw. 1 zur Wahl stehen; das Höchstgewicht der mitnehmbaren Gegenstände betrage 9. Verwenden wir für Gut j die Binärvariable x_j (= 1, falls das Gut mitzunehmen ist, und 0 sonst), so läßt sich das Modell mathematisch wie folgt formulieren:

$$\text{Maximiere } F(\mathbf{x}) = 3x_1 + 4x_2 + 2x_3 + 3x_4 \tag{1.7}$$

unter den Nebenbedingungen

$$3x_1 + 2x_2 + 4x_3 + x_4 \leq 9 \tag{1.8}$$

$$x_j \in \{0,1\} \qquad \text{für } j = 1,...,4 \tag{1.9}$$

Vgl. zur Lösung von Knapsack-Problemen mittels Branch-and-Bound-Verfahren Domschke et al. (1995, Kap. 6) sowie zur Lösung mit dynamischer Optimierung Kap. 7.3.2.

1.2.2.3 Klassifikation von Optimierungsmodellen

Optimierungsmodelle sind v.a. nach folgenden Gesichtspunkten unterteilbar:

(1) Hinsichtlich des **Informationsgrades** in deterministische und stochastische Modelle. Bei **deterministischen** Modellen werden die Parameter der Zielfunktion(en) wie der Nebenbedingungen (im obigen Beispiel 1 alle p_j, k_j, a_{ij} und b_i) als bekannt vorausgesetzt; ist jedoch mindestens ein Parameter als Zufallszahl (bzw. Zufallsvariable) zu interpretieren, so liegt ein **stochastisches** Modell vor. Deterministische Modelle dienen der *Entscheidungsfindung bei Sicherheit*, stochastische Modelle der *Entscheidungsfindung bei Risiko.*
Wir beschäftigen uns vorwiegend mit deterministischen Modellen. Ein stochastisches Modell wird im Rahmen der dynamischen Optimierung in Kap. 7.4 betrachtet. Auch den Ausführungen zur Simulation in Kap. 10 liegen primär stochastische Modelle zugrunde.

(2) In Modelle mit **einer** und solche mit **mehreren Zielfunktionen:** Bei letzteren Modellen kann i.a. erst dann "optimiert" werden, wenn zusätzlich zu den Zielfunktionen und zum Nebenbedingungssystem **Effizienzkriterien** (Beurteilungsmaßstäbe für den Grad der Erreichung der einzelnen Ziele) angegeben werden können.
Wir beschäftigen uns nahezu ausschließlich mit Modellen mit einer Zielfunktion. Modelle mit mehreren Zielsetzungen behandeln wir nur im Rahmen der linearen Optimierung in Kap. 2.8.

(3) Hinsichtlich des **Typs der Zielfunktion(en) und Nebenbedingungen** in lineare Modelle mit reellen Variablen, lineare Modelle mit ganzzahligen oder Binärvariablen, nichtlineare Modelle usw. (vgl. Kap. 1.3).

(4) Bezüglich der **Lösbarkeit** unterteilt man die Modelle in solche, die in Abhängigkeit ihrer Größe mit **polynomialem** Rechenaufwand lösbar sind, und solche, für die bislang kein Verfahren angebbar ist, das jede Problemgröße mit polynomialem Aufwand zu lösen

gestattet. Beispiele für die Größe eines Problems oder Modells: n und m beschreiben die Größe des Modells (1.4) – (1.6), n = 4 ist die Größe des Modells (1.7) – (1.9).
Zur ersten Gruppe gehören nahezu alle von uns in Kap. 2 bis 5 beschriebenen Probleme. Probleme der zweiten Gruppe werden als $\mathcal{NP}$-schwer bezeichnet; mit ihnen beschäftigen wir uns v.a. in Kap. 6.

1.3 Teilgebiete des Operations Research

OR wird nach dem Typ des jeweils zugrundeliegenden Optimierungsmodells v.a. in die nachfolgend skizzierten Gebiete unterteilt.

a) Lineare Optimierung oder **lineare Programmierung** (abgekürzt LOP oder LP, gelegentlich auch als lineare Planungsrechnung bezeichnet; siehe Kap. 2 und 4): Die Modelle bestehen aus einer oder mehreren linearen Zielfunktion(en) und zumeist einer Vielzahl von linearen Nebenbedingungen; die Variablen dürfen (zumeist nur nichtnegative) reelle Werte annehmen.
Die lineare Optimierung wurde bereits in den verschiedensten Funktionsbereichen von Unternehmen angewendet und besitzt ihre größte Bedeutung im Bereich der Fertigungsplanung (Produktionsprogramm-, Mischungs-, Verschnittoptimierung; siehe Beispiel 1 in Kap. 1.2.2.2).
"Allgemeine" lineare Optimierungsmodelle behandeln wir in Kap. 2. Als wichtigstes Verfahren beschreiben wir dort den **Simplex-Algorithmus.** Für lineare Optimierungsmodelle mit spezieller Struktur (wie Transport-, Umlade- oder Netzwerkflußprobleme) wurden diese Struktur ausnutzende, effizientere Verfahren entwickelt; siehe dazu Kap. 4.

b) Graphentheorie und Netzplantechnik (Kap. 3 und 5): Mit Hilfsmitteln der *Graphentheorie* lassen sich z.B. Organisationsstrukturen oder Projektabläufe graphisch anschaulich darstellen. Zu nennen sind ferner Modelle und Verfahren zur Bestimmung kürzester Wege sowie maximaler und kostenminimaler Flüsse in Graphen. Die *Netzplantechnik* ist eine der in der Praxis am häufigsten eingesetzten Methoden der *Planung*; sie dient zugleich der *Überwachung und Kontrolle* von betrieblichen Abläufen und Projekten.

c) Ganzzahlige (lineare) und kombinatorische Optimierung (Kap. 6): Bei der ganzzahligen (linearen) Optimierung dürfen die (oder einige der) Variablen nur ganze Zahlen oder Binärzahlen (0 bzw. 1) annehmen; siehe Beispiel 2 in Kap. 1.2.2.2.
Modelle dieser Art spielen z.B. bei der Investitionsprogrammplanung eine Rolle. Darüber hinaus werden durch Modelle der kombinatorischen Optimierung **Zuordnungsprobleme** (z.B. Zuordnung von Maschinen zu Plätzen, so daß bei Werkstattfertigung minimale Kosten für Transporte zwischen den Maschinen entstehen), **Reihenfolgeprobleme** (z.B. Bearbeitungsreihenfolge von Aufträgen auf einer Maschine), **Gruppierungsprobleme** (z.B. Bildung von hinsichtlich eines Maßes möglichst ähnlichen Kundengruppen) und/oder **Auswahlprobleme** (etwa Set Partitioning-Probleme, z.B. Auswahl einer kostenminimalen Menge von Auslieferungstouren unter einer großen Anzahl möglicher Touren) abgebildet.
Viele kombinatorische Optimierungsprobleme lassen sich mathematisch als ganzzahlige oder binäre (lineare) Optimierungsmodelle formulieren. Die in diesem Teilgebiet des OR betrach-

teten Modelle sind wesentlich schwieriger lösbar als lineare Optimierungsmodelle mit kontinuierlichen Variablen.

d) Dynamische Optimierung (Kap. 7): Hier werden Modelle betrachtet, die in einzelne "Stufen" (z.B. Zeitabschnitte) zerlegt werden können, so daß die Gesamtoptimierung durch eine stufenweise, rekursive Optimierung ersetzbar ist. Anwendungen findet man u.a. bei der Bestellmengen- und Losgrößenplanung. Lösungsverfahren für dynamische Optimierungsmodelle basieren auf dem **Bellman'schen Optimalitätsprinzip**.

e) Nichtlineare Optimierung (Kap. 8): Die betrachteten Modelle besitzen eine nichtlineare Zielfunktion und/oder mindestens eine nichtlineare Nebenbedingung. In der Realität sind viele Zusammenhänge nichtlinear (z.B. Transportkosten in Abhängigkeit von der zu transportierenden Menge und der zurückzulegenden Entfernung). Versucht man, derartige Zusammenhänge exakt in Form nichtlinearer (anstatt linearer) Modelle abzubilden, so erkauft man dies i.a. durch wesentlich höheren Rechenaufwand.

f) Warteschlangentheorie (Kap. 9): Sie dient v.a. der Untersuchung des Abfertigungsverhaltens von Service- oder Bedienungsstationen. Beispiele für Stationen sind Bankschalter oder Maschinen, vor denen sich Aufträge stauen können. Ein Optimierungsproblem entsteht z.B. dadurch, daß das Vorhalten von zu hoher Maschinenkapazität zu überhöhten Kapitalbindungskosten im Anlagevermögen, zu geringe Maschinenkapazität zu überhöhten Kapitalbindungskosten im Umlaufvermögen führt.

g) Simulation (Kap. 10): Sie dient v.a. der Untersuchung (dem "Durchspielen") einzelner Alternativen bzw. Systemvarianten im Rahmen komplexer stochastischer (Optimierungs-) Modelle. Anwendungsbeispiele: Warteschlangensysteme, Auswertung stochastischer Netzpläne, Analyse von Lagerhaltungs- und Materialflußsystemen. Zur benutzerfreundlichen Handhabung wurden spezielle Simulationssprachen entwickelt.

Abb. 1.1 gibt einen Überblick über wesentliche Beziehungen zwischen den einzelnen Kapiteln des Buches. Ein voll ausgezeichneter Pfeil von A nach B bedeutet dabei, daß wesentliche Teile von A zum Verständnis von B erforderlich sind. Ein gestrichelter Pfeil deutet an, daß nur an einzelnen Stellen von B auf A verwiesen wird.

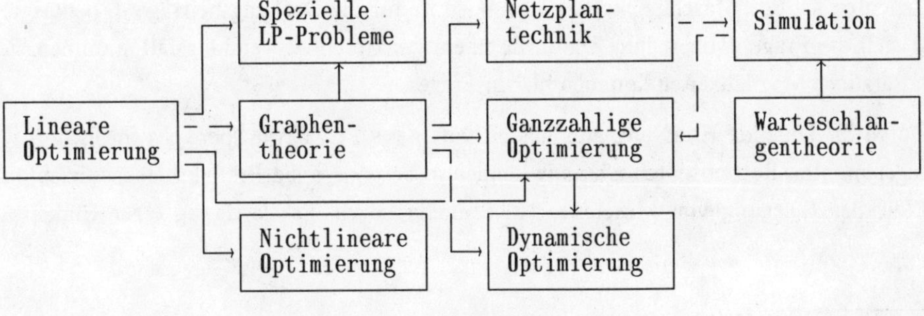

Abb. 1.1

Die (im vorliegenden Buch behandelten) Teilgebiete des OR lassen sich folgendermaßen den **zentralen Fragestellungen der Entscheidungstheorie** zuordnen:[2]

- **Entscheidungen bei Sicherheit**
  - *mit einer Zielfunktion:* Alle in den folgenden Kapiteln behandelten Problemstellungen sind (bis auf Kap. 2.8, Kap. 7.4 und Kap. 10) dieser Kategorie zuzuordnen.
  - *mit mehreren Zielfunktionen:* Lediglich in Kap. 2.8 beschäftigen wir uns mit deterministischen multikriteriellen Optimierungsproblemen.
- **Entscheidungen bei Risiko:** Stochastische Modelle betrachten wir lediglich in Kap. 7.4 und in Kap. 10.

1.4 Arten der Planung und Anwendungsmöglichkeiten des OR

Für eine Differenzierung einzelner Arten von Planung bieten sich mehrere Gliederungsgesichtspunkte an. Hinsichtlich der Anwendungsmöglichkeiten von OR bedeutsame Unterscheidungen sind:

(1) Nach den **betrieblichen Funktionsbereichen:** Beschaffungs-, Produktions-, Absatz- sowie Investitions- und Finanzierungsplanung.

(2) Nach dem **Planungsinhalt:** Ziel-, Maßnahmen-, Durchführungs- oder Ablaufplanung.

(3) Nach der **Fristigkeit** (zeitlichen Reichweite): Lang-, mittel- oder kurzfristige (strategische, taktische oder operative) Planung.

(4) Nach dem **Umfang:** Teil- oder Gesamtplanung, wobei die Gesamtplanung wiederum als sukzessive Teil- oder als simultane Gesamtplanung erfolgen kann.

OR kann grundsätzlich in jedem betrieblichen Funktionsbereich Anwendung finden. Es dient eher der Durchführungs- und Ablauf- als der Ziel- und Maßnahmenplanung. Es überwiegt ihr Einsatz bei der taktischen und v.a. der operativen Planung. Optimierungsrechnungen betreffen vorwiegend Teilplanungen, bei Gesamtplanungen kann die Simulation nützlich sein.

Wichtige **Voraussetzung für die Anwendung von OR** ist die Verfügbarkeit der erforderlichen Daten. Im Modell (1.4) – (1.6) beispielsweise werden Werte (= Daten) für die Produktionskoeffizienten a_{ij}, die Maschinenkapazitäten b_i sowie für die Deckungsbeiträge d_j benötigt. Es stellt sich die Frage, woher diese Daten in einem konkreten Anwendungsfall stammen. Zwei grundsätzliche Möglichkeiten kommen hier in Frage:

a) Durch fortlaufende Erfassung anfallender Daten des Produktionsbereichs im Rahmen der sogenannnten **Betriebsdatenerfassung** können insbesondere die Produktionskoeffizienten a_{ij} (Zeit der Belegung von Maschine i in Stunden durch die Fertigung einer Einheit von

---

[2] Vgl. hierzu beispielsweise Dinkelbach (1982), Laux (1991), Bamberg und Coenenberg (1994) sowie Eisenführ und Weber (1994).

Produkt j) und die Maschinenkapazitäten b_i (Nominalkapazität von Maschine i, vermindert um ihre Ausfall- und Wartungszeiten) erfaßt werden.

Wir gehen auf Methoden der (Betriebs-) Datenerfassung nicht näher ein und verweisen hierzu z.B. auf Mertens (1991, S. 175 ff.).

b) Liegen zwar vergangenheitsbezogene Daten vor, hat sich jedoch seit deren Erfassung die Situation so stark verändert, daß die Daten nicht unmittelbar verwendet werden können, so sind entweder geeignete Korrekturen vorzunehmen oder völlig neue Prognosen zu erstellen.

Auch auf **Prognosemethoden** gehen wir nicht näher ein und verweisen diesbezüglich auf Brockhoff (1977) sowie Hansmann (1983).

1.5 Ergänzende Hinweise

Als Begründungszeit des OR gelten die Jahre kurz vor und während des 2. Weltkriegs. In Großbritannien und den USA wurden Möglichkeiten der optimalen Zusammenstellung von Schiffskonvois, die den Atlantik überqueren sollten, untersucht. Diese Forschungen wurden in Großbritannien als "Operational Research", in den USA als "Operations Research" bezeichnet. Heute überwiegen ingenieurwissenschaftliche und ökonomische Anwendungen in den (oben genannten) betrieblichen Funktionsbereichen und vor allem in der (Querschnittsfunktion) Logistik. Einen neueren und umfassenden Überblick über Anwendungsmöglichkeiten des OR mit zahlreichen Literaturhinweisen findet man z.B. in Assad et al. (1992).

Im deutschen Sprachraum sind die folgenden *Bezeichnungen für OR* gebräuchlich, wobei sich aber keine eindeutig durchgesetzt hat:

Operations Research, Unternehmensforschung, mathematische Planungsrechnung, Operationsforschung, Optimierungsrechnung.

Es gibt zahlreiche *nationale und internationale OR-Gesellschaften*, z.B.:

DGOR	Deutsche Gesellschaft für Operations Research
GMÖOR	Gesellschaft für Mathematik, Ökonomie und Operations Research
IFORS	International Federation of OR-Societies
INFORMS	Institute for Operations Research and the Management Sciences

Ebenso existieren zahlreiche *Fachzeitschriften;* als Beispiele seien genannt:

Annals of OR, European Journal of OR, Journal of the Operational Research Society, Management Science, Mathematical Programming, Operations Research, OR Spektrum, Zeitschrift für OR.

Literatur zu Kapitel 1

Assad et al. (1992);
Bamberg und Coenenberg (1994);
Brockhoff (1977);
Dinkelbach (1982);
Domschke (1994);
Domschke et al. (1995) – *Übungsbuch*;
Eisenführ und Weber (1994);
Gal und Gehring (1981);
Hansmann (1983);
Kern (1987);
Laux (1991);
Mertens (1991);
Müller-Merbach (1973);
Zimmermann (1992).

Kapitel 2: Lineare Optimierung

Wir beginnen mit Definitionen und beschäftigen uns anschließend mit der graphischen Lösung von linearen Optimierungsproblemen mit zwei Variablen. Neben verschiedenen Schreibweisen werden in Kap. 2.3 Eigenschaften von linearen Optimierungsproblemen behandelt; in Kap. 2.4 beschreiben wir das nach wie vor wichtigste Verfahren zu deren Lösung, den *Simplex-Algorithmus,* in verschiedenen Varianten. In Kap. 2.5 folgen Aussagen zur Dualität in der linearen Optimierung. Kap. 2.6 behandelt die implizite Berücksichtigung unterer und oberer Schranken für einzelne Variablen. Die Sensitivitätsanalyse ist Gegenstand von Kap. 2.7. Probleme und Lösungsmöglichkeiten bei mehrfacher Zielsetzung werden in Kap. 2.8 dargestellt. Kap. 2 schließt mit Problemen der Spieltheorie, bei deren Lösung die Dualitätstheorie von Nutzen ist.

2.1 Definitionen

Definition 2.1: Unter einem **linearen Optimierungsproblem (LOP)** versteht man die Aufgabe, eine *lineare (Ziel-) Funktion*

$$F(x_1,\dots,x_p) = c_1x_1 + \dots + c_px_p \tag{2.1}$$

zu maximieren (oder zu minimieren) unter Beachtung von *linearen Nebenbedingungen* (= *Restriktionen*) der Form

$$a_{i1}x_1 + \dots + a_{ip}x_p \le b_i \qquad \text{für } i = 1,\dots,m_1 \tag{2.2}$$

$$a_{i1}x_1 + \dots + a_{ip}x_p \ge b_i \qquad \text{für } i = m_1+1,\dots,m_2 \tag{2.3}$$

$$a_{i1}x_1 + \dots + a_{ip}x_p = b_i \qquad \text{für } i = m_2+1,\dots,m \tag{2.4}$$

und zumeist unter Berücksichtigung der *Nichtnegativitätsbedingungen*

$$x_j \ge 0 \qquad \text{für (einige oder alle) } j = 1,\dots,p \tag{2.5}$$

Definition 2.2:

a) Einen Punkt (oder Vektor) $\mathbf{x} = (x_1,\dots,x_p)$ des $\mathbb{R}^p$, der alle Nebenbedingungen (2.2) - (2.4) erfüllt, nennt man **Lösung** des LOPs.

b) Erfüllt $\mathbf{x}$ außerdem (2.5), so heißt $\mathbf{x}$ **zulässige Lösung** (zulässiger Punkt).

c) Eine zulässige Lösung $\mathbf{x}^* = (x_1^*,\dots,x_p^*)$ heißt **optimale Lösung** (optimaler Punkt) des LOPs, wenn es kein zulässiges $\mathbf{x}$ mit größerem (bei einem Maximierungsproblem) bzw. mit kleinerem (bei einem Minimierungsproblem) Zielfunktionswert als $F(\mathbf{x}^*)$ gibt.

d) Mit X bezeichnen wir die *Menge der zulässigen Lösungen*, mit X^* die *Menge der optimalen Lösungen* eines LOPs.

2.2 Graphische Lösung von linearen Optimierungsproblemen

Wir betrachten das folgende LOP:

Ein Gärtner möchte einen 100 m^2 großen Garten mit Rosen und/oder Nelken bepflanzen. Er möchte maximal DM 720,- investieren und höchstens 60 m^2 für Nelken reservieren. Wieviele m^2 sollen mit jeder Sorte bepflanzt werden, damit maximaler Gewinn erzielt wird?

Weitere Daten des Problems sind:

	Rosen	Nelken
Arbeits- und Materialkosten (in DM/m^2)	6	9
Gewinn (in DM/m^2)	1	2

Tab. 2.1

Zur mathematischen Formulierung des Problems wählen wir folgende Variablen:

x_1 : mit Rosen zu bepflanzende Fläche (in m^2)

x_2 : mit Nelken zu bepflanzende Fläche (in m^2)

Damit erhalten wir:

$$\text{Maximiere } F(x_1,x_2) = x_1 + 2x_2 \tag{2.6}$$

unter den Nebenbedingungen

$$x_1 + x_2 \leq 100 \tag{2.7}$$

$$6x_1 + 9x_2 \leq 720 \tag{2.8}$$

$$x_2 \leq 60 \tag{2.9}$$

$$x_1, x_2 \geq 0 \tag{2.10}$$

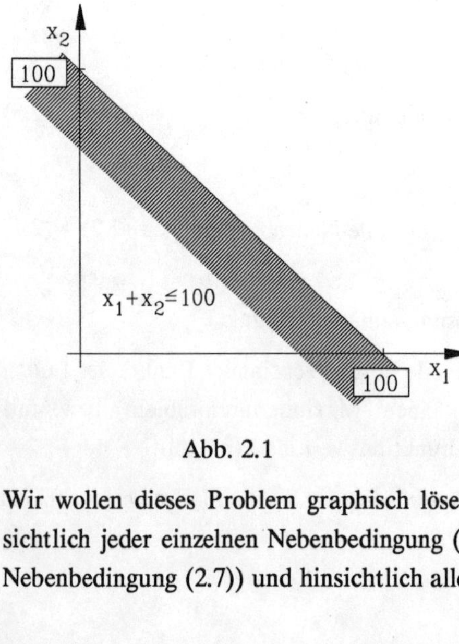

Abb. 2.1

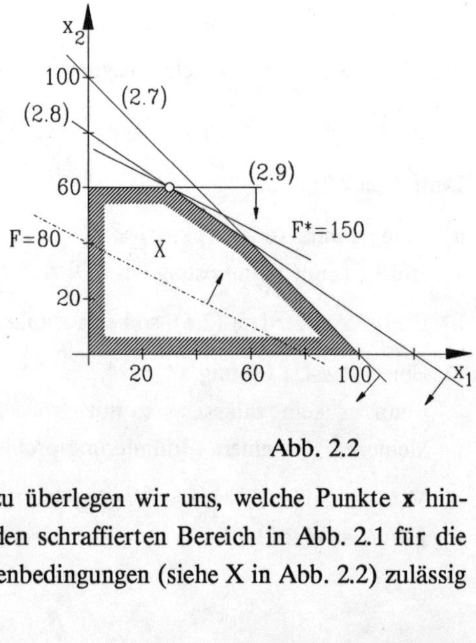

Abb. 2.2

Wir wollen dieses Problem graphisch lösen. Dazu überlegen wir uns, welche Punkte **x** hinsichtlich jeder einzelnen Nebenbedingung (siehe den schraffierten Bereich in Abb. 2.1 für die Nebenbedingung (2.7)) und hinsichtlich aller Nebenbedingungen (siehe X in Abb. 2.2) zulässig sind. Danach zeichnen wir eine Linie (eine Gerade) gleichen Gewinns, z.B. für F = 80. Gesucht ist ein Punkt, für den maximaler Gewinn erzielt wird. Daher ist die Zielfunktionsgerade so lange parallel (in diesem Fall nach oben) zu verschieben, bis der zulässige Bereich gerade noch berührt wird. Wir erhalten die optimale Lösung $\mathbf{x}^* = (x_1^* = 30,\ x_2^* = 60)$ mit $F^*(\mathbf{x}^*) = 150$ DM als zugehörigem Gewinn.

Als zweites *Beispiel* wollen wir das folgende (stark vereinfachte – Agrarwissenschaftler mögen uns verzeihen!) *Mischungsproblem* betrachten und graphisch lösen:

Ein Viehzuchtbetrieb füttert Rinder mit zwei Futtersorten A und B (z.B. Rüben und Heu). Die Tagesration eines Rindes muß Nährstoffe I, II bzw. III im Umfang von mindestens 6, 12 bzw. 4 g (Gramm) enthalten. Die Nährstoffgehalte in g pro kg und Preise in GE pro kg der beiden Sorten zeigt Tab. 2.2.

	Sorte A	Sorte B	Mindestmenge
Nährstoff I	2	1	6
Nährstoff II	2	4	12
Nährstoff III	0	4	4
Preis in GE/kg	5	7	

Tab. 2.2

Wieviele kg von Sorte A bzw. B muß jede Tagesration enthalten, wenn sie unter Einhaltung der Nährstoffbedingungen kostenminimal sein soll?

Mit den Variablen x_1 : kg von Sorte A pro Tagesration
x_2 : kg von Sorte B pro Tagesration

lautet das Optimierungsproblem:

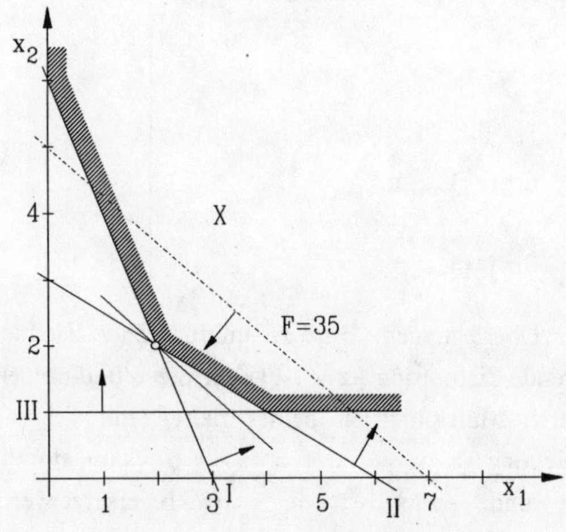

Abb. 2.3

Minimiere $F(x_1,x_2) = 5x_1 + 7x_2$

unter den Nebenbedingungen

$2x_1 + x_2 \geq 6$	Nährstoff I
$2x_1 + 4x_2 \geq 12$	Nährstoff II
$4x_2 \geq 4$	Nährstoff III
$x_1, x_2 \geq 0$	

Auf graphische Weise (siehe Abb. 2.3) erhalten wir die optimale Lösung $x^* = (x_1^*, x_2^*)$ mit $x_1^* = x_2^* = 2$. Eine Tagesration kostet damit $F^* = 24$ GE.

2.3 Formen und Analyse von linearen Optimierungsproblemen

2.3.1 Optimierungsprobleme mit Ungleichungen als Nebenbedingungen

Jedes beliebige LOP läßt sich in der folgenden Form aufschreiben:

$$\left.\begin{array}{ll} \text{Maximiere } F(x_1,...,x_p) = \sum_{j=1}^{p} c_j x_j & \\ \text{unter den Nebenbedingungen} & \\ \sum_{j=1}^{p} a_{ij} x_j \leq b_i & \text{für } i = 1,...,m \\ x_j \geq 0 & \text{für } j = 1,...,p \end{array}\right\} \quad (2.11)$$

Jedes beliebige LOP läßt sich *auch* wie folgt aufschreiben:

$$\left.\begin{array}{ll} \text{Minimiere } F(x_1,...,x_p) = \sum_{j=1}^{p} c_j x_j & \\ \text{unter den Nebenbedingungen} & \\ \sum_{j=1}^{p} a_{ij} x_j \geq b_i & \text{für } i = 1,...,m \\ x_j \geq 0 & \text{für } j = 1,...,p \end{array}\right\} \quad (2.12)$$

Die Aussagen gelten aufgrund folgender Überlegungen: Eine zu minimierende Zielfunktion $z = F(\mathbf{x})$ läßt sich durch die zu maximierende Zielfuntion $-z = -F(\mathbf{x})$ ersetzen und umgekehrt. Eine $\leq$-Nebenbedingung läßt sich durch Multiplikation beider Seiten mit -1 in eine $\geq$-Restriktion transformieren. Eine Gleichung $a_{i1} x_1 + ... + a_{ip} x_p = b_i$ kann durch zwei Ungleichungen $a_{i1} x_1 + ... + a_{ip} x_p \leq b_i$ und $-a_{i1} x_1 - ... - a_{ip} x_p \leq -b_i$ ersetzt werden. Falls eine Variable x_j beliebige Werte aus $\mathbb{R}$ annehmen darf, so kann man sie durch zwei Variablen $x_j' \geq 0$ und $x_j'' \geq 0$ substituieren; dabei gilt $x_j := x_j' - x_j''$.

2.3.2 Die Normalform eines linearen Optimierungsproblems

Die Formulierung (2.13) bezeichnet man als **Normalform eines LOPs.**

$$\left.\begin{array}{ll} \text{Maximiere } F(x_1,\dots,x_n) = \sum\limits_{j=1}^{n} c_j x_j & \\ \text{unter den Nebenbedingungen} & \\ \sum\limits_{j=1}^{n} a_{ij} x_j = b_i & \text{für } i = 1,\dots,m \\ x_j \geq 0 & \text{für } j = 1,\dots,n \end{array}\right\} \quad (2.13)$$

Sie entsteht aus (2.1) – (2.5) durch Einführung von **Schlupfvariablen** $x_{p+1},\dots,x_n$, die in der Zielfunktion mit 0 bewertet werden und die die Ungleichungen der Nebenbedingungen zu Gleichungen ergänzen:

$$\text{Maximiere } F(x_1,\dots,x_p,x_{p+1},\dots,x_n) = \sum_{j=1}^{p} c_j x_j + \sum_{j=p+1}^{n} 0 \cdot x_j$$

unter den Nebenbedingungen

$$\begin{array}{ll} \sum\limits_{j=1}^{p} a_{ij} x_j + x_{p+i} = b_i & \text{für } i = 1,\dots,m_1 \\ \sum\limits_{j=1}^{p} a_{ij} x_j - x_{p+i} = b_i & \text{für } i = m_1+1,\dots,m_2 \\ \sum\limits_{j=1}^{p} a_{ij} x_j = b_i & \text{für } i = m_2+1,\dots,m \\ x_j \geq 0 & \text{für } j = 1,\dots,n \end{array}$$

Die ursprünglichen Variablen $x_1,\dots,x_p$ des Problems bezeichnet man als **Strukturvariablen.**

Im folgenden verwenden wir für LOPs auch die **Matrixschreibweise**; für ein Problem in der Normalform (2.13) geben wir sie wie folgt an:

$$\left.\begin{array}{l} \text{Maximiere } F(\mathbf{x}) = \mathbf{c}^T\mathbf{x} \\ \text{unter den Nebenbedingungen} \\ \mathbf{A}\mathbf{x} = \mathbf{b} \\ \mathbf{x} \geq \mathbf{0} \end{array}\right\} \quad (2.14)$$

Dabei sind **c** und **x** jeweils n-dimensionale Vektoren; **b** ist ein m-dimensionaler Vektor und A eine (m × n)-Matrix. Im allgemeinen gilt $n \geq m$ und oft $n >> m$; siehe Kap. 2.4.3.

Definition 2.3: Gelten in (2.14) für die Vektoren **b** und **c** sowie die Matrix A die Eigenschaften

$$\mathbf{b} \geq \mathbf{0}, \quad \mathbf{c} = \begin{bmatrix} c_1 \\ \vdots \\ c_{n-m} \\ 0 \\ \vdots \\ 0 \end{bmatrix} \quad \text{und} \quad A = \begin{bmatrix} a_{11} \dots a_{1,n-m} & 1 & & 0 \\ \vdots \quad\quad \vdots & & \ddots & \\ a_{m1} \dots a_{m,n-m} & 0 & & 1 \end{bmatrix},$$

so sagt man, das LOP besitze **kanonische Form.**

2.3.3 Analyse von linearen Optimierungsproblemen

Wir beschäftigen uns im folgenden vor allem mit Eigenschaften der Menge aller zulässigen Lösungen X und aller optimalen Lösungen X^* eines LOPs. Dabei setzen wir die Begriffe "beschränkte Menge", "unbeschränkte Menge" sowie "lineare Abhängigkeit bzw. Unabhängigkeit von Vektoren" als bekannt voraus; siehe dazu etwa Opitz (1989). Wir definieren aber zu Beginn, was man unter einer konvexen Menge, einer konvexen Linearkombination von Vektoren im $\mathbb{R}^n$ und einem Eckpunkt oder Extrempunkt (einer Menge) versteht.

Definition 2.4: Eine Menge $K \subset \mathbb{R}^n$ heißt **konvex**, wenn mit je zwei Punkten $\mathbf{x}^1 \in K$ und $\mathbf{x}^2 \in K$ auch jeder Punkt $\mathbf{y} = \lambda \cdot \mathbf{x}^1 + (1-\lambda) \cdot \mathbf{x}^2$ mit $0 \leq \lambda \leq 1$ zu K gehört.
Die **konvexe Hülle** H einer beliebigen Menge $K \subset \mathbb{R}^n$ ist die kleinste K enthaltende konvexe Menge.

Beispiele: Man betrachte die in den Abbildungen 2.4 und 2.5 dargestellten Mengen K.

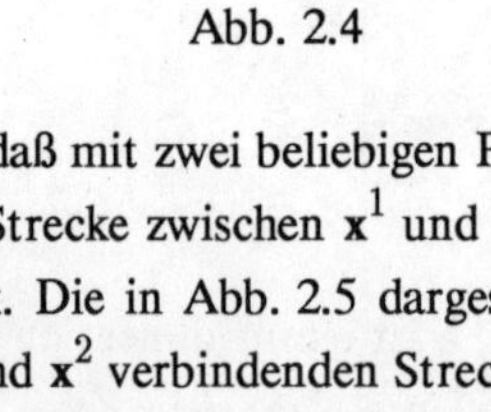

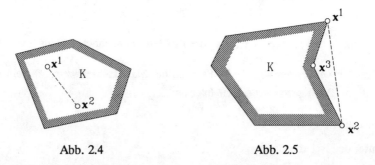

Abb. 2.4

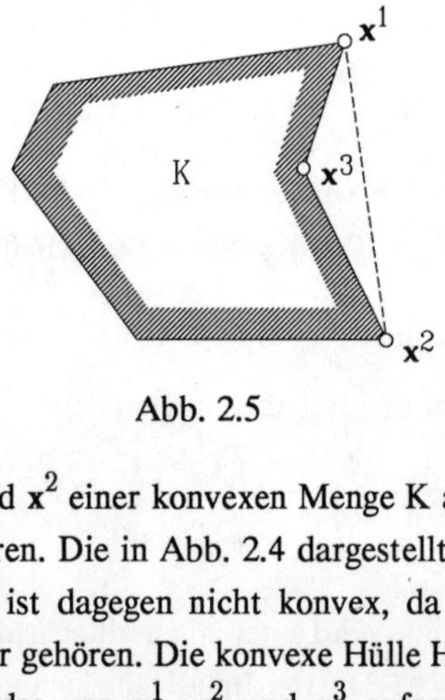

Abb. 2.5

Def. 2.4 besagt, daß mit zwei beliebigen Punkten $\mathbf{x}^1$ und $\mathbf{x}^2$ einer konvexen Menge K auch alle Punkte auf der Strecke zwischen $\mathbf{x}^1$ und $\mathbf{x}^2$ zu K gehören. Die in Abb. 2.4 dargestellte Menge ist daher konvex. Die in Abb. 2.5 dargestellte Menge ist dagegen nicht konvex, da z.B. die Punkte der $\mathbf{x}^1$ und $\mathbf{x}^2$ verbindenden Strecke nicht zu ihr gehören. Die konvexe Hülle H besteht hier aus der Vereinigung von K mit allen Punkten des von $\mathbf{x}^1$, $\mathbf{x}^2$ und $\mathbf{x}^3$ aufgespannten Dreiecks.

Definition 2.5: Seien $\mathbf{x}^1, \mathbf{x}^2, \ldots, \mathbf{x}^r$ Punkte des $\mathbb{R}^n$ und $\lambda_1, \lambda_2, \ldots, \lambda_r$ nichtnegative reelle Zahlen (also Werte aus $\mathbb{R}_+$). Setzt man $\sum_{i=1}^{r} \lambda_i = 1$ voraus, so wird $\mathbf{y} := \sum_{i=1}^{r} \lambda_i \cdot \mathbf{x}^i$ als **konvexe Linearkombination** oder **Konvexkombination** der Punkte $\mathbf{x}^1, \mathbf{x}^2, \ldots, \mathbf{x}^r$ bezeichnet.

Eine **echte konvexe Linearkombination** liegt vor, wenn außerdem $\lambda_i > 0$ für alle $i = 1, \ldots, r$ gilt.

Definition 2.6: Die Menge aller konvexen Linearkombinationen endlich vieler Punkte $\mathbf{x}^1, \mathbf{x}^2, \ldots, \mathbf{x}^r$ des $\mathbb{R}^n$ wird (durch diese Punkte aufgespanntes) **konvexes Polyeder** genannt.

Bemerkung 2.1: Das durch r Punkte aufgespannte konvexe Polyeder ist identisch mit der konvexen Hülle der aus diesen Punkten bestehenden Menge.

Definition 2.7: Ein Punkt $\mathbf{y}$ einer konvexen Menge K heißt **Eckpunkt** oder **Extrempunkt** von K, wenn er sich nicht als *echte* konvexe Linearkombination zweier verschiedener Punkte $\mathbf{x}^1$ und $\mathbf{x}^2$ von K darstellen läßt.

Bemerkung 2.2: Ein konvexes Polyeder enthält endlich viele Eckpunkte.

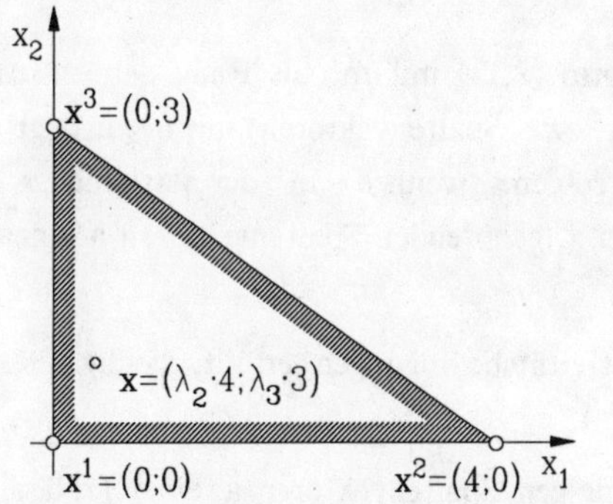

Abb. 2.6

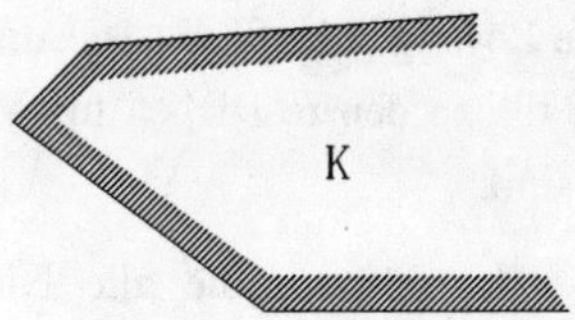

Abb. 2.7

Beispiele:

a) Man betrachte Abb. 2.6. Das Dreieck zwischen den Eckpunkten $\mathbf{x}^1, \mathbf{x}^2$ und $\mathbf{x}^3$ ist das durch diese Punkte aufgespannte konvexe Polyeder. Jeder Punkt $\mathbf{x} = (x_1, x_2)$ im $\mathbb{R}^2$ mit den Koordinaten $x_1 = \lambda_1 \cdot 0 + \lambda_2 \cdot 4 + \lambda_3 \cdot 0$ und $x_2 = \lambda_1 \cdot 0 + \lambda_2 \cdot 0 + \lambda_3 \cdot 3$ (mit $\lambda_i \geq 0$ für alle $i = 1, 2, 3$ und $\lambda_1 + \lambda_2 + \lambda_3 = 1$) ist konvexe Linearkombination von $\mathbf{x}^1$, $\mathbf{x}^2$ und $\mathbf{x}^3$.

b) Die in Abb. 2.7 dargestellte Menge K ist konvex; wegen ihrer Unbeschränktheit ist sie jedoch kein konvexes Polyeder.

Wir formulieren nun einige wichtige Sätze. Beweise hierzu findet man beispielsweise in Neumann und Morlock (1993, S. 43 ff.).

Satz 2.1: Gegeben sei ein LOP, z.B. in der Normalform (2.13). Es gilt:

a) Die Menge der hinsichtlich jeder einzelnen der Nebenbedingungen zulässigen Lösungen ist konvex.

b) Die Menge X aller zulässigen Lösungen des Problems ist als Durchschnitt konvexer Mengen ebenfalls konvex mit endlich vielen Eckpunkten.

Satz 2.2: Eine lineare Funktion F, die auf einem konvexen Polyeder X definiert ist, nimmt ihr Optimum in mindestens einem Eckpunkt des Polyeders an.

Bemerkung 2.3: Man kann zeigen, daß auch bei einem unbeschränkten zulässigen Bereich X eines LOPs mindestens eine Ecke von X optimale Lösung ist, falls überhaupt eine optimale Lösung des Problems existiert. Daher kann man sich bei der Lösung von LOPs auf die Untersuchung der Eckpunkte des zulässigen Bereichs beschränken.

Satz 2.3: Die Menge X^* aller optimalen Lösungen eines LOPs ist konvex.

Definition 2.8:

a) Gegeben sei ein LOP in der Normalform (2.13) mit m' als Rang der $(m \times n)$-Matrix A (Anzahl der linear unabhängigen Zeilen- bzw. Spaltenvektoren) mit $n \geq m \geq m'$.
Eine Lösung **x** heißt **Basislösung** des Problems, wenn $n - m'$ der Variablen x_i gleich Null und die zu den restlichen m' Variablen x_j gehörenden Spaltenvektoren $\mathbf{a}_j$ linear unabhängig sind.

b) Eine Basislösung, die alle Nichtnegativitätsbedingungen erfüllt, heißt **zulässige Basislösung**.

c) Die m' (ausgewählten) linear unabhängigen Spaltenvektoren $\mathbf{a}_j$ einer (zulässigen) Basislösung heißen **Basisvektoren**; die zugehörigen x_j nennt man **Basisvariable**. Alle übrigen Spaltenvektoren $\mathbf{a}_j$ heißen **Nichtbasisvektoren**; die zugehörigen x_j nennt man **Nichtbasisvariable**.

d) Die Menge aller Basisvariablen x_j einer Basislösung bezeichnet man kurz als **Basis**.

Bemerkung 2.4: Bei den meisten der von uns betrachteten Probleme gilt m' = m. Insbesondere der in Kap. 2.4.4 behandelte Sonderfall 4 sowie das klassische Transportproblem in Kap. 4.1 bilden Ausnahmen von dieser Regel.

Satz 2.4: Ein Vektor **x** ist genau dann zulässige Basislösung eines LOPs, wenn er einen Eckpunkt von X darstellt.

Beispiel: Das Problem (2.6) – (2.10) besitzt, in Normalform gebracht, folgendes Aussehen:

Maximiere $F(x_1,...,x_5) = x_1 + 2x_2$

unter den Nebenbedingungen

$$\begin{aligned} x_1 + x_2 + x_3 \quad &= 100 \\ 6x_1 + 9x_2 \quad + x_4 &= 720 \\ x_2 \quad + x_5 &= 60 \\ x_1,...,x_5 &\geq 0 \end{aligned}$$

Eckpunkt	BV	NBV	Basislösung $(x_1,\ldots,x_5)$
A = (0,0)	x_3,x_4,x_5	x_1,x_2	(0,0,100,720,60)
B = (0,60)	x_2,x_3,x_4	x_1,x_5	(0,60,40,180,0)
C = (30,60)	x_1,x_2,x_3	x_4,x_5	(30,60,10,0,0)
D = (60,40)	x_1,x_2,x_5	x_3,x_4	(60,40,0,0,20)
E = (100,0)	x_1,x_4,x_5	x_2,x_3	(100,0,0,120,60)

Tab. 2.3

Alle zulässigen Basislösungen sind aus Tab. 2.3 ersichtlich (vgl. dazu auch Abb. 2.8). Jeder Eckpunkt wird dabei durch die Basisvariablen (BV) und die Nichtbasisvariablen (NBV) beschrieben.

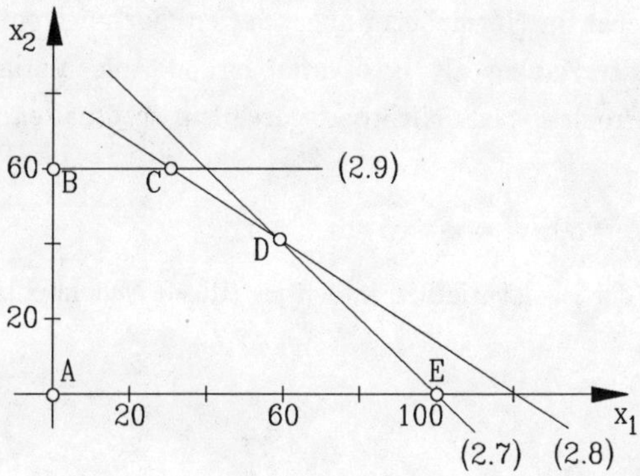

Abb. 2.8

2.4 Der Simplex-Algorithmus

Wir beschreiben im folgenden den Simplex-Algorithmus.[1] Er ist nach wie vor das leistungsfähigste Verfahren zur Lösung von LOPs der Praxis. Die sogenannte *Ellipsoid-Methode* von Khachijan (1979) und die *projektive Methode* von Karmarkar (1984) sind zwar hinsichtlich des Rechenzeitbedarfs im ungünstigsten Fall,[2] nicht aber im durchschnittlichen Laufzeitverhalten dem Simplex-Algorithmus überlegen. Beide Verfahren werden z.B. in Beisel und Mendel (1987) sowie Bazaraa et al. (1990) ausführlich dargestellt.

Wir beschreiben verschiedene Varianten des Simplex-Algorithmus, jeweils für **Maximierungsprobleme**. Wir beginnen mit dem *primalen* Simplex-Algorithmus, der von einer bekannten zulässigen Basislösung ausgeht. In Kap. 2.4.2 beschäftigen wir uns mit Vorgehensweisen zur Bestimmung einer zulässigen Basislösung. Neben der M-Methode beschreiben wir hier den *dualen* Simplex-Algorithmus. In Kap. 2.4.3 skizzieren wir den *revidierten* Simplex-Algorithmus. Wir beschließen das Kap. 2.4 mit Ausführungen zu Sonderfällen, die bei LOPs auftreten können.

2.4.1 Der Simplex-Algorithmus bei bekannter zulässiger Basislösung

2.4.1.1 Darstellung des Lösungsprinzips anhand eines Beispiels

Wir gehen von dem soeben in Normalform angegebenen Gärtnerproblem (2.6) - (2.10) aus. Wählen wir die Schlupfvariablen als Basisvariablen und die Variablen x_1 und x_2 (die *Strukturvariablen* des Problems) als Nichtbasisvariablen, so erhalten wir als *erste zulässige Basislösung:*

$$x_3 = 100,\ x_4 = 720,\ x_5 = 60,\ x_1 = x_2 = 0 \text{ mit } F = 0$$

Sie ist durch Isolierung der Basisvariablen in den jeweiligen Nebenbedingungen auch wie folgt darstellbar:

$$\begin{aligned} x_3 &= 100 - x_1 - x_2 \\ x_4 &= 720 - 6x_1 - 9x_2 \\ x_5 &= 60 - x_2 \\ F &= 0 + x_1 + 2x_2 \end{aligned}$$

Daraus wird ersichtlich: Der Gewinn F wächst um 1 GE, wenn x_1 um 1 ME erhöht wird, und um 2 GE, wenn x_2 um 1 ME erhöht wird.

---

1 Der Name *Simplex*-Algorithmus kommt von der Bezeichnung Simplex für ein durch n+1 Punkte des $\mathbb{R}^n$ aufgespanntes konvexes Polyeder; zu weiteren Details siehe z.B. Kreko (1970, S. 144).

2 Zur Abschätzung des Rechenaufwands des Simplex-Algorithmus vgl. z.B. Papadimitriou und Steiglitz (1982, S. 166 ff.), Borgwardt (1987) oder Shamir (1987). In Klee und Minty (1972) findet sich ein Beispiel, für das der Simplex-Algorithmus nichtpolynomialen Rechenaufwand erfordert. Zur Komplexität allgemein siehe auch Kap. 6.3.

Als neue Basisvariable wählt man diejenige bisherige Nichtbasisvariable, die pro ME die größte Verbesserung des Zielfunktionswertes verspricht. In unserem Beispiel wird daher x_2 neue Basisvariable.

x_2 kann maximal den Wert 60 annehmen, wenn keine andere Variable negativ werden soll (damit bleibt $x_3 = 40 > 0$, $x_4 = 180 > 0$; x_5 wird 0 und neue Nichtbasisvariable; $x_1 = 0$ bleibt Nichtbasisvariable).

Zweite zulässige Basislösung: Man erhält sie durch Einsetzen von $x_2 = 60 - x_5$ in die Gleichungen der ersten zulässigen Basislösung. Sie ist wie folgt darstellbar:

$$\begin{aligned} x_3 &= 40 - x_1 + x_5 \\ x_4 &= 180 - 6x_1 + 9x_5 \\ x_2 &= 60 - x_5 \\ F &= 120 + x_1 - 2x_5 \end{aligned}$$

F wächst um 1 GE, wenn x_1 um 1 ME erhöht wird, und fällt um 2 GE, wenn x_5 um 1 ME erhöht wird.
x_1 wird neue Basisvariable mit Wert 30 (damit ergibt sich $x_3 = 10$, $x_2 = 60$; $x_4 = 0$ und Nichtbasisvariable; $x_5 = 0$ bleibt Nichtbasisvariable).

Dritte zulässige Basislösung: Man erhält sie durch Einsetzen von $x_1 = 30 - \frac{1}{6}\cdot x_4 + \frac{3}{2}\cdot x_5$ in die Gleichungen der zweiten Basislösung. Sie ist wie folgt darstellbar:

$$\begin{aligned} x_3 &= 10 + \tfrac{1}{6}\cdot x_4 - \tfrac{1}{2}\cdot x_5 \\ x_1 &= 30 - \tfrac{1}{6}\cdot x_4 + \tfrac{3}{2}\cdot x_5 \\ x_2 &= 60 - x_5 \\ F &= 150 - \tfrac{1}{6}\cdot x_4 - \tfrac{1}{2}\cdot x_5 \end{aligned}$$

Diese Basislösung mit $x_1 = 30$, $x_2 = 60$, $x_3 = 10$, $x_4 = x_5 = 0$ und $F = 150$ ist optimal (eine Erhöhung von x_4 bzw. x_5 würde zu einer Verminderung des Gewinns führen).
Man vergleiche den von Ecke zu Ecke ($A \rightarrow B \rightarrow C$) fortschreitenden Lösungsgang anhand von Abb. 2.8.

2.4.1.2 Der primale Simplex-Algorithmus

Er schreitet von Ecke zu (benachbarter) Ecke fort, indem jeweils genau eine Nichtbasisvariable neu in die Basis kommt und dafür genau eine bisherige Basisvariable diese verläßt.

Zur Veranschaulichung des Verfahrens und für "Handrechnungen" benutzt man ein **Simplextableau.** Für ein in kanonischer Form vorliegendes Problem besitzt es das in Tab. 2.1 wiedergegebene Aussehen.

Die letzte Zeile des Tableaus, die sogenannte **Ergebniszeile** oder **F-Zeile,** kann wie folgt als Gleichung geschrieben werden:

$$-c_1 x_1 - c_2 x_2 - \ldots - c_{n-m} x_{n-m} + F = \text{aktueller Zielfunktionswert}$$

F wird als Basisvariable interpretiert. Da sie die Basis nie verläßt, kann auf die F-Spalte verzichtet werden.

		Nichtbasisvariable	Basisvariable		
		$x_1 \; . \; . \; . \; x_{n-m}$	$x_{n-m+1} \; . \; . \; . \; x_n$	F	b_i
Basisvar.	x_{n-m+1}	$a_{11} \; . \; . \; . \; a_{1,n-m}$	$1 \quad \quad 0$	0	b_1
	.	. .	.	.	.
	.	. .	.	.	.
	.	. .	.	.	.
	x_n	$a_{m1} \; . \; . \; . \; a_{m,n-m}$	$0 \quad \quad 1$	0	b_m
	F	$-c_1 \; . \; . \; . \; -c_{n-m}$	$0 \; . \; . \; . \; 0$	1	aktueller Zielf.-wert

Tab. 2.4

Die anfängliche *Eintragung der Zielfunktionskoeffizienten* für die Nichtbasisvariablen *mit negativem Vorzeichen* führt dazu, daß (im Gegensatz zu unserer Darstellung in Kap. 2.4.1.1) eine Lösung stets dann verbessert werden kann, wenn eine Nichtbasisvariable mit negativer Eintragung in der F-Zeile vorliegt. Diese Schreibweise für die F-Zeile entspricht der in der Literatur üblichen.

Eine Iteration des primalen Simplex-Algorithmus

Voraussetzung: Eine zulässige Basislösung in der in Tab. 2.4 dargestellten Form; die aktuellen Eintragungen im Simplextableau seien jeweils mit a_{ij}, b_i und c_j bezeichnet.

Durchführung: Jede Iteration des Simplex-Algorithmus besteht aus folgenden drei Schritten.

Schritt 1 (Wahl der Pivotspalte):

Enthält die F-Zeile nur nichtnegative Werte, so ist die aktuelle Basislösung optimal; Abbruch des Verfahrens.
Sonst suche diejenige Spalte t mit dem kleinsten (negativen) Wert in der F-Zeile (stehen mehrere Spalten mit kleinstem Wert zur Auswahl, so wähle unter diesen eine beliebige). Die zugehörige Nichtbasisvariable x_t wird neu in die Basis aufgenommen. Die Spalte t nennt man **Pivotspalte.**

Schritt 2 (Wahl der Pivotzeile):

Sind in der Pivotspalte alle $a_{it} \leq 0$, so kann für das betrachtete Problem keine optimale Lösung angegeben werden (vgl. Sonderfall 2 in Kap. 2.4.4); Abbruch des Verfahrens.
Sonst bestimme eine Zeile s, für die gilt:

$$\frac{b_s}{a_{st}} = \min \{ \frac{b_i}{a_{it}} \mid i = 1,..., m \text{ mit } a_{it} > 0 \}$$

Die zu Zeile s gehörige Basisvariable verläßt die Basis. Die Zeile s nennt man **Pivotzeile**, das Element a_{st} heißt **Pivotelement.**

Schritt 3 (Berechnung der neuen Basislösung, des neuen Simplextableaus):

a) Durch lineare Transformation des Nebenbedingungssystems wird unter der neuen Basisvariablen ein Einheitsvektor mit $a_{st} = 1$ geschaffen (Gauß-Jordan-Verfahren).

b) Durch Vertauschen der Spalten der beiden beim Basistausch beteiligten Variablen einschließlich der Variablenbezeichnungen könnte ein neues Tableau in kanonischer Form (gemäß Tab. 2.4) ermittelt werden.
Wie unten ersichtlich wird, kann auf Schritt 3b verzichtet werden.

* * * * *

Als **Beispiel** betrachten wir zunächst unser Gärtnerproblem. Der Verfahrensablauf kann anhand von Tab. 2.5 nachvollzogen werden. Das jeweilige Pivotelement ist durch eckige Klammern hervorgehoben. Fehlende Eintragungen besitzen den Wert 0.

BV	x_1	x_2	x_3	x_4	x_5	b_i	
x_3	1	1	1			100	Erste Basislösung:
x_4	6	9		1		720	$x_3 = 100,\ x_4 = 720,\ x_5 = 60;$
x_5		[1]			1	60	$x_1 = x_2 = 0;\ F = 0$
F	−1	−2	0	0	0	0	
x_3	1		1		−1	40	Zweite Basislösung:[3]
x_4	[6]			1	−9	180	$x_2 = 60,\ x_3 = 40,\ x_4 = 180;$
x_2		1			1	60	$x_1 = x_5 = 0;\ F = 120$
F	−1	0	0	0	2	120	
x_3			1	$-\frac{1}{6}$	$\frac{1}{2}$	10	Optimale Basislösung:
x_1	1			$\frac{1}{6}$	$-\frac{3}{2}$	30	$x_1 = 30,\ x_2 = 60,\ x_3 = 10;$
x_2		1			1	60	$x_4 = x_5 = 0;\ F = 150$
F	0	0	0	$\frac{1}{6}$	$\frac{1}{2}$	150	

Tab. 2.5

[3] Das zweite Tableau entsteht aus dem ersten, indem man die Pivotzeile 3 von der ersten Zeile subtrahiert, sie mit 9 multipliziert von der zweiten Zeile subtrahiert und mit 2 multipliziert zur Ergebniszeile addiert. Zu weiteren Hinweisen zur Transformation von Simplextableaus sei auf das Übungsbuch Domschke et al. (1995) verwiesen.

Als zweites **Beispiel** betrachten wir ein Problem der Produktionsprogrammplanung:

Auf zwei Maschinen A und B werden zwei Produkte 1 und 2 gefertigt. Die technischen Produktionskoeffizienten, Maschinenkapazitäten und Deckungsbeiträge (DB) pro ME jedes Produktes sind Tab. 2.6 zu entnehmen.

	Technische Produktionskoeffizienten		Maschinen-
	Produkt 1	Produkt 2	kapazität
Maschine A	1	2	8
Maschine B	3	1	9
DB/ME	6	4	

Tab. 2.6

Gesucht sei unter den gegebenen Restriktionen das Produktionsprogramm $\mathbf{x}^* = (x_1^*, x_2^*)$ mit maximalem Deckungsbeitrag.

Die mit dem Simplex-Algorithmus ausgeführten Schritte sind Tab. 2.7 zu entnehmen (nicht angegebene Werte sind 0).

	x_1	x_2	x_3	x_4	b_i
x_3	1	2	1		8
x_4	[3]	1		1	9
F	−6	−4			0
x_3		$[\frac{5}{3}]$	1	$-\frac{1}{3}$	5
x_1	1	$\frac{1}{3}$		$\frac{1}{3}$	3
F		−2		2	18
x_2		1	$\frac{3}{5}$	$-\frac{1}{5}$	3
x_1	1		$-\frac{1}{5}$	$\frac{2}{5}$	2
F			$\frac{6}{5}$	$\frac{8}{5}$	24

Erste Basislösung:

$x_3 = 8,\ x_4 = 9;\ x_1 = x_2 = 0;$
$F = 0$

Zweite Basislösung:

$x_1 = 3,\ x_3 = 5;\ x_2 = x_4 = 0;$
$F = 18$

Tab. 2.7

Die optimale Basislösung ist $x_1 = 2,\ x_2 = 3;\ x_3 = x_4 = 0$ mit dem Zielfunktionswert $F = 24$.

Bemerkung 2.5: Die Eintragungen in der F-Zeile eines Simplextableaus nennt man **Schattenpreise** oder **Opportunitätskosten**. Für unser Beispiel in Tab. 2.7 liefern sie folgende Informationen:

Eine Einheit der Kapazität von Maschine A (B) besitzt einen Wert von DM 1,20 (1,60).

Sind die Kosten für die Beschaffung einer weiteren Kapazitätseinheit geringer (höher) als dieser Wert, so steigert (senkt) eine zusätzliche ME den erzielbaren Deckungsbeitrag.

Eine Kapazitätseinheit jeder nicht voll ausgelasteten Maschine besitzt den Wert 0. Ein Beispiel für eine Kapazität mit Wert 0 (dh. eine nicht knappe Kapazität) bildet die Variable x_3 in Tab. 2.5. Sie ist die Schlupfvariable in der Nebenbedingung für die verfügbaren m^2 Grundstück. Das zusätzliche Anmieten weiterer Grundfläche würde den Gewinn um den Mietpreis schmälern. Vgl. hierzu auch die Ausführungen zur Dualität in Kap. 2.5, insb. Bem. 2.9.

2.4.2 Verfahren zur Bestimmung einer zulässigen Basislösung

Wir beschreiben zwei verschiedene Vorgehensweisen zur Bestimmung einer (ersten) zulässigen Basislösung, den dualen Simplex-Algorithmus und die sogenannte M-Methode. Ein Verfahren dieser Art ist erforderlich, wenn ein LOP nicht in kanonischer Form gegeben und nicht leicht in diese transformierbar ist.

2.4.2.1 Der duale Simplex-Algorithmus

Er arbeitet mit dem Simplextableau, wie in Tab. 2.4 angegeben. Die erste eingetragene Lösung ist zwar eine *Basislösung*; sie ist aber wegen negativer b_i *nicht zulässig*, dh. sie enthält Basisvariablen mit negativem Wert.

Beispiel: Wir betrachten das Problem

Maximiere $F(x_1,x_2) = 2x_1 + x_2$

unter den Nebenbedingungen

$$x_1 + x_2 \geq 8$$
$$2x_1 + x_2 \geq 10$$
$$x_1 + x_2 \leq 10$$
$$x_1, x_2 \geq 0$$

Das erste Tableau mit nicht zulässiger Basislösung ist in Tab. 2.8 angegeben.

BV	x_1	x_2	x_3	x_4	x_5	b_i
x_3	−1	−1	1			− 8
x_4	−2	[−1]		1		−10
x_5	1	1			1	10
F	−2	−1	0	0	0	0

Basislösung:

$x_3 = -8,\ x_4 = -10,\ x_5 = 10;$
$x_1 = x_2 = 0;\ F = 0$

Tab. 2.8

1 0 1 -1 0 2
0 1 0 1 2 10
-1 0 0 1 0 0
0 0 0 -1 0 10

Eine Iteration des dualen Simplex-Algorithmus

Voraussetzung: Eine Basislösung eines LOPs; die aktuellen Eintragungen im Simplextableau seien jeweils mit a_{ij}, b_i und c_j bezeichnet.

Schritt 1 (Wahl der Pivotzeile):

Gibt es kein $b_i < 0$, so liegt bereits eine zulässige Basislösung vor; Abbruch des dualen Simplex-Algorithmus.
Sonst wähle diejenige Zeile s mit dem kleinsten b_s (< 0) als Pivotzeile (stehen mehrere Zeilen mit kleinstem Wert zur Auswahl, so wähle unter diesen eine beliebige).

Schritt 2 (Wahl der Pivotspalte):

Findet man in der Pivotzeile s kein Element $a_{sj} < 0$, so besitzt das Problem keine zulässige Basislösung (vgl. Sonderfall 1 in Kap. 2.4.4); Abbruch des (gesamten) Verfahrens.

Sonst wähle eine Spalte t mit $\frac{c_t}{a_{st}} = \max \{ \frac{c_j}{a_{sj}} \mid j = 1,...,n \text{ mit } a_{sj} < 0 \}$ als Pivotspalte.

a_{st} ist Pivotelement.

Schritt 3 (Tableautransformation): Wie beim primalen Simplex-Algorithmus, Kap. 2.4.1.2.

* * * * *

Wir wenden den dualen Simplex-Algorithmus auf das obige **Beispiel** an. Im Ausgangstableau (Tab. 2.8) wählen wir s = 2 als Pivotzeile und t = 2; nach der Transformation erhalten wir:

BV	x_1	x_2	x_3	x_4	x_5	b_i
x_3	1		1	–1		2
x_2	2	1		–1		10
x_5	–1			[1]	1	0
F	0	0	0	–1	0	10

Erste Basislösung:

$x_2 = 10,\ x_3 = 2,\ x_5 = 0;$
$x_1 = x_4 = 0;\ F = 10$

Tab. 2.9

Das Tableau enthält eine zulässige, aber noch nicht optimale Basislösung; nach zwei weiteren Iterationen mit dem primalen Simplex-Algorithmus ergibt sich:

BV	x_1	x_2	x_3	x_4	x_5	b_i
x_3			1		1	2
x_1	1	1			1	10
x_4		1		1	2	10
F	0	1	0	0	2	20

Optimale Basislösung:

$x_1 = 10,\ x_2 = 0,\ x_3 = 2;$
$x_4 = 10,\ x_5 = 0;\ F = 20$

Tab. 2.10

Bemerkung 2.6: Falls man mit einer dual zulässigen Lösung (alle Eintragungen in der F-Zeile ≥ 0) startet, so ist die erste primal zulässige Basislösung (alle $b_i \geq 0$) zugleich optimal.

Der duale Simplex-Algorithmus ist insbesondere auch dann geeignet, wenn für ein LOP mit bereits bekannter optimaler Basislösung durch Ergänzen einer weiteren Restriktion diese Basislösung unzulässig wird. Nach einer (oder mehreren) Iteration(en) des dualen Simplex-Algorithmus erhält man dann erneut eine optimale Basislösung *(Reoptimierung)*.

2.4.2.2 Die M-Methode

Die M-Methode entspricht formal der Anwendung des primalen Simplex-Algorithmus auf ein erweitertes Problem. Sie läßt sich für Maximierungsprobleme wie folgt beschreiben:

Wir gehen von einem LOP in der Normalform (2.13) aus. Zu jeder Nebenbedingung i, die keine Schlupfvariable mit positivem Vorzeichen besitzt, fügen wir auf der linken Seite eine **künstliche** (= *fiktive*) **Variable** y_i mit positivem Vorzeichen hinzu.[4] y_i ist auf den nichtnegativen reellen Bereich beschränkt. In einer zu maximierenden Zielfunktion wird sie mit $-M$ bewertet, wobei M hinreichend groß[5] zu wählen ist. Auf das so erweiterte Problem wird der primale Simplex-Algorithmus angewendet, bis alle y_i, die sich zu Beginn in der Basis befinden, die Basis verlassen haben. Sobald ein y_i die Basis verlassen hat, kann es von weiteren Betrachtungen ausgeschlossen werden (in Tab. 2.11 durch ▒ angedeutet).

Die M-Methode bei gleichzeitiger Anwendung des primalen Simplex-Algorithmus wird in der Literatur auch als *2-Phasen-Methode* bezeichnet.

Beispiel: Wir erläutern die M-Methode anhand des Problems von Kap. 2.4.2.1. Durch Schlupfvariablen x_3, x_4 und x_5 sowie künstliche Variablen y_1 und y_2 erweitert, hat es folgendes Aussehen:

Maximiere $F(x_1,x_2) = 2x_1 + x_2 - M \cdot y_1 - M \cdot y_2$

unter den Nebenbedingungen

$$\begin{aligned} x_1 + x_2 - x_3 \qquad + y_1 \qquad &= 8 \\ 2x_1 + x_2 \qquad - x_4 \qquad + y_2 &= 10 \\ x_1 + x_2 \qquad + x_5 \qquad &= 10 \\ x_1,\ldots,x_5, y_1, y_2 &\geq 0 \end{aligned}$$

Es ist sinnvoll, im Laufe der Anwendung der M-Methode zwei Zielfunktionszeilen zu führen, die F-Zeile mit den Bewertungen aus dem ursprünglichen Problem und eine M-Zeile, die sich durch die Einführung der y_i und deren Bewertung mit $-M$ ergibt.

---

[4] Sind $m' < m$ künstliche Variablen einzuführen, so können diese auch von 1 bis m' numeriert werden, so daß die Variablen- und die Zeilenindizes nicht übereinstimmen.

[5] M ist so groß zu wählen, daß bei Existenz einer zulässigen Lösung des eigentlichen Problems garantiert ist, daß alle künstlichen Variablen (wegen ihrer den Zielfunktionswert verschlechternden Bewertung) beim Optimierungsprozeß die Basis verlassen.

BV	x_1	x_2	x_3	x_4	x_5	y_1	y_2	b_i	
y_1	1	1	-1			1		8	$y_1 = 8,\ y_2 = 10,$
y_2	[2]	1		-1			1	10	$x_5 = 10;$
x_5	1	1			1			10	Zielfw. = $-18M$
F-Zeile	-2	-1	0	0				0	
M-Zeile	$-3M$	$-2M$	M	M				$-18M$	
y_1		$\frac{1}{2}$	-1	$[\frac{1}{2}]$		1		3	$y_1 = 3,\ x_1 = 5,$
x_1	1	$\frac{1}{2}$		$-\frac{1}{2}$				5	$x_5 = 5;$
x_5		$\frac{1}{2}$		$\frac{1}{2}$	1			5	Zielfw. = $10 - 3M$
F-Zeile		0	0	-1				10	
M-Zeile		$-\frac{1}{2}M$	M	$-\frac{1}{2}M$				$-3M$	
x_4		1	-2	1				6	Zulässige Basislösung:
x_1	1	1	-1					8	$x_1 = 8,\ x_4 = 6,$
x_5			[1]		1			2	$x_5 = 2;\ F = 16$
F-Zeile		1	-2					16	Tab. 2.11

Die erste zu bestimmende Basislösung enthält alle y_i in der Basis. Bei der Bildung des Simplextableaus gemäß Tab. 2.4 würde man unter den y_i in der M-Zeile Werte $+M$ vorfinden. Transformieren wir das Tableau, so daß wir unter den y_i Einheitsvektoren (mit Nullen in den Ergebniszeilen) erhalten, so ergibt sich das erste "Basistableau" in Tab. 2.11. Man kann sich überlegen, daß durch die oben geschilderte Transformation für eine Nichtbasisvariable x_k die folgende Eintragung in der M-Zeile zustande kommt:[6]

$-M \cdot$(Summe der Koeffizienten von x_k in allen Zeilen, in denen ein y als BVe dient)

Die Pivotspaltenwahl erfolgt bei der M-Methode anhand der Eintragungen in der M-Zeile; bei zwei oder mehreren gleichniedrigen Eintragungen in der M-Zeile wird unter diesen Spalten anhand der F-Zeile entschieden.

Wie Tab. 2.11 zeigt, haben in unserem Beispiel die y_i nach zwei Iterationen die Basis und damit das Problem verlassen. Nach Erhalt der ersten zulässigen Basislösung des eigentlichen Problems (letztes Tableau in Tab. 2.11) gelangen wir durch Ausführung einer weiteren Iteration des primalen Simplex-Algorithmus zur optimalen Lösung $x_1 = x_4 = 10,\ x_3 = 2;$ $x_2 = x_5 = 0$ mit dem Zielfunktionswert $F = 20$ in Tab. 2.12.

---

6 In unserem Beispiel ergibt sich unter der Nichtbasisvariablen x_1 der Eintrag von $-3M$ durch folgende Überlegung: Möchte man der Variablen x_1 den Wert 1 geben, so verringert sich dadurch der Wert von y_1 um 1 und derjenige von y_2 um 2 Einheiten. Der Zielfunktionswert verbessert sich (im Bereich der künstlichen Variablen) damit um $3M$.

BV	x_1	x_2	x_3	x_4	x_5	b_i
x_4		1		1	2	10
x_1	1	1			1	10
x_3			1		1	2
F	0	1	0	0	2	20

Tab. 2.12

Die Erweiterung eines gegebenen Problems durch künstliche Variable y_i veranschaulichen wir nochmals anhand unseres **Mischungsproblems** aus Kap. 2.2. Durch dessen Erweiterung und Transformation in ein Maximierungsproblem erhalten wir:

Maximiere $F(\mathbf{x},\mathbf{y}) = -(5x_1 + 7x_2) - M \cdot (y_1 + y_2 + y_3) = -5x_1 - 7x_2 - My_1 - My_2 - My_3$

unter den Nebenbedingungen

$$\begin{aligned} 2x_1 + x_2 - x_3 \quad\quad + y_1 \quad\quad &= 6 \\ 2x_1 + 4x_2 \quad - x_4 \quad\quad + y_2 \quad &= 12 \\ 4x_2 \quad - x_5 \quad\quad + y_3 &= 4 \\ \text{alle } x_i, y_i &\geq 0 \end{aligned}$$

Bemerkung 2.7 *(Reduzierung der Anzahl künstlicher Variablen)*: Für alle $\geq$-Bedingungen mit nichtnegativer rechter Seite ist es ausreichend, nur eine künstliche Variable einzuführen. Man erreicht dies durch Erzeugung der folgenden Linearkombination: Durch Multiplikation mit -1 entstehen $\leq$-Bedingungen und durch Einführung von Schlupfvariablen Gleichungen mit negativen rechten Seiten. Subtrahiert man von jeder Gleichung diejenige mit der kleinsten rechten Seite, so erhalten alle Bedingungen außer dieser eine nichtnegative rechte Seite; nur für sie ist eine künstliche Variable erforderlich. Wendet man diese Vorgehensweise auf das obige Mischungsproblem an, so ist nur für die Nährstoffbedingung II eine künstliche Variable erforderlich.

Auch für LOPs, die zunächst **Gleichungen als Nebenbedingungen** enthalten, läßt sich mittels der M-Methode eine zulässige Basislösung bestimmen. So kann z.B. zur Berechnung einer zulässigen Basislösung des im folgenden links angegebenen Problems zunächst das danebenstehende, erweiterte Problem mit der M-Methode behandelt werden.

Maximiere $F(x_1,x_2) = x_1 + 2x_2$

unter den Nebenbedingungen

$$\begin{aligned} x_1 + x_2 &= 100 \\ 6x_1 + 9x_2 &\leq 720 \\ x_1, x_2 &\geq 0 \end{aligned}$$

Maximiere $F(x_1,x_2,y) = x_1 + 2x_2 - M \cdot y$

unter den Nebenbedingungen

$$\begin{aligned} x_1 + x_2 \quad\quad + y &= 100 \\ 6x_1 + 9x_2 + x_3 \quad\quad &= 720 \\ x_1, x_2, x_3, y &\geq 0 \end{aligned}$$

Als Alternative zu dieser Vorgehensweise können wir auch jede Gleichung nach einer Variablen auflösen und in die anderen Nebenbedingungen einsetzen. Dabei besteht jedoch die Gefahr, daß nach Lösung des verbleibenden Problems für die substituierten Variablen die u.U. geforderten Nichtnegativitätsbedingungen nicht erfüllt sind.

2.4.3 Der revidierte Simplex-Algorithmus

Hat man größere LOPs zu lösen, so wird man dies nicht von Hand, sondern mit Hilfe eines Computers tun. Vor allem für Probleme, deren Variablenzahl n wesentlich größer ist als die Anzahl m der Nebenbedingungen, eignet sich der im folgenden erläuterte "revidierte Simplex-Algorithmus" besser als der in Kap. 2.4.1.2 geschilderte primale Simplex-Algorithmus. Wir skizzieren ihn für das folgende Maximierungsproblem in Normalform:[7]

Maximiere $F(\mathbf{x}) = \mathbf{c}^T\mathbf{x}$

unter den Nebenbedingungen

$$\begin{aligned} A \cdot \mathbf{x} &= \mathbf{b} \\ \mathbf{x} &\geq \mathbf{0} \end{aligned}$$

Das Problem besitze n Variablen und m voneinander linear unabhängige Nebenbedingungen.

Wir gehen aus von einem Simplextableau, wie es in Tab. 2.4 angegeben ist. Dieses mit $\tilde{A}$ bezeichnete Tableau enthalte die Matrix A, den mit negativem Vorzeichen eingetragenen Zielfunktionsvektor $\mathbf{c}^T$, einen Einheitsvektor $\begin{bmatrix} \mathbf{0} \\ 1 \end{bmatrix}$ für den als Basisvariable interpretierten Zielfunktionswert F, die rechte Seite **b** sowie c_0 als Startwert für F: $\tilde{A} := \begin{bmatrix} A & \mathbf{0} & | & \mathbf{b} \\ -\mathbf{c}^T & 1 & | & c_0 \end{bmatrix}$

Seien nun $\mathbf{x}_B^T := (x_{k_1},...,x_{k_m})$ sowie F die Basisvariablen einer zu bestimmenden (k-ten) Basislösung. Dann enthalte eine Teilmatrix B von $\tilde{A}$ die zugehörigen Spaltenvektoren:

$$B := \begin{bmatrix} \mathbf{a}_{k_1} & \dots & \mathbf{a}_{k_m} & \mathbf{0} \\ -c_{k_1} & \dots & -c_{k_m} & 1 \end{bmatrix}$$

Die Werte der *aktuellen* Basisvariablen erhält man, indem man das Gleichungssystem

$B \cdot \begin{bmatrix} \mathbf{x}_B \\ F \end{bmatrix} = \begin{bmatrix} \mathbf{b} \\ c_0 \end{bmatrix}$ oder (anders ausgedrückt) $\begin{bmatrix} \mathbf{x}_B \\ F \end{bmatrix} = B^{-1} \cdot \begin{bmatrix} \mathbf{b} \\ c_0 \end{bmatrix}$ löst.

Ganz analog erhält man im Simplextableau für die k-te Basislösung unter den Basisvariablen die erforderliche Einheitsmatrix, indem man $B^{-1} \cdot B$ bildet. Wenn man sich dies überlegt hat,

7 Eine ausführliche Darstellung der Vorgehensweise findet man z.B. in Neumann (1975 a, S. 107 ff.), Hillier und Lieberman (1988, S. 101 ff.) oder Neumann und Morlock (1993, S. 109 ff.).

wird schließlich auch klar, daß man durch $B^{-1} \cdot \tilde{A}$ das gesamte neue Tableau, also auch die neuen Nichtbasisvektoren $\mathbf{a}_j$, erhalten würde.

Die *Effizienz des revidierten Simplex-Algorithmus* ergibt sich daraus, daß für eine Iteration des primalen Simplex-Algorithmus viel weniger Information erforderlich ist, als ein vollständiges Tableau enthält. Ganz ähnlich wie beim primalen und dualen Simplex-Algorithmus läßt sich die Vorgehensweise mit folgenden drei Schritten beschreiben:

Schritt 1 (Bestimmung der Pivotspalte): Man benötigt die Opportunitätskosten der Nichtbasisvariablen, dh. die Ergebniszeile. Diese erhält man durch Multiplikation der Zielfunktionszeile von B^{-1} mit den ursprünglichen Spaltenvektoren der Nichtbasisvariablen.

Schritt 2 (Ermittlung der Pivotzeile): Zu bestimmen sind nur der Spaltenvektor der in die Basis aufzunehmenden Variablen (Pivotspalte) sowie die aktuelle rechte Seite **b**. Man erhält sie durch Multiplikation von B^{-1} mit den entsprechenden Spaltenvektoren im Anfangstableau.

Schritt 3 (Modifikation von B^{-1}): Grundsätzlich läßt sich B^{-1} jeweils durch Invertieren der aktuellen Matrix B gewinnen. Dies ist z.B. mit dem Gauß-Algorithmus durch elementare Zeilenumformungen von $(B|I)$ in $(I|B^{-1})$ mit I als $m \times m$-Einheitsmatrix möglich; vgl. etwa Opitz (1989, S. 277). Da sich B in jeder Iteration jedoch nur in einer Spalte, der Pivotspalte, verändert, kann diese Berechnung entsprechend vereinfacht werden. Siehe hierzu auch Aufgabe 2.18 in Domschke et al. (1995).

Der revidierte Simplex-Algorithmus ist vor allem dann besonders effizient, wenn m wesentlich kleiner als n ist.

Beispiel: Wir wollen die Vorgehensweise anhand unseres Gärtnerproblems aus Kap. 2.2 veranschaulichen. Das Anfangstableau $\tilde{A}$ ist nochmals in Tab. 2.13 wiedergegeben.

BV	x_1	x_2	x_3	x_4	x_5	F	b_i
x_3	1	1	1				100
x_4	6	9		1			720
x_5		1			1		60
F	−1	−2	0	0	0	1	0

Tab. 2.13

Die darin enthaltene Basislösung läßt sich verbessern, indem wir x_5 aus der Basis entfernen und dafür x_2 in diese aufnehmen. Die Matrizen B und B^{-1} besitzen folgendes Aussehen:

$$B = \begin{matrix} & x_2 & x_3 & x_4 & F \\ x_2 & 1 & 1 & 0 & 0 \\ x_3 & 9 & 0 & 1 & 0 \\ x_4 & 1 & 0 & 0 & 0 \\ F & -2 & 0 & 0 & 1 \end{matrix} \qquad B^{-1} = \begin{bmatrix} 0 & 0 & 1 & 0 \\ 1 & 0 & -1 & 0 \\ 0 & 1 & -9 & 0 \\ 0 & 0 & 2 & 1 \end{bmatrix}$$

Die Multiplikation von B^{-1} mit $\tilde{A}$ liefert:

$$\begin{array}{c} \\ x_2 \\ x_3 \\ x_4 \\ F \end{array}\!\begin{array}{c} \begin{array}{cccc} x_2 & x_3 & x_4 & F \end{array} \\ \left[\begin{array}{cccc} 0 & 0 & 1 & 0 \\ 1 & 0 & -1 & 0 \\ 0 & 1 & -9 & 0 \\ 0 & 0 & 2 & 1 \end{array}\right] \end{array} \cdot \begin{array}{c} \begin{array}{ccccccc} x_1 & x_2 & x_3 & x_4 & x_5 & F & b_i \end{array} \\ \left[\begin{array}{ccccccc} 1 & 1 & 1 & 0 & 0 & 0 & 100 \\ 6 & 9 & 0 & 1 & 0 & 0 & 720 \\ 0 & 1 & 0 & 0 & 1 & 0 & 60 \\ -1 & -2 & 0 & 0 & 0 & 1 & 0 \end{array}\right] \end{array} = \begin{array}{c} \\ x_2 \\ x_3 \\ x_4 \\ F \end{array}\!\begin{array}{c} \begin{array}{ccccccc} x_1 & x_2 & x_3 & x_4 & x_5 & F & b_i \end{array} \\ \left[\begin{array}{ccccccc} \mathbf{0} & 1 & 0 & 0 & 1 & 0 & \mathbf{60} \\ \mathbf{1} & 0 & 1 & 0 & -1 & 0 & \mathbf{40} \\ \mathbf{6} & 0 & 0 & 1 & -9 & 0 & \mathbf{180} \\ \mathbf{-1} & 0 & 0 & 0 & 2 & 1 & \mathbf{120} \end{array}\right] \end{array}$$

Durch Aufnahme von x_1 für x_4 in die Basis läßt sich die Lösung weiter verbessern. Um dies zu erkennen, ist es nicht erforderlich, B^{-1} vollständig mit $\tilde{A}$ zu multiplizieren. Es reicht vielmehr aus, zunächst die Opportunitätskosten der Nichtbasisvariablen und anschließend die Elemente der Pivotspalte und der rechten Seite (alle fett gedruckt) zu berechnen.

Für die erneute Basistransformation wird zunächst die neue Matrix B invertiert:

$$B = \begin{array}{c} \\ x_1 \\ x_2 \\ x_3 \\ F \end{array}\!\begin{array}{c} \begin{array}{cccc} x_1 & x_2 & x_3 & F \end{array} \\ \left[\begin{array}{cccc} 1 & 1 & 1 & 0 \\ 6 & 9 & 0 & 0 \\ 0 & 1 & 0 & 0 \\ -1 & -2 & 0 & 1 \end{array}\right] \end{array} \qquad B^{-1} = \left[\begin{array}{cccc} 0 & \frac{1}{6} & -\frac{3}{2} & 0 \\ 0 & 0 & 1 & 0 \\ 1 & -\frac{1}{6} & \frac{1}{2} & 0 \\ 0 & \frac{1}{6} & \frac{1}{2} & 1 \end{array}\right]$$

Durch die Multiplikationen von B^{-1} mit der Matrix $\tilde{A}$ (die im Laufe des Verfahrens unverändert bleibt) kann das in Tab. 2.14 angegebene Optimaltableau ermittelt werden (vgl. auch Tab. 2.5).

BV	x_1	x_2	x_3	x_4	x_5	b_i
x_1	1			$\frac{1}{6}$	$-\frac{3}{2}$	30
x_2		1			1	60
x_3			1	$-\frac{1}{6}$	$\frac{1}{2}$	10
F	0	0	0	$\frac{1}{6}$	$\frac{1}{2}$	150

Optimale Basislösung:

$x_1 = 30,\ x_2 = 60,\ x_3 = 10;$

$x_4 = x_5 = 0;\ F = 150$

Tab. 2.14

Bemerkung 2.8: Die oben skizzierte Vorgehensweise ist auch auf den dualen Simplex-Algorithmus, die M-Methode sowie auf Vorgehensweisen mit impliziter Berücksichtigung oberer Schranken (siehe Kap. 2.6) übertragbar. Zur effizienten Lösung "großer" linearer Optimierungsprobleme vgl. z.B. Bastian (1980).

2.4.4 Sonderfälle

Im folgenden behandeln wir fünf Sonderfälle, die bei der Lösung von LOPs auftreten können. Wir schildern v.a., woran sie bei Anwendung des Simplex-Algorithmus jeweils erkennbar sind (man veranschauliche sich die Fälle graphisch im $\mathbb{R}^2$).

(1) Probleme, die **keine zulässige Lösung** besitzen (man sagt, das Nebenbedingungssystem sei *nicht widerspruchsfrei*):

Mit dem dualen Simplex-Algorithmus gelangt man zu einer Iteration, bei der man in Schritt 2 in der Pivotzeile s nur Elemente $a_{sj} \geq 0$ findet.
Bei der M-Methode wird ein Stadium erreicht, in dem alle Opportunitätskosten nichtnegativ sind (also die Lösung offenbar optimal ist), sich aber nach wie vor künstliche Variablen $y_i > 0$ in der Basis befinden.

(2) Probleme mit nichtleerer Menge X zulässiger Lösungen, für die jedoch **keine optimale Lösung** angegeben werden kann:

Mit dem primalen Simplex-Algorithmus gelangt man zu einer Iteration, bei der man in Schritt 2 in der Pivotspalte t nur Elemente $a_{it} \leq 0$ findet. Es handelt sich in diesem Fall um ein *unbeschränktes Problem*; es kann z.B. durch Daten- bzw. Eingabefehler entstehen. Wären z.B. für unser Mischungsproblem in Kap. 2.2 die Zielfunktionskoeffizienten mit -5 und -7 vorgegeben, so könnte keine optimale Lösung gefunden werden.

(3) Es existieren **mehrere optimale Basislösungen** (Fall **parametrischer Lösungen**):

Im Tableau mit der erhaltenen optimalen Lösung sind für mindestens eine Nichtbasisvariable die Opportunitätskosten gleich 0. Würde man diese Variable in die Basis aufnehmen, so erhielte man eine weitere optimale Basislösung.

Ferner gilt: Mit zwei optimalen Basislösungen $\mathbf{x}^1$ und $\mathbf{x}^2$ sind auch alle durch Konvexkombination

$$\mathbf{x} = \lambda \cdot \mathbf{x}^1 + (1-\lambda) \cdot \mathbf{x}^2 \qquad \text{mit } 0 < \lambda < 1$$

erhältlichen Nichtbasislösungen optimal.
Den geschilderten Sonderfall bezeichnet man auch als **duale Degeneration** (eine Basisvariable des dualen Problems (vgl. Kap. 2.5) besitzt den Wert 0).

(4) Probleme mit **redundanten** (= überflüssigen) **Nebenbedingungen**:

Eine $\leq$- Nebenbedingung ist redundant, wenn eine ($\leq$-) Linearkombination anderer Bedingungen dieselbe linke Seite und eine kleinere rechte Seite aufweist. Analog dazu ist eine $\geq$- Nebenbedingung redundant, wenn die rechte Seite einen kleineren Wert besitzt als die der ($\geq$-) Linearkombination anderer Bedingungen.
Eine Gleichung ist redundant, wenn sie sich vollständig durch andere Bedingungen linear kombinieren läßt. Im Falle des Vorliegens mindestens einer redundanten Gleichung kann man auch sagen, daß die Koeffizientenmatrix A eines Problems mit m Nebenbedingungen einen Rang $|A| < m$ besitzt; siehe dazu Bem. 2.4.

Im Falle zweier Nebenbedingungen $x_1 + x_2 \leq 7$ und $x_1 + x_2 \leq 9$ ist die zweite Bedingung natürlich sofort als redundant erkennbar. Bei dem in Abb. 2.9 dargestellten Fall entstehen bei Anwendung des Simplex-Algorithmus u.U. zwei Tableauzeilen, deren Koeffizienten im Bereich der Nichtbasisvariablen identisch sind.

(5) **Basisvariablen** einer Basislösung besitzen den **Wert 0** (eine solche Lösung nennt man **degenerierte Basislösung**):

Es handelt sich um einen speziellen Fall der Redundanz: Er liegt z.B. im $\mathbb{R}^2$ vor, wenn sich in einem Eckpunkt von X mehr als zwei Geraden schneiden. Dem Eckpunkt P der Abb. 2.10 entsprechen drei verschiedene Basislösungen mit x_1, x_2 und jeweils genau einer der drei möglichen Schlupfvariablen als Basisvariablen. Die sich in der Basis befindliche Schlupfvariable besitzt den Wert 0. Theoretisch besteht für den Simplex-Algorithmus die Gefahr des **Kreisens** innerhalb der Basislösungen des Eckpunktes; dh. es gelingt nicht, den Eckpunkt wieder zu verlassen.
Den geschilderten Sonderfall bezeichnet man auch als **primale Degeneration**.

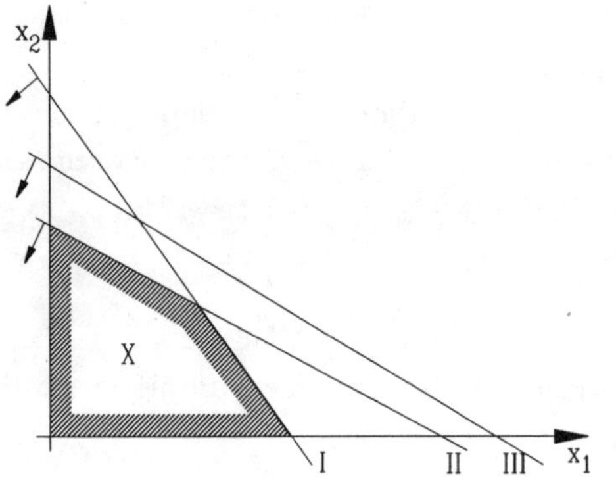

Abb. 2.9

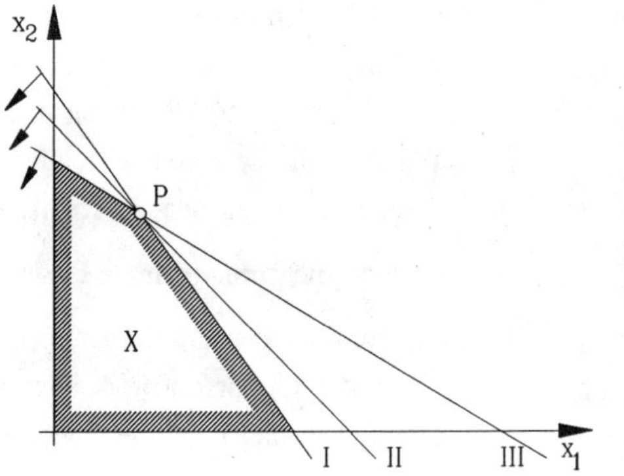

Abb. 2.10

2.5 Dualität

Definition 2.9: Gegeben sei ein lineares Optimierungsproblem in der Form:

$$\left.\begin{array}{l} \text{Maximiere } F(\mathbf{x}) = \mathbf{c}^T \mathbf{x} \\ \text{unter den Nebenbedingungen} \\ \qquad A\,\mathbf{x} \leq \mathbf{b} \\ \qquad \mathbf{x} \geq \mathbf{0} \end{array}\right\} \tag{2.15}$$

Das Problem

$$\left.\begin{array}{l} \text{Minimiere } FD(\mathbf{w}) = \mathbf{b}^T \mathbf{w} \\ \text{unter den Nebenbedingungen} \\ \qquad A^T \mathbf{w} \geq \mathbf{c} \\ \qquad \mathbf{w} \geq \mathbf{0} \end{array}\right\} \tag{2.16}$$

nennt man das zu (2.15) **duale** Problem. Umgekehrt ist wegen dieser Dualisierungsregel (2.15) dual zu (2.16). Der Dualvariablenvektor **w** besitzt dieselbe Dimension wie **b**.

Möchte man ein LOP dualisieren, so nennt man dieses Ausgangsproblem auch **primales** Problem. Zu jeder Nebenbedingung des primalen Problems gehört (bzw. mit jeder Nebenbedingung *korrespondiert*) genau eine Variable des dualen Problems (**Dualvariable**); die i-te Nebenbedingung korrespondiert mit der i-ten Dualvariablen.

Veranschaulichung von Def. 2.9 anhand eines Beispiels:[8] Wir betrachten das zu maximierende Produktionsplanungsproblem aus Kap. 2.4.1.2 und entwickeln anhand logischer Überlegungen das dazu duale Minimierungsproblem, wie es sich gemäß (2.16) ergäbe. Das Problem lautet (in Kästchen die mit den jeweiligen Nebenbedingungen korrespondierenden Dualvariablen):

Maximiere $F(x_1,x_2) = 6x_1 + 4x_2$ (2.17)

unter den Nebenbedingungen

$$\boxed{w_1} \qquad x_1 + 2x_2 \le 8 \tag{2.18}$$

$$\boxed{w_2} \qquad 3x_1 + x_2 \le 9 \tag{2.19}$$

$$x_1, x_2 \ge 0 \tag{2.20}$$

Man kann sich überlegen, daß aufgrund des Nebenbedingungssystems (2.18) – (2.19) obere Schranken für $F(x_1,x_2)$ ermittelt werden können. Durch Multiplikation der Nebenbedingung (2.18) mit 6 erhält man die obere Schranke 48 wie folgt:

$$F(x_1,x_2) = 6x_1 + 4x_2 \le 6x_1 + 12x_2 \le 48$$

Entsprechend ergibt sich durch Multiplikation der Nebenbedingung (2.19) mit 4 die obere Schranke 36:

$$F(x_1,x_2) = 6x_1 + 4x_2 \le 12x_1 + 4x_2 \le 36$$

Schärfere obere Schranken erhält man in der Regel durch Linearkombination aller Nebenbedingungen (mit Ausnahme der Nichtnegativitätsbedingungen) eines LOPs. Für unser Beispiel ergibt sich bei Multiplikation von (2.18) mit dem Faktor 1 und (2.19) mit dem Faktor 2 eine obere Schranke von 26:

$$F(x_1,x_2) = 6x_1 + 4x_2 \le (x_1 + 2x_2) + 2\,(3x_1 + x_2) = 7x_1 + 4x_2 \le 1 \cdot 8 + 2 \cdot 9 = 26$$

Allgemein gilt mit Faktoren w_1 und w_2:

$$F(x_1,x_2) = 6x_1 + 4x_2 \le w_1 \cdot (x_1 + 2x_2) + w_2 \cdot (3x_1 + x_2) \le w_1 \cdot 8 + w_2 \cdot 9 \quad \text{oder}$$

$$F(x_1,x_2) = 6x_1 + 4x_2 \le (w_1 + 3w_2) \cdot x_1 + (2w_1 + w_2) \cdot x_2 \le 8w_1 + 9w_2 \tag{2.21}$$

---

8 Eine weitere anschauliche Herleitung des dualen LOPs findet man in Aufg. 2.20 des Übungsbuchs Domschke et al. (1995).

Ein Vergleich der Koeffizienten von x_1 bzw. x_2 liefert die Bedingungen:[9]

$$6x_1 \leq (w_1 + 3w_2) \cdot x_1 \quad \text{bzw.} \quad 4x_2 \leq (2w_1 + w_2) \cdot x_2 \tag{2.22}$$

Insgesamt ergibt sich folgendes (Neben-) Bedingungssystem, bei dessen Einhaltung obere Schranken für (2.17) - (2.20) entstehen:

$$w_1 + 3w_2 \geq 6 \tag{2.23}$$

$$2w_1 + w_2 \geq 4 \tag{2.24}$$

Man überlegt sich dazu jedoch, daß die Koeffizienten w_1 und w_2 nicht beliebig gewählt werden dürfen. Da wir Linearkombinationen von Ungleichungen bilden, kommen nur Koeffizienten mit gleichem Vorzeichen in Frage. O.B.d.A. setzen wir:

$$w_1, w_2 \geq 0 \tag{2.25}$$

Die Bestimmung einer kleinstmöglichen oberen Schranke unter Beachtung von (2.21) und (2.23) - (2.25) führt zur Zielsetzung:

$$\text{Minimiere } FD(w_1,w_2) = 8w_1 + 9w_2 \tag{2.26}$$

Damit haben wir das zu (2.17) - (2.20) duale Problem erhalten. Der Übersichtlichkeit halber stellen wir beide Probleme nochmals einander gegenüber:

Maximiere $F(x_1,x_2) = 6x_1 + 4x_2$ unter den Nebenbedingungen		Minimiere $FD(w_1,w_2) = 8w_1 + 9w_2$ unter den Nebenbedingungen	
w_1	$x_1 + 2x_2 \leq 8$	x_1	$w_1 + 3w_2 \geq 6$
w_2	$3x_1 + x_2 \leq 9$	x_2	$2w_1 + w_2 \geq 4$
	$x_1, x_2 \geq 0$		$w_1, w_2 \geq 0$

Tab. 2.15 enthält einen Überblick über bereits verwendete sowie weitere **Dualisierungsregeln.** Aus ihr lassen sich folgende Aussagen ableiten:

a) Einem primalen Maximierungsproblem entspricht ein duales Minimierungsproblem.

b) Einer $\leq$-Restriktion im primalen Problem entspricht eine im Vorzeichen beschränkte Variable im dualen Problem; zu einer Gleichheitsrestriktion gehört eine unbeschränkte Dualvariable.

c) Eine beschränkte Variable im primalen Problem korrespondiert mit einer $\geq$-Restriktion im dualen Problem; eine unbeschränkte Variable hat im dualen Problem eine Gleichheitsrestriktion zur Folge.

---

9 Die Bedingungen (2.22) sind hinreichende Bedingungen dafür, daß $8w_1 + 9w_2$ eine obere Schranke für $F(x_1,x_2)$ darstellt. Darüber hinaus überlegt man sich: Wählt man für (2.18) und (2.19) Multiplikatoren w_1 und w_2, die (2.22) erfüllen, so ergeben sich für x_1 und x_2 nichtnegative Opportunitätskosten.

Darüber hinaus gilt:

d) Ist der Zielfunktionswert des primalen Problems nicht nach oben beschränkt, so besitzt das duale Problem keine zulässige Lösung und umgekehrt. Diese Aussage folgt unmittelbar aus dem Einschließungssatz 2.5.

Primales Problem	Duales Problem
Zielfunktion: Max $F(\mathbf{x})$	Zielfunktion: Min $FD(\mathbf{w})$
Nebenbedingungen:	Dualvariablen:
i-te NB: $\leq$	$w_i \geq 0$
i-te NB: $=$	$w_i \in \mathbb{R}$
Variablen:	Nebenbedingungen:
$x_i \geq 0$	i-te NB: $\geq$
$x_i \in \mathbb{R}$	i-te NB: $=$

Tab. 2.15

Im folgenden formulieren wir zwei wichtige Sätze. Insbesondere Satz 2.6 wird unmittelbar bei einigen Lösungsverfahren verwendet; vgl. z.B. die MODI-Methode in Kap. 4.1.3. Beweise zu den Aussagen der Sätze findet man z.B. in Neumann (1975a, S. 63 ff.) sowie Neumann und Morlock (1993, S. 76 ff.).

Satz 2.5:

a) Seien **x** eine zulässige Lösung von (2.15) und **w** eine zulässige Lösung von (2.16), dann gilt: $F(\mathbf{x}) \leq FD(\mathbf{w})$, dh. $\mathbf{c}^T\mathbf{x} \leq \mathbf{b}^T\mathbf{w}$.

b) Für optimale Lösungen $\mathbf{x}^*$ und $\mathbf{w}^*$ von (2.15) bzw. (2.16) gilt: $F(\mathbf{x}^*) = FD(\mathbf{w}^*)$.

c) Aus a) und b) ergibt sich der sogenannte *Einschließungssatz*:

$$F(\mathbf{x}) \leq F(\mathbf{x}^*) = FD(\mathbf{w}^*) \leq FD(\mathbf{w})$$

Satz 2.6 *(vom komplementären Schlupf):* Gegeben seien ein LOP (2.15) mit p Variablen und m Nebenbedingungen und ein dazu duales LOP (2.16) mit m Variablen und p Nebenbedingungen. Durch Einführung von Schlupfvariablen x_{p+i} $(i = 1,...,m)$ gehe (2.15) über in die Normalform (2.15)'; entsprechend gehe (2.16) durch Einführung von Schlupfvariablen w_{m+j} $(j = 1,...,p)$ über in die Normalform (2.16)'.

Eine zulässige Lösung $\mathbf{x}^*$ von (2.15)' und eine zulässige Lösung $\mathbf{w}^*$ von (2.16)' sind genau dann optimal, wenn gilt:

$x_j^* \cdot w_{m+j}^* = 0$ für $j = 1,...,p$ und

$w_i^* \cdot x_{p+i}^* = 0$ für $i = 1,...,m$

Das bedeutet: Bei positivem x_j^* ist der Schlupf in der j-ten Nebenbedingung von (2.16) gleich 0 und umgekehrt. Bei positivem w_i^* ist der Schlupf in der i-ten Nebenbedingung von (2.15) gleich 0 und umgekehrt.

Bemerkung 2.9: Geht man von einem primalen Problem der Form (2.11) mit $\mathbf{b} \geq \mathbf{0}$ aus, so gelten folgende Entsprechungen, die sich aus den bisherigen Ausführungen zur Dualität ergeben:

a) Den Schlupfvariablen des primalen Problems entsprechen die Strukturvariablen des dualen Problems und umgekehrt.

b) Im Optimaltableau des primalen sind auch Variablenwerte für eine optimale Lösung des dualen Problems enthalten. Wegen Aussage a) entspricht der Wert der i-ten dualen Strukturvariablen den Opportunitätskosten der i-ten Schlupfvariablen im primalen Problem. Siehe hierzu auch Aufg. 2.20 in Domschke et al. (1995).

Die Aussagen von Satz 2.6 und Bem. 2.9 lassen sich an unserem Beispiel der Produktionsprogrammplanung aus Tab. 2.7 unmittelbar nachvollziehen.

Wir betrachten abschließend erneut unser *Mischungsproblem* aus Kap. 2.2, an dem sich – anschaulicher als an obigem Beispiel der Produktionsprogrammplanung – die ökonomische Bedeutung von zueinander dualen Problemen sehr schön darstellen läßt. Es lautet (in Klammern Dualvariablen):

Minimiere $F(x_1,x_2) = 5x_1 + 7x_2$

unter den Nebenbedingungen

p_1	$2x_1 + x_2 \geq 6$	Nährstoff I
p_2	$2x_1 + 4x_2 \geq 12$	Nährstoff II
p_3	$4x_2 \geq 4$	Nährstoff III
	$x_1, x_2 \geq 0$	

Nun stellen wir uns vor, daß ein Unternehmen für jeden Nährstoff ein eigenes Präparat (eine Nährstoffpille) entwickelt hat. Jede Pille möge ein Gramm des betreffenden Nährstoffes enthalten. Wir nehmen an, daß sich der Tierzüchter bei Kostengleichheit zwischen Futter- und Präparaternährung für letztere entscheidet.

Zu welchen Preisen p_1, p_2 bzw. p_3 sind die Pillen der Nährstoffe I, II bzw. III anzubieten, so daß der pro Tagesration eines Rindes zu erzielende Umsatz maximal wird?

Das Unternehmen kann zur Lösung des Problems das folgende zum Mischungsproblem duale LOP mit den Dualvariablen p_1, p_2 und p_3 formulieren:

Maximiere $FD(p_1,p_2,p_3) = 6p_1 + 12p_2 + 4p_3$

unter den Nebenbedingungen

x_1	$2p_1 + 2p_2 \leq 5$	Sorte A
x_3	$p_1 + 4p_2 + 4p_3 \leq 7$	Sorte B
	$p_1, p_2, p_3 \geq 0$	

Die Zielfunktion gibt den Umsatz pro Tagesration eines Rindes wieder (Preis, multipliziert mit erforderlicher Pillenzahl). Durch die Nebenbedingungen wird sichergestellt, daß die Kosten der Pillenernährung die Kosten der Futtersorten nicht übersteigen.

Die optimale Lösung des Mischungsproblems ist aus Abb. 2.3 zu entnehmen, die des dualen Problems ergibt sich aus Tab. 2.16 a. Beide Lösungen sowie Struktur- und Schlupfvariablen der Probleme sind in Tab. 2.16 b nochmals veranschaulicht. Jeder Punkt im Tableau zeigt ein Paar von Variablen, deren Produkt in optimalen Lösungen den Wert 0 besitzen muß. Die Variable p_4 z.B. ist Schlupfvariable in der ersten Nebenbedingung des dualen Problems; mit ihr korrespondiert im primalen Problem die Variable x_1.

BV	p_1	p_2	p_3	p_4	p_5	b_i
p_4	2	2		1		5
p_5	1	[4]	4		1	7
F	−6	−12	−4	0	0	0
p_4	$[\frac{3}{2}]$		−2	1	$-\frac{1}{2}$	$\frac{3}{2}$
p_2	$\frac{1}{4}$	1	1		$\frac{1}{4}$	$\frac{7}{4}$
F	−3	0	8	0	3	21
p_1	1		$-\frac{4}{3}$	$\frac{2}{3}$	$-\frac{1}{3}$	1
p_2		1	$\frac{4}{3}$	$-\frac{1}{6}$	$\frac{1}{3}$	$\frac{3}{2}$
F	0	0	4	2	2	24

Tab. 2.16 a

	x_1	x_2	x_3	x_4	x_5	
p_1			•			1
p_2				•		$\frac{3}{2}$
p_3					•	0
p_4	•					0
p_5		•				0
	2	2	0	0	4	24

Tab. 2.16 b

2.6 Untere und obere Schranken für Variablen

Im folgenden beschäftigen wir uns mit der Frage, wie Beschränkungen $\lambda_j \leq x_j \leq \kappa_j$ *einzelner Variablen* x_j bei der Lösung linearer Optimierungsprobleme mit möglichst geringem Rechenaufwand berücksichtigt werden können. Zugleich führen diese Überlegungen zur Einsparung von Zeilen im Tableau.

Untere Schranken λ_j lassen sich durch Variablentransformation $x'_j := x_j - \lambda_j$ bzw. $x_j := x'_j + \lambda_j$ berücksichtigen.

Beispiel: Aus Maximiere $F(x_1,x_2) = x_1 + 3x_2$

unter den Nebenbedingungen

$$\begin{aligned} x_1 + 2x_2 &\leq 80 \\ 2x_1 + x_2 &\leq 100 \\ x_1 &\geq 20 \\ x_2 &\geq 10 \\ x_1, x_2 &\geq 0 \end{aligned}$$

wird durch Substitution von $x_1 := x'_1 + 20$ sowie $x_2 := x'_2 + 10$ das Problem:

Maximiere $F(x'_1,x'_2) = x'_1 + 3x'_2 + 50$

unter den Nebenbedingungen

$$\begin{aligned} x'_1 + 2x'_2 &\leq 40 \\ 2x'_1 + x'_2 &\leq 50 \\ x'_1, x'_2 &\geq 0 \end{aligned}$$

Nach dessen Lösung erhält man durch Rücksubstitution die optimalen Werte für x_1 und x_2.

Obere Schranken lassen sich implizit im Laufe der Anwendung des Simplex-Algorithmus berücksichtigen, indem man bei Erreichen der oberen Schranke κ_j die Variable x_j durch eine neue Variable $x'_j := \kappa_j - x_j$ ersetzt. Die Vorgehensweise des *primalen Simplex-Algorithmus* ändert sich dadurch in Schritt 2 (Wahl der Pivotzeile) und in Schritt 3 (Basistransformation). In Schritt 2 ist dabei v.a. zu berücksichtigen, daß die zur Aufnahme in die Basis vorgesehene Variable x_t ihre obere Schranke κ_t nicht überschreitet. Wird der Wert, den x_t annehmen kann, nur durch κ_t (aber keinen Quotienten b_i/a_{it}) beschränkt, so erfolgt kein Austausch von x_t gegen eine bisherige Basisvariable. Vielmehr wird die Transformation $x'_t := \kappa_t - x_t$ vorgenommen; x'_t bleibt Nichtbasisvariable mit dem Wert 0.

Iteration des Simplex-Alg. mit impliziter Berücksichtigung oberer Schranken

Voraussetzung: Simplextableau mit einer zulässigen Basislösung mit den aktuellen Koeffizienten a_{ij}, b_i und c_j; obere Schranken κ_j für einige oder alle Variablen.

Durchführung: Jede Iteration des Simplex-Algorithmus besteht aus folgenden Schritten.

Schritt 1 (Wahl der Pivotspalte): Wie beim primalen Simplex-Algorithmus in Kap. 2.4.1.2 beschrieben. x_t sei die Variable mit den kleinsten negativen Opportunitätskosten c_t.

Schritt 2 (Wahl der Pivotzeile und Tableautransformation): Berechne q_1 und q_2 wie folgt:

$$q_1 := \begin{cases} \infty & \text{falls kein } a_{it} > 0 \text{ existiert} \\ \min\left\{ \dfrac{b_i}{a_{it}} \;\middle|\; i = 1,\dots,m \text{ mit } a_{it} > 0 \right\} & \text{sonst} \end{cases}$$

Mit der Erhöhung des Wertes von x_t würde sich der Wert der in einer Zeile i mit $a_{it} > 0$ stehenden Basisvariablen verringern.

$$q_2 := \begin{cases} \infty & \text{falls kein } a_{it} < 0 \text{ existiert} \\ \min\left\{ -\dfrac{\kappa_i - x_i}{a_{it}} \;\middle|\; i = 1,\dots,m \text{ mit } a_{it} < 0 \right\} & \text{sonst} \end{cases}$$

Bei Erhöhung des Wertes von x_t würde sich der Wert der in einer Zeile i mit $a_{it} < 0$ stehenden Basisvariablen erhöhen, sie darf ihre obere Schranke jedoch nicht überschreiten. Das in der Formel verwendete κ_i ist die obere Schranke der in der aktuellen Lösung in der i-ten Zeile stehenden Basisvariablen x_i.

Bestimme $q := \min\{q_1, q_2, \kappa_t\}$ und transformiere das Problem und/oder die Basislösung nach folgender Fallunterscheidung:

Fall 1 ($q = q_1$): Diejenige (oder eine) bisherige Basisvariable x_s, für die $\frac{b_s}{a_{st}} = q_1$ gilt, verläßt die Basis. Die Tableautransformation erfolgt wie üblich.

Fall 2 ($q = q_2$; $q \neq q_1$): Diejenige (oder eine) bisherige Basisvariable x_s erreicht ihre obere Schranke; für sie gilt $-\frac{\kappa_s - x_s}{a_{st}} = q_2$. In diesem Fall sind zwei Schritte auszuführen:

Schritt 1: Die Variable x_s wird durch $x_s' := \kappa_s - x_s$ (= 0) ersetzt.

Schritt 2: Die Variable x_s' verläßt für x_t die Basis. Die Tableautransformation erfolgt wie üblich.

Fall 3 ($q = \kappa_t$; $q \neq q_1$, $q \neq q_2$): Die bisherige Nichtbasisvariable x_t erreicht ihre obere Schranke und wird durch $x_t' := \kappa_t - x_t$ ersetzt. Diese neue Variable erhält den Wert 0. Sie bleibt Nichtbasisvariable. Es erfolgt kein Basistausch und damit auch keine Tableautransformation.

* * * * *

Wir wenden den Algorithmus auf das folgende **Beispiel** an:

Maximiere $F(x_1,x_2) = 3x_1 + 5x_2$

unter den Nebenbedingungen

$x_1 + 2x_2 \leq 90$ Bedingung I

$x_1 + x_2 \leq 80$ Bedingung II

$x_1 \leq 50$ Bedingung III

$x_2 \leq 35$ Bedingung IV

$x_1, x_2 \geq 0$

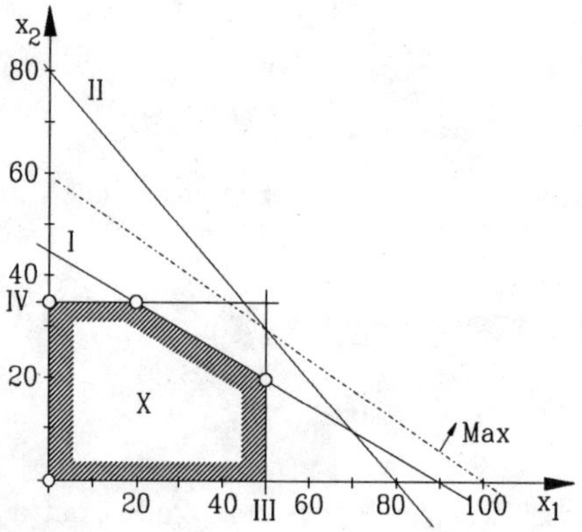

Abb. 2.11

Der Beginn des Lösungsgangs ist in Tab. 2.17 wiedergegeben; siehe zum gesamten Verlauf auch Abb. 2.11.

	x_1	x_2	x_3	x_4	b_i
x_3	1	[2]	1		90
x_4	1	1		1	80
F	-3	-5			0

$x_t = x_2;\ q_1 = 45,\ q_2 = \infty,$

$q = \kappa_2 = 35;$ (Fall 3)

Tab. 2.17

Die für die Aufnahme in die Basis vorgesehene Variable x_2 erreicht ihre obere Schranke 35. Sie wird gemäß Fall 3 durch $x_2' = 35 - x_2 = 0$ substituiert. Dies geschieht durch Einsetzen von $x_2 = 35 - x_2'$ in jede Zeile des Tableaus. x_2' bleibt zunächst Nichtbasisvariable.

	x_1	x_2'	x_3	x_4	b_i
x_3	[1]	-2	1		20
x_4	1	-1		1	45
F	-3	5			175

$x_t = x_1;\ q_1 = 20,\ q_2 = \infty,$

$\kappa_1 = 50;\ q = q_1 = 20;$ (Fall 1)

Tab. 2.18

Nun wird gemäß Fall 1 x_1 für x_3 in die Basis aufgenommen.

	x_1	x'_2	x_3	x_4	b_i
x_1	1	[−2]	1		20
x_4		1	−1	1	25
F		−1	3		235
x'_1	1	[2]	−1		30
x_4		1	−1	1	25
F		−1	3		235

$x_t = x'_2$; $q_1 = 25$, $q_2 = 15$,

$\kappa'_2 = 35$; $q = q_2 = 15$; (Fall 2)

Tab. 2.19

In der nächsten Iteration liegt Fall 2 vor. x'_2 soll in die Basis aufgenommen werden. Dabei erreicht x_1 ihre obere Schranke $\kappa_1 = 50$. Daher wird zunächst x_1 durch $x'_1 = 50 - x_1$ substituiert (zweiter Teil von Tab. 2.19). Im zweiten Schritt verläßt x'_1 für x'_2 die Basis, und man erhält folgendes Optimaltableau:

	x'_1	x'_2	x_3	x_4	b_i
x'_2	$\frac{1}{2}$	1	$-\frac{1}{2}$		15
x_4	$-\frac{1}{2}$		$-\frac{1}{2}$	1	10
F	$\frac{1}{2}$		$\frac{5}{2}$	0	250

Durch Transformation der Variablen x'_i läßt sich aus dem letzten Tableau die Optimallösung $x_1 = 50$, $x_2 = 20$ mit $F = 250$ entwickeln.

Der Lösungsgang für das betrachtete Problem bliebe unverändert, wenn wir von vornherein die redundante Nebenbedingung II eliminieren würden.

Bemerkung 2.10: Die Vorgehensweise ist auch auf den dualen Simplex-Algorithmus und auf die M-Methode übertragbar.

2.7 Sensitivitätsanalyse

Das Testen der optimalen Lösung eines LOPs auf Reaktionen gegenüber (kleinen) Veränderungen der Ausgangsdaten bezeichnet man als **Sensitivitäts- oder Sensibilitätsanalyse.** Verwendet man dabei einen oder mehrere ins Modell eingeführte Parameter, so spricht man von parametrischer Sensitivitätsanalyse oder von *parametrischer Optimierung*; siehe dazu z.B. Dinkelbach (1969) sowie Aufg. 2.21 in Domschke et al. (1995).

Wir beschäftigen uns mit zwei (zueinander dualen) Fragen der Sensitivitätsanalyse. Dabei gehen wir der Einfachheit halber davon aus, daß ein Maximierungsproblem in der Form (2.11) mit p Variablen und m Nebenbedingungen gegeben ist.

Frage 1: In welchem Bereich $[b_k - \underline{\lambda}_k, b_k + \overline{\lambda}_k]$ kann eine Beschränkung b_k variiert werden, ohne daß die aktuelle optimale Basislösung die Optimalitätseigenschaft verliert; dh. ohne daß ein Basistausch erforderlich wird?

Antwort: Die Variation der rechten Seite beeinflußt die Schlupfvariable der k-ten Nebenbedingung, also die Variable x_{p+k}. Ist sie Basisvariable, so könnte sie durch Veränderung von b_k diese Eigenschaft verlieren; ist sie Nichtbasisvariable, so könnte sie dadurch Basisvariable werden. Somit sind, setzen wir $q := p + k$, die folgenden beiden Fälle zu unterscheiden:

(1) Ist x_q **Basisvariable**, so gilt $\underline{\lambda}_k = x_q$ und $\overline{\lambda}_k = \infty$.

(2) Ist x_q **Nichtbasisvariable** und sind a_{ij}, b_i und c_j die aktuellen[10] Koeffizienten im Optimaltableau, dann haben die Elemente des Spaltenvektors $\mathbf{a}_q$ und der rechten Seite $\mathbf{b}$ Einfluß auf den Schwankungsbereich. Es gelten folgende Aussagen:

$$\underline{\lambda}_k := \begin{cases} \infty & \text{falls alle } a_{iq} \leq 0 \\ \min\left\{ \dfrac{b_i}{a_{iq}} \;\middle|\; i = 1,\ldots,m \text{ mit } a_{iq} > 0 \right\} & \text{sonst} \end{cases}$$

$$\overline{\lambda}_k := \begin{cases} \infty & \text{falls alle } a_{iq} \geq 0 \\ \min\left\{ -\dfrac{b_i}{a_{iq}} \;\middle|\; i = 1,\ldots,m \text{ mit } a_{iq} < 0 \right\} & \text{sonst} \end{cases}$$

Die Formeln lassen sich wie folgt erklären:

Das Senken von b_k um $\underline{\lambda}_k$ ist gleichzusetzen mit der Forderung, der Schlupfvariablen x_q den Wert $\underline{\lambda}_k$ zuzuweisen (siehe die Entwicklung von $\underline{\lambda}_2$ im unten betrachteten Beispiel). Die Werte der bisherigen Basisvariablen steigen damit um $|a_{iq} \cdot \underline{\lambda}_k|$, falls $a_{iq} < 0$. Sind alle $a_{iq} \leq 0$, so bleiben bei beliebiger Reduktion von b_k sämtliche Basisvariablen in der Basis. Ansonsten bestimmt diejenige Basisvariable mit minimalem b_i / a_{iq} den Wert von $\underline{\lambda}_k$.

---

10 Nur bei der Formulierung von Frage 1 bzw. Frage 2 beziehen sich die b_k bzw. c_k auf das Ausgangsproblem, ansonsten ist stets von Größen des Optimaltableaus die Rede. Dieser Hinweis erlaubt es uns, auf aufwendige Notationen zu verzichten.

Das Erhöhen von b_k um $\bar{\lambda}_k$ ist gleichzusetzen mit der Forderung, der Schlupfvariablen x_q den Wert $-\bar{\lambda}_k$ zuzuweisen. Die Werte der bisherigen Basisvariablen steigen damit um $|a_{iq} \cdot \bar{\lambda}_k|$, falls $a_{iq} > 0$. Sind alle $a_{iq} \geq 0$, so bleiben bei beliebiger Erhöhung von b_k sämtliche Basisvariablen in der Basis. Ansonsten bestimmt diejenige Basisvariable mit minimalem $-b_i / a_{iq}$ den Wert von $\bar{\lambda}_k$.

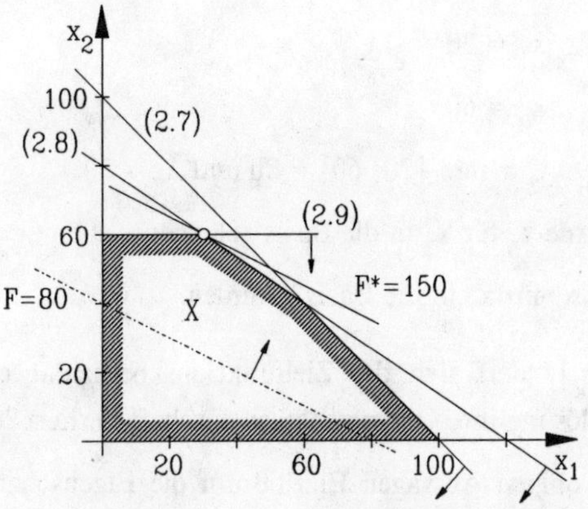

Abb. 2.12

Wir wollen die optimale Lösung unseres Gärtnerproblems aus Kap. 2.2 hinsichtlich ihrer Reaktion auf Datenänderungen untersuchen. In Abb. 2.12 ist das Problem graphisch veranschaulicht. Tab. 2.20 zeigt das Ausgangs- und Tab. 2.21 das Optimaltableau.

BV	x_1	x_2	x_3	x_4	x_5	b_i
x_3	1	1	1			100
x_4	6	9		1		720
x_5		1			1	60
F	–1	–2	0	0	0	0

Tab. 2.20

BV	x_1	x_2	x_3	x_4	x_5	b_i
x_3			1	$-\frac{1}{6}$	$\frac{1}{2}$	10
x_1	1			$\frac{1}{6}$	$-\frac{3}{2}$	30
x_2		1			1	60
F	0	0	0	$\frac{1}{6}$	$\frac{1}{2}$	150

Optimale Basislösung:

$x_1 = 30,\ x_2 = 60,\ x_3 = 10;$

$x_4 = x_5 = 0;\ F = 150$

Tab. 2.21

Wir erhalten

in Restriktion 1 (x_3 ist Basisvariable): $\underline{\lambda}_1 = 10,\ \bar{\lambda}_1 = \infty;$

in Restriktion 2 (x_4 ist Nichtbasisvariable): $\underline{\lambda}_2 = 180,\ \bar{\lambda}_2 = 60.$

Reduziert man b_2 um mehr als $\underline{\lambda}_2 = 180$, so würde x_4 für x_1 in die Basis gelangen; erhöht man b_2 um mehr als $\bar{\lambda}_2 = 60$, so würde x_4 für x_3 in die Basis kommen.

Für $\underline{\lambda}_2$ erkennt man dies, wenn man aufgrund des Optimaltableaus Tab. 2.21 folgende äquivalente Gleichungssysteme betrachtet:

$$\begin{aligned} x_3 - \tfrac{1}{6}\underline{\lambda}_2 &= 10 \qquad & x_3 &= 10 + \tfrac{1}{6}\underline{\lambda}_2 \\ x_1 + \tfrac{1}{6}\underline{\lambda}_2 &= 30 \qquad & x_1 &= 30 - \tfrac{1}{6}\underline{\lambda}_2 \\ x_2 &= 60 \qquad & x_2 &= 60 \end{aligned}$$

in Restriktion 3 (x_5 ist Nichtbasisvariable): $\underline{\lambda}_3 = \min\{20, 60\} = 20$ und $\bar{\lambda}_3 = 20.$

Reduziert man b_3 um mehr als $\underline{\lambda}_3 = 20$, so würde x_5 für x_3 in die Basis gelangen; erhöht man b_3 um mehr als $\bar{\lambda}_3 = 20$, so würde x_5 für x_1 in die Basis kommen.

Frage 2: In welchem Bereich $[c_k - \underline{\nu}_k, c_k + \bar{\nu}_k]$ darf sich der Zielfunktionskoeffizient c_k ändern, ohne daß die aktuelle optimale Basislösung ihre Optimalitätseigenschaft verliert?

Antwort: Die Änderung von c_k hat analog zu obigen Aussagen Einfluß auf die Eigenschaft der Variablen x_k. Somit sind wiederum zwei Fälle zu unterscheiden:

(1) Ist x_k **Nichtbasisvariable** mit den aktuellen Opportunitätskosten c_k, so gilt $\underline{\nu}_k = \infty$ und $\bar{\nu}_k = c_k$.

$\underline{\nu}_k$ über alle Grenzen wachsen zu lassen bedeutet, die Variable x_k in dem von uns betrachteten Maximierungsproblem mit einer betragsmäßig beliebig großen, negativen Zahl zu bewerten. Damit bleibt die Variable natürlich stets Nichtbasisvariable. Beispielsweise werden bei der M-Methode die künstlichen Variablen mit $-M$ bewertet.

Die Richtigkeit von $\bar{\nu}_k = c_k$ überlegt man sich z.B. leicht anhand unseres Gärtnerproblems.

(2) Ist x_k **Basisvariable** und sind a_{ij}, b_i und c_j die aktuellen Koeffizienten im Optimaltableau, dann haben die Elemente des Zeilenvektors $\mathbf{a}^T_{\sigma(k)}$ (der Zeile $\sigma(k)$, in der die Basisvariable x_k steht) und die Eintragungen c_j der F-Zeile Einfluß auf den Schwankungsbereich. Es gelten folgende Aussagen:

$$\underline{\nu}_k := \begin{cases} \infty & \text{falls alle } a_{\sigma(k),j} \le 0 \text{ mit } j \ne k \\ \min\left\{ \dfrac{c_j}{a_{\sigma(k),j}} \;\middle|\; \text{alle Spalten } j \ne k \text{ mit } a_{\sigma(k),j} > 0 \right\} & \text{sonst} \end{cases}$$

$$\bar{\nu}_k := \begin{cases} \infty & \text{falls alle } a_{\sigma(k),j} \ge 0 \text{ mit } j \ne k \\ \min\left\{ -\dfrac{c_j}{a_{\sigma(k),j}} \;\middle|\; \text{alle Spalten } j \ne k \text{ mit } a_{\sigma(k),j} < 0 \right\} & \text{sonst} \end{cases}$$

Bei diesen Berechnungen ist es bedeutsam, jeweils die Variable und deren Quotienten $c_j / a_{\sigma(k),j}$ zu ermitteln, bei der zuerst negative Opportunitätskosten auftreten würden.

Begründung: Soll der Zielfunktionskoeffizient einer Basisvariablen x_k um Δ gesenkt werden, so entspricht dies einer Eintragung von $+\Delta$ für x_k in der F-Zeile des Optimaltableaus. Wenn x_k Basisvariable bleiben und ein neues Optimaltableau erzeugt werden soll, so muß durch Subtraktion des Δ-fachen der Zeile $\sigma(k)$ von der F-Zeile dort wieder der Eintrag 0 hergestellt werden. Dabei dürfen die Opportunitätskosten der Nichtbasisvariablen nicht negativ werden, dh. es muß $c_j - a_{\sigma(k),j} \cdot \Delta \geq 0$ für alle $j = 1,...,n$ sein.

Für negative $a_{\sigma(k),j}$ ist diese Ungleichung stets erfüllt. Daher bleibt zu fordern:

$\Delta \leq c_j / a_{\sigma(k),j}$ für alle $j = 1,...,n$ mit $a_{\sigma(k),j} > 0$.

Bei Erhöhung von c_k um Δ erfolgt in der F-Zeile ein Eintrag von $-\Delta$, und die Ermittlung der Schranken $\bar{\nu}_k$ läßt sich analog begründen.

Für unser Gärtnerproblem erhalten wir als Spielraum für die Zielfunktionskoeffizienten der Strukturvariablen x_1 und x_2 (sie sind in der optimalen Lösung Basisvariablen):

Für c_1: $\underline{\nu}_1 = 1$, $\bar{\nu}_1 = 1/3$.

Für c_2: $\underline{\nu}_2 = 1/2$, $\bar{\nu}_2 = \infty$.

Für die Zielfunktionskoeffizienten der Schlupfvariablen ergibt sich:

Für c_3: $\underline{\nu}_3 = 1$, $\bar{\nu}_3 = 1$.

Für c_4: $\underline{\nu}_4 = \infty$, $\bar{\nu}_4 = 1/6$.

Für c_5: $\underline{\nu}_5 = \infty$, $\bar{\nu}_5 = 1/2$.

Das Ergebnis läßt sich z.B. für den Koeffizienten c_3 wie folgt interpretieren (vgl. Abb. 2.12):

Bei einer Prämie von 1,– DM für jeden unbebauten m^2 kann auf den Anbau der ersten Blumensorte verzichtet werden; $x_2 = 60$, $x_3 = 40$, $x_4 = 180$, $x_1 = x_5 = 0$ wäre dann ebenfalls eine optimale Lösung. Bei einer Prämie von mehr als 1,– DM (bis 1,99 DM) wäre sie zugleich die einzige optimale Lösung.

Bei Strafkosten von 1,– DM pro unbebautem m^2 kann ebensogut die Lösung $x_1 = 60$, $x_2 = 40$, $x_5 = 20$, $x_3 = x_4 = 0$ gewählt werden. Bei höheren Strafkosten ist dies zugleich die einzige optimale Lösung.

Bemerkung 2.11: Zur Sensitivitätsanalyse bezüglich der Matrixelemente a_{ij} vgl. z.B. Dinkelbach (1969, S. 76 ff.).

2.8 Optimierung bei mehrfacher Zielsetzung

Im folgenden beschäftigen wir uns mit Optimierungsproblemen bei mehrfacher Zielsetzung.[11] Zugehörige Lösungsmethoden lassen sich sehr gut anhand der linearen Optimierung veranschaulichen.

Zwei Ziele können zueinander komplementär, konkurrierend (konträr) oder neutral sein.

Hat man z.B. zwei *konkurrierende Ziele*, so tritt insofern ein *Zielkonflikt* auf, als mit der Verbesserung des Zielerreichungsgrades eines Zieles sich derjenige des anderen Zieles verschlechtert. Das bedeutet, daß es keine Lösung gibt, die für beide Ziele gleichzeitig ein Optimum darstellt.

Hat man dagegen ausschließlich *komplementäre Ziele* in einem LOP zu berücksichtigen, so entsteht kein Zielkonflikt. Die Menge der zulässigen Lösungen enthält dann zumindest einen Eckpunkt, der für jedes der Ziele ein Optimum darstellt. In diesem Falle spricht man von der Existenz einer **perfekten Lösung.**

Im Falle der *Neutralität* bleibt von der Veränderung des Erreichungsgrades eines Zieles derjenige der übrigen unberührt.

Wir beschäftigen uns mit Möglichkeiten der **Zielkonfliktlösung**. Beispiele für miteinander konkurrierende Ziele für unser Gärtnerproblem sind die Maximierung von:

Gewinn $G(x_1,x_2) = x_1 + 2x_2$
Absatz $A(x_1,x_2) = x_1 + x_2$
Umsatz $U(x_1,x_2) = 3x_1 + 2x_2$

Wir schildern folgende Methoden bzw. Möglichkeiten zur Lösung von Zielkonflikten:

1. Lexikographische Ordnung von Zielen
2. Unterteilung der Ziele in ein zu optimierendes Hauptziel und zu satisfizierende Nebenziele
3. Methoden der Zielgewichtung
4. Goal-Programming-Ansätze

2.8.1 Lexikographische Ordnung von Zielen

Der Entscheidungsträger unterteilt die zu verfolgenden Ziele in

Ziel A: wichtigstes Ziel
Ziel B: zweitwichtigstes Ziel
Ziel C: drittwichtigstes Ziel usw.

Nach Erstellung dieser "lexikographischen Ordnung" wird das Optimierungsproblem in folgenden Schritten gelöst:

Schritt 1: Optimiere das Problem *ausschließlich* bezüglich Ziel A. Die Menge der optimalen Lösungen sei X_A.

[11] Vgl. zu diesem Problembereich z.B. Fandel (1972), Dück (1979) sowie Isermann (1989).

Schritt 2: Optimiere das Problem *ausschließlich* bezüglich Ziel *B*, wobei nur X_A als Menge der zulässigen Lösungen betrachtet wird. Die Menge der dabei erhaltenen optimalen Lösungen sei X_B.

Schritt 3: Optimiere das Problem *ausschließlich* bezüglich Ziel *C*, wobei nun nur X_B als Menge der zulässigen Lösungen betrachtet wird.

usw.

2.8.2 Unterteilung in Haupt- und Nebenziele

Eines der zu verfolgenden Ziele (i.a. das dem Entscheidungsträger wichtigste) wird zum *Hauptziel* deklariert und in der Zielfunktion berücksichtigt. Alle übrigen Ziele werden zu *Nebenzielen* erklärt und in Form von $\leq$- oder $\geq$- Nebenbedingungen berücksichtigt. Für zu maximierende Nebenziele führt man eine mindestens zu erreichende untere Schranke, für zu minimierende Nebenziele eine höchstens annehmbare obere Schranke ein.

Ein Problem besteht dabei in folgendem: Durch ungeeignete (ungünstige) Schranken für Nebenziele wird unter Umständen der Zielerreichungsgrad des Hauptzieles zu sehr beschnitten oder die Menge der zulässigen Lösungen sogar leer.

Wir betrachten ein Beispiel und wählen dazu erneut unser Gärtnerproblem:

Hauptziel sei die Maximierung des Gewinns.

Die Nebenziele Absatz- und Umsatzmaximierung mit den oben angegebenen Zielfunktionskoeffizienten mögen durch folgende untere Schranken in das Nebenbedingungssystem eingehen: Absatz $\geq$ 95
Umsatz $\geq$ 240

Die optimale Lösung des dadurch entstandenen LOPs lautet:
$x_1 = x_2 = 48$; G = 144, A = 96, U = 240.

Bei Gewinnmaximierung hatten wir in Kap. 2.2 den Gewinn G = 150 bei einem Absatz von A = 90 und einem Umsatz U = 210.

2.8.3 Zielgewichtung

Wir gehen davon aus, daß t Ziele berücksichtigt werden sollen.
Bei der Vorgehensweise der Zielgewichtung bewertet man diese Ziele mit reellen Zahlen $\lambda_1, \lambda_2, ..., \lambda_t$ mit $0 \leq \lambda_i \leq 1$; dabei soll $\sum_{i=1}^{t} \lambda_i = 1$ gelten.

Nachteil dieser Vorgehensweise zur Lösung von LOPs mit mehrfacher Zielsetzung:
Optimale Lösung ist bei Anwendung der Zielgewichtung (wie bei einfacher Zielsetzung) ein Eckpunkt des zulässigen Bereichs; nur in Sonderfällen (parametrische Lösung) sind mehrere Eckpunkte und deren konvexe Linearkombinationen optimal.

Wir wenden auch die Methode der Zielgewichtung auf unser Gärtnerproblem an:

Gewichten wir das Zieltripel (Gewinn, Absatz, Umsatz) mit $(\frac{1}{2}, \frac{1}{4}, \frac{1}{4})$, so lautet die neue Zielfunktion:

Maximiere $\phi(x_1,x_2) = \frac{1}{2} \cdot G(x_1,x_2) + \frac{1}{4} \cdot A(x_1,x_2) + \frac{1}{4} \cdot U(x_1,x_2) = \frac{3}{2} \cdot x_1 + \frac{7}{4} \cdot x_2$

unter den Nebenbedingungen (2.7) – (2.10).

Die optimale Lösung dieses Problems liegt im Schnittpunkt der Nebenbedingungen (2.7) und (2.8). Sie lautet: $x_1 = 60$, $x_2 = 40$; G = 140, A = 100, U = 260.

2.8.4 Goal-Programming

Wir gehen wiederum davon aus, daß t Ziele zu berücksichtigen sind.

Beim Goal-Programming ermittelt man zunächst für jedes Ziel i gesondert den optimalen Zielfunktionswert z_i^*. Anschließend wird eine Lösung **x** so gesucht, daß ein möglichst geringer "Abstand" zwischen den z_i^* und den durch **x** gewährleisteten Zielerreichungsgraden besteht. Je nach unterstellter Bedeutung der einzelnen Ziele (und zum Zwecke der Normierung ihrer Zielfunktionswerte) können die Abstände zusätzlich mit Parametern λ_i wie in Kap. 2.8.3 gewichtet werden.

Eine allgemeine, zu minimierende *Abstandsfunktion* lautet somit:

$$\phi(\mathbf{x}) = \begin{cases} \left[\sum_{i=1}^{t} \lambda_i \cdot |z_i^* - z_i(\mathbf{x})|^p \right]^{\frac{1}{p}} & \text{für } 1 \leq p < \infty \\ \max_i \lambda_i \cdot |z_i^* - z_i(\mathbf{x})| & \text{für } p = \infty \end{cases}$$

Der Parameter p ist vorzugeben. Je größer p gewählt wird, umso stärker werden große Abweichungen bestraft. Im Fall von $p = \infty$ bewertet ϕ ausschließlich die größte auftretende Zielabweichung. In Abhängigkeit von p kann ϕ linear oder nichtlinear sein.

Als Beispiel betrachten wir erneut unser Gärtnerproblem. Mit den Vorgaben $G^* = 150$, $A^* = 100$ bzw. $U^* = 300$ für Gewinn, Absatz bzw. Umsatz sowie den Parametern $p = 1$; $\lambda_G = \frac{1}{3}$, $\lambda_A = \frac{1}{2}$, $\lambda_U = \frac{1}{6}$ erhalten wir die Zielsetzung:

Minimiere $\phi(\mathbf{x}) = \frac{1}{3} \cdot |150 - x_1 - 2x_2| + \frac{1}{2} \cdot |100 - x_1 - x_2| + \frac{1}{6} \cdot |300 - 3x_1 - 2x_2|$

$= 150 - (\frac{4}{3} \cdot x_1 + \frac{3}{2} \cdot x_2)$

Diese Zielsetzung ist äquivalent zu: Maximiere $\Psi(\mathbf{x}) = \frac{4}{3} \cdot x_1 + \frac{3}{2} \cdot x_2$

Die optimale Lösung hierfür ist identisch mit derjenigen in Kap. 2.8.3.

Verändern wir die oben angegebenen Parameter lediglich durch die Annahme $p = \infty$, so lautet das zu lösende LOP:

Minimiere $\phi(\mathbf{x},z) = z$

unter den Nebenbedingungen

$$\begin{array}{lll} & (2.7) - (2.10) \text{ sowie} & \\ \frac{1}{3} \cdot (150 - x_1 - 2x_2) & \leq z & \text{Gewinnrestriktion} \\ \frac{1}{2} \cdot (100 - x_1 - x_2) & \leq z & \text{Absatzrestriktion} \\ \frac{1}{6} \cdot (300 - 3x_1 - 2x_2) & \leq z & \text{Umsatzrestriktion} \end{array}$$

Als optimale Lösung dieses Problems erhalten wir: $x_1 = 66\frac{2}{3}$, $x_2 = 33\frac{1}{3}$, $z = 5\frac{5}{9}$; $G = 133\frac{1}{3}$, $A = 100$, $U = 266\frac{2}{3}$.

2.9 Spieltheorie und lineare Optimierung

Wir betrachten eine spezielle Klasse von Spielen, nämlich *2-Personen-Nullsummen-Matrixspiele.*[12] Wir werden sehen, daß die Bestimmung optimaler Vorgehensweisen für beide Spieler mit Hilfe der linearen Optimierung möglich ist. Dabei werden wir erneut Vorzüge der Dualitätstheorie erkennen.

Die beiden Spieler nennen wir A und B. Spiele heißen **Nullsummenspiele**, wenn die Summe der Zahlungen pro Spiel gleich 0 ist. Spieler A zahlt an Spieler B einen bestimmten Betrag oder umgekehrt; der Gewinn des einen Spielers ist gleich dem Verlust des anderen. Spiele heißen **Matrixspiele**, wenn alle Informationen über die Bedingungen eines solchen Spieles in Form einer Matrix (siehe Tab. 2.22) angegeben werden können.

		Spieler B			
		b_1	b_2	$\cdots$	b_n
	a_1	e_{11}	e_{12}	$\cdots$	e_{1n}
	a_2	e_{21}	e_{22}	$\cdots$	e_{2n}
Spieler A	$\vdots$	$\vdots$	$\vdots$		$\vdots$
	a_m	e_{m1}	e_{m2}	$\cdots$	e_{mn}

Tab. 2.22

Matrizen von dem in Tab. 2.22 gezeigten Typ sind dem Leser aus der betriebswirtschaftlichen Entscheidungslehre geläufig; siehe z.B. Bamberg und Coenenberg (1994). Dort ist ein Entscheidungsträger (hier Spieler A) mit unterschiedlichen Umweltsituationen b_j konfrontiert. Im

[12] Weitere Ausführungen zur Spieltheorie findet man z.B. in Rauhut et al. (1979), Bamberg und Coenenberg (1994) oder Beuermann (1993).

Falle eines 2-Personen-Matrixspieles steht der Spieler A einem (bewußt handelnden) Gegenspieler B gegenüber.

Die Eintragungen in Tab. 2.22 besitzen folgende Bedeutung:

a_i Strategien (Alternativen) des Spielers A

b_j Strategien (Alternativen) des Spielers B

e_{ij} Zahlung von B an A, falls Spieler A seine Strategie a_i und Spieler B seine Strategie b_j spielt

	b_1	b_2	$\underline{e}_i$
a_1	2	3	2
a_2	3	4	3^*
$\bar{e}_j$	3^*	4	

Tab. 2.23

Tab. 2.23 zeigt u.a. die Auszahlungen eines Spieles, bei dem jeder Spieler zwei Strategien besitzt. Offensichtlich handelt es sich um ein ungerechtes Spiel, da Spieler B in jeder Situation verliert. Dessen ungeachtet kann man sich aber überlegen, welche Strategien man wählen würde, falls man bei diesem Spiel als Spieler A bzw. als Spieler B agiert.

Wählt Spieler A die Strategie a_i, so erhält er mindestens eine Auszahlung von

$\underline{e}_i := \min \{e_{ij} \mid j = 1,...,n\}$.

Eine Strategie a_{i^*}, für die $\underline{e}_{i^*} = \max \{\underline{e}_i \mid i = 1,...,m\}$ gilt, nennt man **Maximinstrategie** des Spielers A.

$\underline{e}_{i^*}$ heißt **unterer Spielwert** eines Spieles. Es ist der *garantierte Mindestgewinn*, den Spieler A erzielen kann, sofern er an seiner Maximinstrategie festhält.

Wählt Spieler B die Strategie b_j, so zahlt er höchstens $\bar{e}_j := \max \{e_{ij} \mid i = 1,...,m\}$.

Eine Strategie b_{j^*}, für die $\bar{e}_{j^*} = \min \{\bar{e}_j \mid j = 1,...,n\}$ gilt, heißt **Minimaxstrategie** des Spielers B.

$\bar{e}_{j^*}$ nennt man **oberen Spielwert** eines Spieles. Es ist der *garantierte Höchstverlust*, den Spieler B in Kauf nehmen muß, sofern er an seiner Minimaxstrategie festhält.

Wählt Spieler A seine Strategie a_{i^*} und Spieler B seine Strategie b_{j^*}, so gilt für die Auszahlung $e_{i^*j^*}$ die Beziehung:

$$\underline{e}_{i^*} \leq e_{i^*j^*} \leq \bar{e}_{j^*}$$

Falls für ein Spiel die Gleichung $\underline{e}_{i^*} = e_{i^*j^*} = \bar{e}_{j^*}$ erfüllt ist, so sagt man:

(1) $e_{i^*j^*}$ ist der **Wert des Spieles in reinen Strategien.**

(2) Das Strategienpaar (a_{i^*}, b_{j^*}) ist ein **Sattelpunkt** des Spieles.

(3) Das Spiel ist **determiniert.**

(4) a_{i*} und b_{j*} nennt man **Gleichgewichtsstrategien** des betrachteten Spieles. Es rentiert sich für keinen der Spieler, von seiner Gleichgewichtsstrategie abzuweichen.
Besitzt ein Spieler mehr als eine Gleichgewichtsstrategie, so kann er davon eine beliebige wählen oder auch unter diesen abwechseln.

Für das in Tab. 2.23 angegebene Spiel gilt: Das Strategienpaar (a_2, b_1) ist ein Sattelpunkt, das Spiel ist also determiniert mit dem Spielwert 3. Wenn A an seiner Strategie a_2 festhält, so zahlt es sich für B nicht aus, von b_1 abzuweichen. Analoges gilt für A, wenn B an seiner Strategie b_1 festhält.

Wir betrachten nun das Spiel in Tab. 2.24. Es besitzt den unteren Spielwert $\underline{e}_{i*} = -2$ und den oberen Spielwert $\bar{e}_{j*} = 1$. Es ist also nicht determiniert. Daß es keine Gleichgewichtsstrategien besitzt, kann man sich auf die folgende Weise überlegen:

	b_1	b_2	$\underline{e}_i$
a_1	1	−2	-2^*
a_2	−7	8	−7
$\bar{e}_j$	1^*	8	

Tab. 2.24

Wählt A die Strategie a_1, so wird B dem die Strategie b_2 entgegensetzen. Stellt A nach einer Weile fest, daß B stets b_2 spielt, so wird er auf seine dazu günstigere Strategie a_2 übergehen. Dies wiederum wird B dazu veranlassen, auf b_1 zu wechseln usw.

Diese Überlegung führt allgemein zu der Erkenntnis, daß bei nicht-determinierten Spielen ein Wechsel in der Wahl zwischen den verfügbaren Strategien stattfindet. Mit welcher relativen Häufigkeit dabei die einzelnen Strategien gewählt werden sollten, kann man sich für Spiele mit nur zwei Strategien für mindestens einen der Spieler graphisch veranschaulichen.

Wir betrachten das Spiel in Tab. 2.24 und gehen zunächst davon aus, daß B stets seine Strategie b_1 spielt. Wählt A mit der Wahrscheinlichkeit $p_1 = 1$ (also stets) seine Strategie a_1, so erzielt er eine Auszahlung von 1. Wählt er dagegen $p_1 = 0$ (also stets Strategie a_2), so erzielt er eine Auszahlung von −7. Wählt er Wahrscheinlichkeiten $0 < p_1 < 1$, so kann er durchschnittliche Auszahlungen erzielen, wie sie auf der die Punkte (0,−7) und (1,1) verbindenden Strecke in Abb. 2.13 a abzulesen sind. Unter der Annahme, daß B stets seine Strategie b_2 wählt, erhält man aufgrund derselben Überlegungen die gestrichelte Gerade durch die Punkte (0,8) und (1,−2).

Spieler A kann nun die Wahrscheinlichkeit für die Wahl seiner Strategien so festlegen (seine Strategien so mischen), daß er (über eine größere Anzahl durchgeführter Spiele gerechnet) einen größtmöglichen garantierten Mindestgewinn erzielt. In unserem Beispiel (Abb. 2.13 a) ist das der Schnittpunkt der beiden Geraden. Er besagt, daß die Strategien (a_1, a_2) von A mit den Wahrscheinlichkeiten $(p_1, p_2) = (0.83, 0.17)$ gewählt werden sollten. Der (durchschnittliche) *garantierte Mindestgewinn* ist $-1/3$.

Für Spieler B können, ebenso wie für A, Wahrscheinlichkeiten für die Strategienwahl graphisch ermittelt werden (siehe Abb. 2.13 b); man erhält die Wahrscheinlichkeiten $(q_1, q_2) = (0.56, 0.44)$. Der (durchschnittliche) *garantierte Höchstverlust* von B ist gleich dem (durchschnittlichen) garantierten Mindestgewinn von A. Da dies stets gilt, bezeichnet man diese Zahlung auch als **Wert des Spieles in der gemischten Erweiterung**. Die ermittelten Wahrscheinlichkeiten p_i bzw. q_j bezeichnet man als **Gleichgewichtsstrategien in der gemischten Erweiterung** von Spieler A bzw. B.

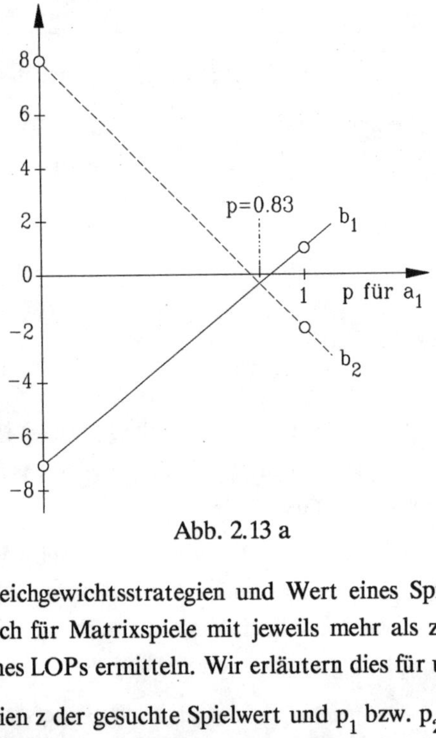

Abb. 2.13 a

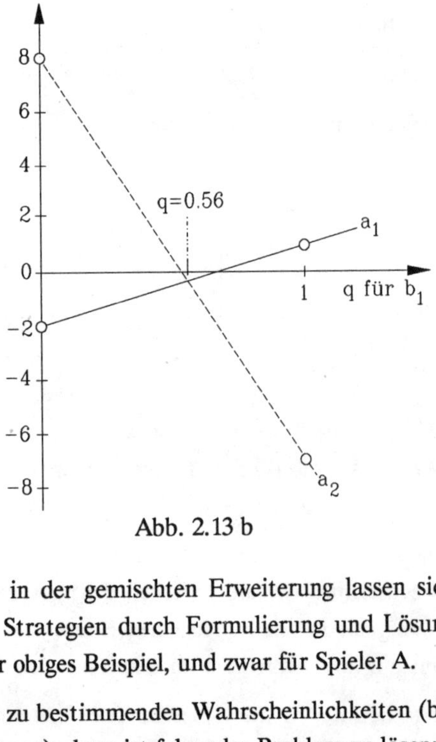

Abb. 2.13 b

Gleichgewichtsstrategien und Wert eines Spieles in der gemischten Erweiterung lassen sich auch für Matrixspiele mit jeweils mehr als zwei Strategien durch Formulierung und Lösung eines LOPs ermitteln. Wir erläutern dies für unser obiges Beispiel, und zwar für Spieler A.

Seien z der gesuchte Spielwert und p_1 bzw. p_2 die zu bestimmenden Wahrscheinlichkeiten (bei nur 2 Strategien käme man auch mit p und $(1-p)$ aus), dann ist folgendes Problem zu lösen:

Maximiere $F(p_1, p_2, z) = z$

unter den Nebenbedingungen

$$z \leq p_1 - 7p_2$$

$$z \leq -2p_1 + 8p_2$$

$$p_1 + p_2 = 1$$

$$p_1, p_2 \geq 0; \quad z \text{ beliebig aus } \mathbb{R}$$

Die rechte Seite der ersten (zweiten) Ungleichung gibt den Erwartungswert des Gewinns von Spieler A für den Fall an, daß Spieler B seine Strategie b_1 (b_2) spielt. z ist eine unbeschränkte

Variable des Problems. Wir beschränken sie auf den nichtnegativen reellen Bereich, indem wir zu allen Auszahlungen der Matrix den Absolutbetrag des Minimums (in unserem Beispiel = 7) hinzuaddieren. Dadurch wird die Lösung hinsichtlich der p_i nicht verändert. Wir lösen somit (alle Variablen auf die linke Seite gebracht) das Problem:

Maximiere $F(p_1, p_2, z) = z$

unter den Nebenbedingungen

$$
\begin{aligned}
z - 8p_1 \qquad\quad &\leq 0 \\
z - 5p_1 - 15p_2 &\leq 0 \\
p_1 + p_2 &= 1 \\
z, p_1, p_2 &\geq 0
\end{aligned}
$$

Formulieren wir ein LOP für Spieler B, so wird deutlich, daß wir dadurch das duale zu obigem Problem erhalten. Unter Verwendung des Satzes über den komplementären Schlupf können wir uns darüber hinaus folgendes überlegen: Eine optimale Lösung des Problems für den Spieler A liefert uns zugleich eine optimale Lösung des Problems für den Spieler B; die Werte der Schlupfvariablen der Nebenbedingungen von A sind die optimalen Wahrscheinlichkeiten für B.

In Tab. 2.25 ist das Optimaltableau für das oben formulierte Spiel wiedergegeben. Darin bezeichnen wir die Schlupfvariable der Nebenbedingung für die Alternative b_1 mit x_1, diejenige für b_2 mit x_2.

BV	z	p_1	p_2	x_1	x_2	
p_2			1	$\frac{1}{18}$	$-\frac{1}{18}$	$\frac{1}{6}$
z	1			$\frac{5}{9}$	$\frac{4}{9}$	$6\frac{2}{3}$
p_1		1		$-\frac{1}{18}$	$\frac{1}{18}$	$\frac{5}{6}$
F	0	0	0	$\frac{5}{9}$	$\frac{4}{9}$	$6\frac{2}{3}$

Optimale Basislösungen:

$p_1 = \frac{5}{6},\ p_2 = \frac{1}{6};$

$q_1 = \frac{5}{9},\ q_2 = \frac{4}{9};$

$z = 6\frac{2}{3} - 7 = -\frac{1}{3}$

Tab. 2.25

Softwarehinweise zu Kapitel 2

Zur Lösung linearer Optimierungsprobleme gibt es zahlreiche Softwarepakete.

Hinweise auf Software zur Lösung von LOPs auf *Personal Computern* und *Workstations* (LINDO von Lindo Systems, MOPS von Suhl (1994), OSL von IBM) sowie Vergleiche ausgewählter Pakete findet man u.a. bei Sharda und Somarajan (1986), Stadtler et al. (1988) sowie Llewellyn und Sharda (1990). Ein interaktives Softwarepaket zur Optimierung bei mehrfacher Zielsetzung ist in Hansohm und Hänle (1991) enthalten.

Einen Überblick über Modellierungssoftware für lineare Optimierungsprobleme geben Greenberg und Murphy (1992).

Literaturhinweise zu Kapitel 2

Bamberg und Coenenberg (1994);
Bastian (1980);
Beisel und Mendel (1987);
Bloech (1974);
Borgwardt (1987);
Dinkelbach (1969), (1992);
Domschke et al. (1995) – *Übungsbuch*;
Eiselt et al. (1987);
Greenberg und Murphy (1992);
Hillier und Lieberman (1988);
Karmarkar (1984);
Klee und Minty (1972);
Llewellyn und Sharda (1990);
Müller-Merbach (1973);
Neumann und Morlock (1993);
Papadimitriou und Steiglitz (1982);
Rommelfanger (1989);
Schwarze (1986);
Sharda und Somarajan (1986);
Suhl (1994);
Bartels (1984);
Bazaraa et al. (1990);
Beuermann (1993);
Bol (1980);
Dantzig (1966);
Dinkelbach und Lorscheider (1990);
Dück (1979);
Fandel (1972);
Hansohm und Hänle (1991);
Isermann (1989);
Khachijan (1979);
Kreko (1970);
Meyer und Hansen (1985);
Neumann (1975 a);
Opitz (1989);
Rauhut et al. (1979);
Schmitz und Schönlein (1978);
Shamir (1987);
Stadtler et al. (1988);
Zimmermann (1992).

Kapitel 3: Graphentheorie

Zu Beginn definieren wir wichtige Begriffe aus der Graphentheorie und beschreiben Speichermöglichkeiten für Graphen in Rechenanlagen. In Kap. 3.2 schildern wir Verfahren zur Bestimmung kürzester Wege in Graphen. Schließlich beschreiben wir in Kap. 3.3 Methoden zur Bestimmung minimaler spannender Bäume und minimaler 1-Bäume von Graphen. Bedeutsam aus dem Gebiet der Graphentheorie sind darüber hinaus v.a. Verfahren zur Bestimmung maximaler oder kostenminimaler Flüsse in Graphen. Vgl. zu allen genannten Fragestellungen etwa Domschke (1995) oder Neumann und Morlock (1993).

3.1 Grundlagen

3.1.1 Begriffe der Graphentheorie

Definition 3.1: Ein **Graph** G besteht aus einer nichtleeren **Knotenmenge** V, einer Kanten- oder Pfeilmenge E sowie einer auf E definierten Abbildung ω *(Inzidenzabbildung)*, die jedem Element aus E genau ein Knotenpaar i und j aus V zuordnet.
Ist das jedem Element aus E zugewiesene Knotenpaar *nicht geordnet*, so bezeichnen wir G als **ungerichteten Graphen**; die Elemente von E nennen wir **Kanten**. Ist das jedem Element aus E zugewiesene Knotenpaar *geordnet*, so bezeichnen wir G als **gerichteten Graphen**; die Elemente von E nennen wir **Pfeile**.

Bemerkung 3.1: Für eine Kante, die die Knoten i und j miteinander *verbindet*, verwenden wir die Schreibweise [i,j]; die Knoten i und j nennen wir **Endknoten** der Kante.
Für einen Pfeil, der von einem Knoten i zu einem Knoten j *führt*, verwenden wir die Schreibweise (i,j); i nennt man **Anfangs**- und j **Endknoten** des Pfeiles.
Wir verzichten auf die explizite Angabe der Inzidenzabbildung ω und schreiben bei ungerichteten Graphen G = [V,E], bei gerichteten Graphen G = (V,E). Knoten bezeichnen wir meist durch natürliche Zahlen i = 1,2,...,n.

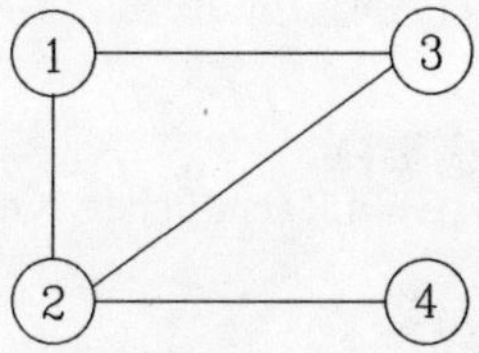

Abb. 3.1

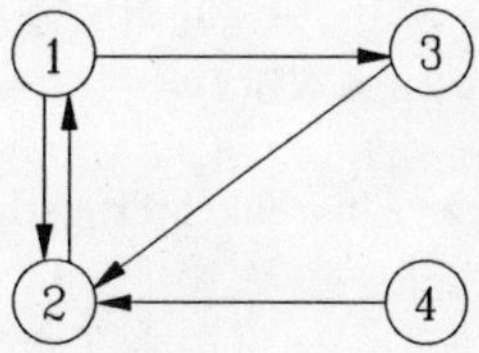

Abb. 3.2

Beispiele: Abb. 3.1 zeigt einen ungerichteten Graphen G = [V,E] mit der Knotenmenge V = {1,2,3,4} und der Kantenmenge E = {[1,2], [1,3], [2,3], [2,4]}.

Abb. 3.2 enthält einen gerichteten Graphen G = (V,E) mit der Knotenmenge V = {1,2,3,4} und der Pfeilmenge E = {(1,2), (1,3), (2,1), (3,2), (4,2)}.

Definition 3.2: Zwei Pfeile mit identischen Anfangs- und Endknoten nennt man **parallele Pfeile**. Analog lassen sich **parallele Kanten** definieren.
Einen Pfeil (i,i) bzw. eine Kante [i,i] nennt man **Schlinge**.
Einen Graphen ohne parallele Kanten bzw. Pfeile und ohne Schlingen bezeichnet man als **schlichten Graphen**.

Abb. 3.3 zeigt parallele Kanten und Pfeile sowie Schlingen. In Abb. 3.4 ist ein schlichter gerichteter Graph dargestellt.

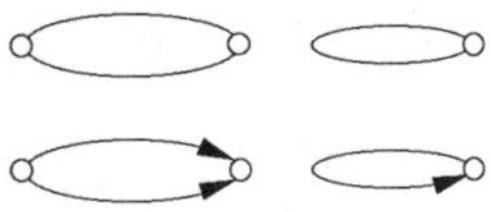

Abb. 3.3

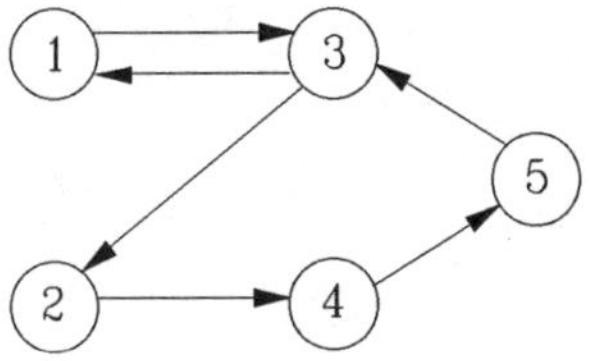

Abb. 3.4

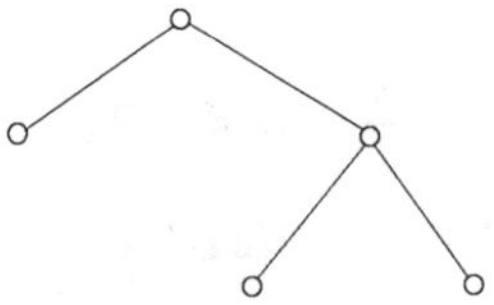

Abb. 3.5

Definition 3.3: In einem *gerichteten* Graphen G heißt ein Knoten j (unmittelbarer) **Nachfolger** eines Knotens i, wenn in G ein Pfeil (i,j) existiert; i bezeichnet man entsprechend als (unmittelbaren) **Vorgänger** von j. Man sagt ferner, i und j seien mit dem Pfeil *inzident*.
Die Menge aller Nachfolger eines Knotens i bezeichnen wir mit $\mathcal{N}(i)$, die Menge seiner Vorgänger mit $\mathcal{V}(i)$. Vorgänger und Nachfolger eines Knotens i bezeichnet man auch als dessen **Nachbarn**, ausgedrückt durch NB(i).
Ein Knoten i mit $\mathcal{V}(i) = \phi$ heißt **Quelle**, ein Knoten i mit $\mathcal{N}(i) = \phi$ **Senke** des Graphen.

Analog dazu nennen wir in einem *ungerichteten* Graphen G Knoten i und j **Nachbarn**, wenn [i,j] eine Kante von G ist. Die Menge der Nachbarn eines Knotens i bezeichnen wir mit NB(i).
Die Anzahl g_i der mit einem Knoten i inzidenten Kanten bezeichnet man als **Grad des Knotens** oder **Knotengrad**. In einem schlichten Graphen gilt $g_i = |NB(i)|$ für alle Knoten i.

Beispiele: In Abb. 3.1 gilt NB(1) = {2,3} und NB(2) = {1,3,4}. In Abb. 3.2 ist $\mathcal{N}(2) = \{1\}$, $\mathcal{V}(2) = \{1,3,4\}$ und NB(2) = {1,3,4}.

Definition 3.4: Ein schlichter gerichteter Graph G = (V,E) mit endlicher Knotenmenge V heißt **Digraph**.

Definition 3.5: Ein Digraph heißt **vollständig**, wenn für jedes Knotenpaar i, j ein Pfeil (i,j) und ein Pfeil (j,i) existieren. Ein vollständiger Digraph mit n Knoten besitzt also $n \cdot (n-1)$ Pfeile.
Entsprechend nennt man einen schlichten ungerichteten Graphen **vollständig**, wenn für jedes Knotenpaar i, j eine Kante [i,j] existiert. Besitzt er n Knoten, so sind damit $n \cdot (n-1)/2$ Kanten vorhanden.

Definition 3.6: Sei G = (V,E) ein gerichteter Graph.

Eine Folge $p_1,...,p_t$ von Pfeilen heißt **Weg** von G, wenn eine Folge $j_0,...,j_t$ von Knoten mit $p_h = (j_{h-1}, j_h)$ für alle h = 1,...,t existiert. Einen Weg symbolisieren wir durch die in ihm enthaltenen Knoten, z.B. $w = (j_0,...,j_t)$.
Eine Folge $p_1,...,p_t$ von Pfeilen heißt **Kette** von G, wenn eine Folge $j_0,...,j_t$ von Knoten mit $p_h = (j_{h-1}, j_h)$ oder $p_h = (j_h, j_{h-1})$ für alle h = 1,...,t existiert. Für eine Kette schreiben wir $k = [j_0,...,j_t]$.

Ganz analog läßt sich eine Kette in einem ungerichteten Graphen definieren.
Ein Weg bzw. eine Kette mit identischem Anfangs- und Endknoten ($j_0 = j_t$) heißt **geschlossener Weg** oder **Zyklus** bzw. **geschlossene Kette** oder **Kreis**.

Beispiele: Der Graph in Abb. 3.4 ist ein Digraph. Er enthält u.a. den Weg w = (1,3,2,4), die Kette k = [2,3,1] und den Zyklus ζ = (3,2,4,5,3). Der Graph von Abb. 3.2 enthält z.B. die Kette k = [4,2,3].

Definition 3.7: Ein gerichteter oder ungerichteter Graph G heißt **zusammenhängend**, wenn jedes Knotenpaar von G durch mindestens eine Kette verbunden ist.

Definition 3.8: Ein zusammenhängender kreisloser (ungerichteter) Graph heißt **Baum**.

Bemerkung 3.2: Für einen Baum gibt es zahlreiche weitere Definitionsmöglichkeiten. Beispiele hierfür sind:

a) Ein ungerichteter Graph mit n Knoten und n−1 Kanten, der keinen Kreis enthält, ist ein Baum.

b) Für jedes Knotenpaar i und j (mit $i \neq j$) eines Baumes existiert genau eine diese beiden Knoten verbindende Kette.

Abb. 3.5 zeigt einen Baum.

Bei der Anwendung graphentheoretischer Methoden im OR spielen bewertete Graphen eine wichtige Rolle.

Definition 3.9: Einen gerichteten bzw. ungerichteten Graphen G, dessen sämtliche Pfeile bzw. Kanten eine Bewertung c(i,j) bzw. c[i,j] besitzen, bezeichnet man als **(pfeil- bzw. kanten-) bewerteten Graphen**. c interpretieren wir hierbei als eine Abbildung, die jedem Pfeil bzw. jeder Kante die Kosten für den Transport einer ME von i nach j (bzw. zwischen i und j), die Länge der Verbindung, eine Fahrzeit für die Verbindung oder dergleichen zuordnet.
Bewertete Graphen bezeichnen wir mit G = (V,E,c) bzw. G = [V,E,c]. Für die Bewertung c(i,j) eines Pfeiles bzw. c[i,j] einer Kante verwenden wir zumeist die Indexschreibweise c_{ij}.

Bemerkung 3.3: Anstatt oder zusätzlich zu Pfeil- bzw. Kantenbewertungen kann ein Graph eine oder mehrere Knotenbewertungen $t: V \to \mathbb{R}$ besitzen. Knotenbewertete Graphen sind z.B. in der Netzplantechnik von Bedeutung (siehe Kap. 5).

Definition 3.10: Seien $G = (V,E,c)$ ein bewerteter, gerichteter Graph und $w = (j_0,...,j_t)$ ein Weg von G. Die Summe aller Pfeilbewertungen

$c(w) := \sum_{h=1}^{t} c_{j_{h-1}j_h}$ bezeichnet man als **Länge des Weges** w.

Einen Weg w^*_{ij} von G bezeichnet man als **kürzesten Weg** von Knoten i nach Knoten j, falls in G kein anderer Weg w_{ij} von i nach j mit $c(w_{ij}) < c(w^*_{ij})$ existiert. $c(w^*_{ij})$ nennt man **(kürzeste) Entfernung** von i nach j in G.

Bemerkung 3.4: Analog zu Def. 3.10 lassen sich kürzeste Ketten und (kürzeste) Entfernungen in ungerichteten Graphen definieren. Def. 3.10 läßt sich auch unmittelbar auf knotenbewertete Graphen oder pfeil- und knotenbewertete Graphen übertragen; siehe Kap. 5.2.2.

Beispiel: Im Graphen der Abb. 3.6 besitzt der Weg $w = (4,2,3)$ die Länge $c(w) = 40$. Er ist zugleich der kürzeste Weg von Knoten 4 nach Knoten 3. Die kürzeste Entfernung von 4 nach 3 ist also 40.

Definition 3.11: Sei $G = [V,E]$ ein zusammenhängender, ungerichteter Graph mit $|V| = n$ Knoten.

a) Einen Graphen $G' = [V',E']$ mit $V' \subseteq V$ und $E' \subseteq E$ nennt man **Teilgraph** von G.

b) Einen zusammenhängenden, kreisfreien Teilgraphen $T = [V,\bar{E}]$ von G nennt man **spannenden Baum** oder *Gerüst* von G.

Gehen wir davon aus, daß die Knoten von G von 1 bis n numeriert sind, so können wir ferner definieren:

c) Einen zusammenhängenden Teilgraphen $T_1 = [V,E_1]$ von G nennt man **1-Baum** von G, wenn die folgenden weiteren Bedingungen erfüllt sind:
- T_1 enthält genau einen Kreis,
- Knoten 1 besitzt den Grad 2 und gehört zum Kreis.

Definition 3.12: Sei $G = [V,E,c]$ ein bewerteter, zusammenhängender, ungerichteter Graph.

a) Einen spannenden Baum $T^* = [V,\bar{E}^*]$ von G mit minimaler Summe der Kantenbewertungen bezeichnet man als **minimalen spannenden Baum** von G.

b) Einen 1-Baum $T_1^* = [V,E_1^*]$ von G mit minimaler Summe der Kantenbewertungen nennt man **minimalen 1-Baum** von G.

Beispiele: Gegeben sei der Graph G in Abb. 3.7. Abb. 3.8 zeigt den minimalen spannenden Baum, Abb. 3.9 den minimalen 1-Baum von G mit 16 bzw. 20 als Summe der Kantenbewertungen. Zu deren Bestimmung vgl. Kap. 3.3.2.

Die Bestimmung minimaler spannender Bäume und minimaler 1-Bäume von Graphen spielt bei der Lösung von Traveling Salesman-Problemen in ungerichteten Graphen eine wichtige Rolle; vgl. dazu Kap. 6.6.2.

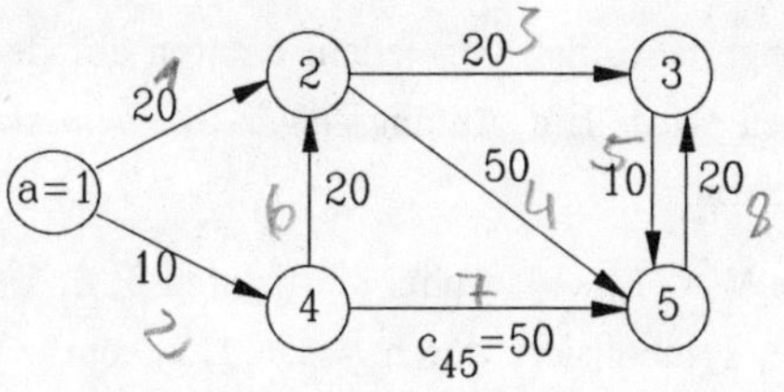

Abb. 3.6

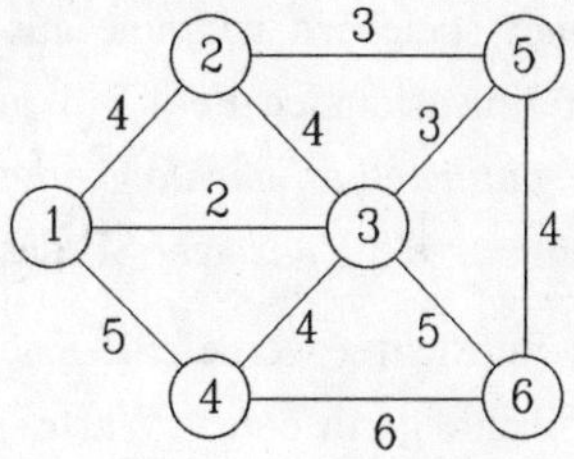

Abb. 3.7

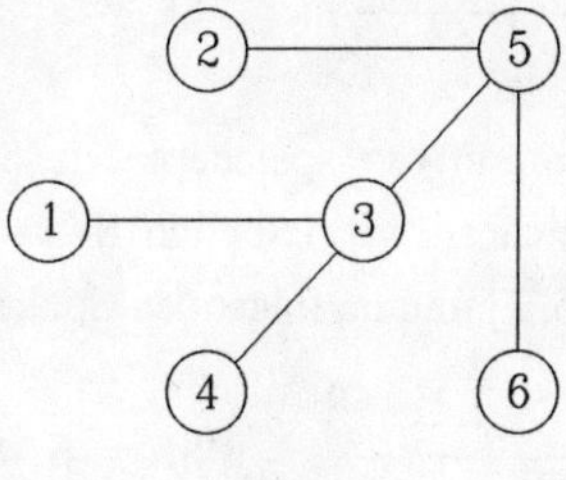

Abb. 3.8

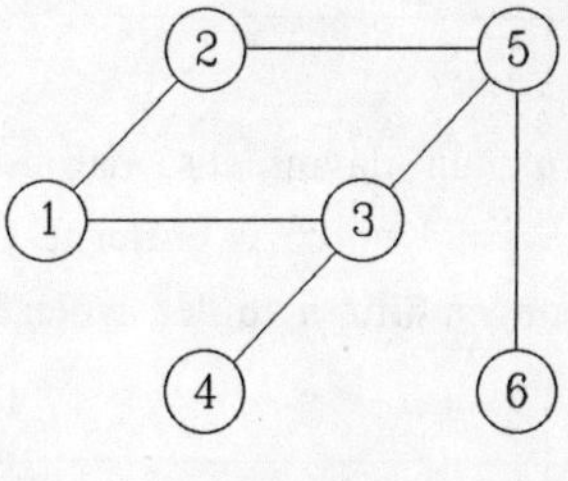

Abb. 3.9

Bemerkung 3.5: Eine interessante Verallgemeinerung des Problems der Bestimmung minimaler spannender Bäume ist dasjenige der Bestimmung minimaler *Steiner-Bäume*. In einem gegebenen Graphen ist dabei eine vorgegebene Teilmenge der Knoten durch Auswahl von Kanten mit minimaler Summe ihrer Bewertungen aufzuspannen. Derartige Probleme treten z.B. bei der Bestückung von Platinen (VLSI-Design) auf. Modelle und Lösungsverfahren hierzu sind z.B. in Voß (1990) enthalten.

3.1.2 Speicherung von Knotenmengen und Graphen

Für die in Kap. 3.2 und 3.3, aber auch in Kap. 5 beschriebenen Algorithmen und deren Implementierung muß man sich insbesondere überlegen, wie Knotenmengen und Graphen geeignet abgespeichert werden können, dh. welche Datenstrukturen zu verwenden sind. Wir beschreiben v.a. Speichermöglichkeiten, die in den folgenden Kapiteln benötigt werden; vgl. darüber hinaus z.B. Aho et al. (1983), Wirth (1986) sowie Domschke (1995).

Beim FIFO-Algorithmus in Kap. 3.2.1 benötigen wir die Datenstruktur "Schlange" zur Speicherung einer sich im Laufe des Verfahrens ändernden *Menge markierter Knoten*.

Definition 3.13: Eine **Schlange** ist eine Folge von Elementen, bei der nur am Ende Elemente hinzugefügt und am Anfang Elemente entfernt werden können. Das erste Element einer Schlange bezeichnet man als **Schlangenkopf**, das letzte als **Schlangenende**.

Eine Schlange kann man sich unmittelbar am Beispiel von Kunden, die vor einem Postschalter auf Bedienung warten, veranschaulichen. Bedient wird immer der Kunde am Schlangenkopf, neu hinzukommende Kunden stellen sich am Ende der Schlange an. Bedient wird also in der Reihenfolge des Eintreffens (First In - First Out = FIFO).

Im Rechner speichern wir eine aus höchstens n Knoten bestehende Menge als Schlange in einem eindimensionalen Feld S[1..n] der Länge n so, daß von jedem Knoten auf den in der Schlange *unmittelbar nachfolgenden* verwiesen wird. Ein *Anfangszeiger* SK bezeichnet den Schlangenkopf, ein *Endzeiger* SE das Schlangenende.

Beispiel: Betrachtet werde eine Knotenmenge V = {1,...,8}, wobei die Knoten 3, 6, 1 und 5 in dieser Reihenfolge in einer (Warte-) Schlange, symbolisiert durch < 3,6,1,5], enthalten sein mögen. Wir speichern sie wie folgt:

i	1	2	3	4	5	6	7	8
S[i]	5		6			1		

SK = 3; SE = 5

Gehen wir nun davon aus, daß Knoten 2 hinzukommt, so speichern wir S[SE]:=2 und SE:=2. Wird Knoten 3 entfernt (bedient), so speichern wir lediglich SK:=S[SK]. Beide Veränderungen führen zu der neuen Schlange < 6,1,5,2] und zu folgenden Speicherinhalten:

i	1	2	3	4	5	6	7	8
S[i]	5		(6)		2	1		

SK = 6; SE = 2

Der Eintrag in S[3] muß nicht gelöscht werden.

Graphen lassen sich in Rechenanlagen insbesondere in Form von Matrizen, Standardlisten und knotenorientierten Listen speichern. Wir beschreiben diese Möglichkeiten nur für gerichtete Graphen; auf ungerichtete Graphen sind sie leicht übertragbar.

Matrixspeicherung: Die Speicherung von Graphen in Form von Matrizen eignet sich nur für schlichte Graphen. Der Tripel-Algorithmus in der von uns in Kap. 3.2.2 beschriebenen Version verwendet zur Speicherung eines bewerteten Digraphen G = (V,E,c) die **Kostenmatrix** $C(G) = (c_{ij})$, deren Elemente wie folgt definiert sind:

$$c_{ij} := \begin{cases} 0 & \text{falls } i = j \\ c(i,j) & \text{für alle } (i,j) \in E \\ \infty & \text{sonst} \end{cases}$$

Die quadratische Kostenmatrix mit der Dimension $n \times n$ ist ausreichend, einen Digraphen mit n Knoten vollständig zu beschreiben. Dagegen dient die ebenfalls quadratische **Vorgängermatrix** $VG(G) = (vg_{ij})$ mit den Elementen

$$vg_{ij} := \begin{cases} i & \text{falls } i = j \text{ oder } (i,j) \in E \\ 0 & \text{sonst} \end{cases}$$

nur der Speicherung der Struktur, nicht aber der Bewertungen eines Digraphen. Sie wird beim Tripel-Algorithmus zusätzlich verwendet, um nicht nur kürzeste Entfernungen, sondern auch die zugehörigen kürzesten Wege entwickeln zu können.

Beispiel: Der Graph in Abb. 3.6 besitzt die folgende Kosten- bzw. Vorgängermatrix:

$$C(G) = \begin{bmatrix} 0 & 20 & \infty & 10 & \infty \\ \infty & 0 & 20 & \infty & 50 \\ \infty & \infty & 0 & \infty & 10 \\ \infty & 20 & \infty & 0 & 50 \\ \infty & \infty & 20 & \infty & 0 \end{bmatrix} \qquad VG(G) = \begin{bmatrix} 1 & 1 & 0 & 1 & 0 \\ 0 & 2 & 2 & 0 & 2 \\ 0 & 0 & 3 & 0 & 3 \\ 0 & 4 & 0 & 4 & 4 \\ 0 & 0 & 5 & 0 & 5 \end{bmatrix}$$

Standardliste: Die Speicherung eines bewerteten, gerichteten Graphen G = (V,E,c) in Form der sogenannten Standardliste sieht vor, für jeden Pfeil seinen Anfangs-, seinen Endknoten und seine Bewertung zu speichern. Ein Graph mit n Knoten und m Pfeilen läßt sich durch Angabe von n, m und den drei genannten Angaben je Pfeil vollständig beschreiben.

Knotenorientierte Listen: Für die Anwendung der in Kap. 3.2.1 beschriebenen Baumalgorithmen eignen sich sogenannte knotenorientierte Listen. Ein unbewerteter, gerichteter Graph G = (V,E) mit n Knoten und m Pfeilen wird dabei wie folgt charakterisiert:

Die Pfeile des Graphen werden so von 1 bis m numeriert, daß die von Knoten 1 ausgehenden Pfeile die kleinsten Nummern besitzen, die von Knoten 2 ausgehenden die nächsthöheren usw. Zur Speicherung des Graphen verwenden wir das Endknotenfeld EK[1..m] und das Zeigerfeld ZEK[1..n+1]. In EK[j] steht die Nummer des Endknotens von Pfeil j. In ZEK[1..n+1] wird an der Stelle ZEK[i] die Nummer des ersten von Knoten i ausgehenden Pfeiles gespeichert. Ferner setzen wir ZEK[n+1] := m+1.

Beispiel: Die Struktur des Graphen in Abb. 3.6 mit n = 5 Knoten und m = 8 Pfeilen läßt sich damit (wenn man die von jedem Knoten i ausgehenden Pfeile nach wachsender Nummer ihrer Endknoten sortiert) wie folgt wiedergeben:

i	ZEK[i]
1	1
2	3
3	5
4	6
5	8
6	9

j	EK[j]
1	2
2	4
3	3
4	5
5	5
6	2
7	5
8	3

m+1 = 9

Falls von einem Knoten i kein Pfeil ausgeht, so gilt ZEK[i] = ZEK[i+1].

Für die Pfeilbewertung eines Graphen wird ein weiteres Feld C[1..m] benötigt. Somit sind für einen Graphen G = (V,E,c) genau n+1+2m Speicherplätze erforderlich.

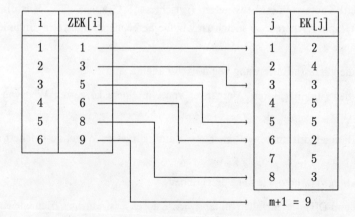

Bemerkung 3.6: Bei der *Eingabe* eines Graphen durch den Programmbenutzer ist die Standardliste leichter handhabbar, für die *interne Verarbeitung* ist jedoch i.a. eine knotenorientierte Listendarstellung besser geeignet.

Die Menge aller unmittelbaren Nachfolger $\mathcal{N}(i)$ eines Knotens i läßt sich bei knotenorientierter Listendarstellung leicht durch die folgende Laufanweisung ermitteln:[1]

for j := ZEK[1] **to** ZEK[i+1] - 1 **do** drucke EK[j]

3.2 Kürzeste Wege in Graphen

Die Verfahren zur Bestimmung kürzester Wege in Graphen lassen sich unterteilen in solche, die

- kürzeste Entfernungen und Wege von einem vorgegebenen Startknoten a zu allen anderen Knoten eines gerichteten Graphen liefern (Baumalgorithmen, siehe Kap. 3.2.1), und in solche, die
- simultan kürzeste Entfernungen und Wege zwischen jedem Knotenpaar eines gerichteten Graphen liefern (siehe Kap. 3.2.2).

Wir beschreiben sämtliche Verfahren nur für *Digraphen.* Sie sind jedoch mit geringfügigen Modifikationen auch für die Ermittlung kürzester Entfernungen und kürzester Wege bzw. Ketten in beliebigen gerichteten sowie in ungerichteten Graphen verwendbar.

3.2.1 Baumalgorithmen

Die Verfahren dieser Gruppe sind dazu geeignet, kürzeste Entfernungen und Wege von einem *Startknoten* a zu allen Knoten eines bewerteten (gerichteten) Graphen G = (V,E,c) zu ermitteln. Besitzt der Graph n Knoten, so speichern wir die berechneten Werte in eindimensionalen Feldern der Länge n

D[1..n], wobei D[i] die kürzeste Entfernung von a nach i angibt, und

R[1..n], wobei R[i] den (unmittelbaren) Vorgänger von i in einem kürzesten Weg von a nach i bezeichnet.

Die Verfahren heißen Baumalgorithmen, weil sie einen Baum kürzester Wege, gespeichert im Feld R[1..n], liefern.

Sie lassen sich als *Iterationsverfahren* wie folgt beschreiben:

Zu Beginn ist D[a] = 0 und D[i] = ∞ für alle Knoten i $\neq$ a. Knoten a ist einziges Element einer Menge MK *markierter Knoten.*

In jeder Iteration wählt man genau ein Element h aus der Menge MK markierter Knoten aus,

---

[1] "**for** j := p **to** q **do**" bedeutet, daß j nacheinander die (ganzzahligen) Werte p, p+1 bis q annehmen soll.

um für dessen (unmittelbare) Nachfolger j zu prüfen, ob $D[h] + c_{hj}$ kleiner ist als die aktuelle Entfernung D[j]. Kann D[j] verringert werden, so wird j Element von MK.

Die Verfahren enden, sobald MK leer ist.

Die verschiedenen Baumalgorithmen unterscheiden sich im wesentlichen durch die Reihenfolge, in der sie Knoten h aus der Menge MK auswählen.

Der **Dijkstra-Algorithmus** (vgl. Dijkstra (1959)), den wir zunächst beschreiben, wählt aus MK stets denjenigen Knoten h mit der kleinsten aktuellen Entfernung von a.

Beim **FIFO-Algorithmus** (siehe v.a. Pape (1974)) werden dagegen die Knoten aus MK in Form einer (Warte-) Schlange angeordnet. Ausgewählt wird stets derjenige Knoten von MK, der als erster in die Warteschlange gelangt ist. Neu in die Warteschlange kommende Knoten werden an deren Ende angefügt; vgl. Kap. 3.1.2.

Dijkstra-Algorithmus

Voraussetzung: Ein Digraph G = (V,E,c) mit n Knoten und Bewertungen $c_{ij} \geq 0$ für alle Pfeile (i,j); Felder D[1..n] und R[1..n] zur Speicherung kürzester Entfernungen und Wege; MK := Menge markierter Knoten.

Start: Setze MK := {a}, D[a] := 0 sowie D[i] := ∞ für alle Knoten $i \neq a$;

Iteration μ (= 1,2,...):

(1) Wähle den Knoten h aus MK mit $D[h] = \min \{D[i] \mid i \in MK\}$;

(2) **for** (all) $j \in \mathcal{N}(h)$ **do**
 if $D[j] > D[h] + c_{hj}$ **then**
 begin $D[j] := D[h] + c_{hj}$; R[j] := h; MK := MK $\cup$ {j} **end**;

(3) Eliminiere h aus MK;

Abbruch: MK = ϕ;

Ergebnis: In D[1..n] ist die kürzeste Entfernung von a zu jedem anderen Knoten gespeichert (gleich ∞, falls zu einem Knoten kein Weg existiert). Aus R[1..n] ist, sofern vorhanden, ein kürzester Weg von a zu jedem Knoten rekursiv entwickelbar.

* * * * *

Beispiel: Wir wenden den Dijkstra-Algorithmus auf den Graphen in Abb. 3.10 an und wählen a = 1. Nach *Iteration 1* gilt:

i	1	2	3	4	5
D[i]	0	20	∞	10	∞
R[i]		1		1	

MK = {2,4}

Iteration 2: h = 4; keine Änderung für Knoten 2; D[5] := 60; R[5] := 4; MK = {2,5};

Iteration 3: h = 2; D[3] := 40; R[3] := 2; MK = {3,5};

Iteration 4: h = 3; D[5] := 50; R[5] := 3; MK = {5};

Iteration 5: keine Entfernungsänderung; MK = ϕ; nach Abbruch des Verfahrens ist folgendes gespeichert:

i	1	2	3	4	5
D[i]	0	20	40	10	50
R[i]		1	2	1	3

Aus R läßt sich z.B. der kürzeste Weg w^*_{15} von 1 nach 5 rekursiv, bei Knoten 5 und R[5] = 3 beginnend, gemäß w^*_{15} = (R[2] = 1, R[3] = 2, R[5] = 3, 5) = (1,2,3,5) bestimmen. Den Baum kürzester Wege zeigt Abb. 3.11.

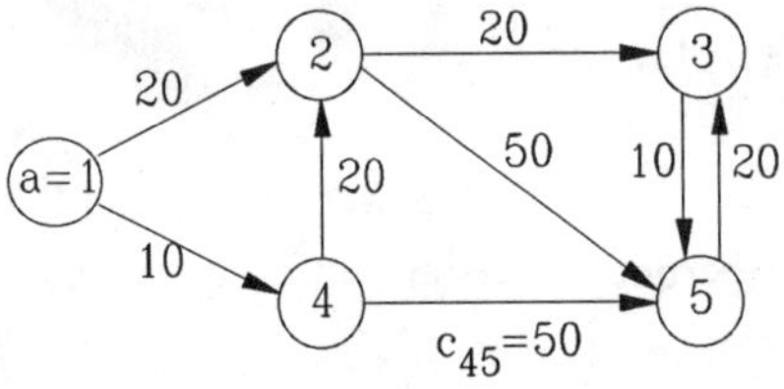

Abb. 3.10

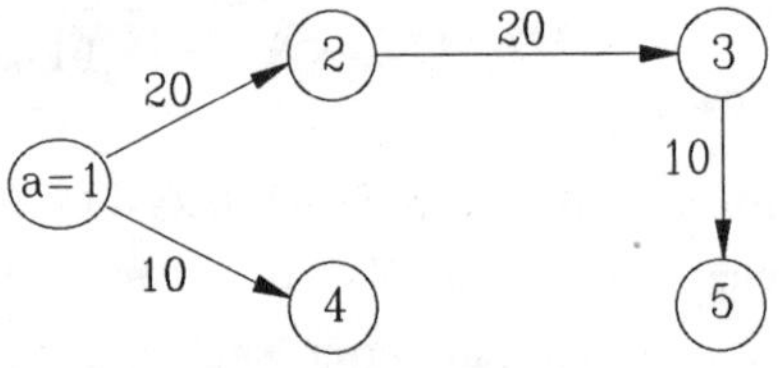

Abb. 3.11

Bemerkung 3.7: Zur Erleichterung des Verständnisses haben wir die Iterationen des Dijkstra-Algorithmus ohne Verwendung von Fallunterscheidungen beschrieben. Man kann sich überlegen, daß folgendes gilt:

(1) Aufgrund der Annahme $c_{ij} \geq 0$ für alle Pfeile wird jeder von a aus erreichbare Knoten h *genau einmal* in MK aufgenommen und daraus ausgewählt. Zum Zeitpunkt seiner Auswahl aus MK ist seine kürzeste Entfernung von a bekannt.

(2) Unter Berücksichtigung von Aussage (1) können bei der Entfernungsbestimmung für einen Knoten $j \in \mathcal{N}(h)$ drei Fälle unterschieden werden:

   (a) Wurde j schon zuvor aus MK eliminiert, so ist D[j] nicht reduzierbar.

   (b) Gilt D[j] = ∞, so ist D[j] über h reduzierbar und j nach MK aufzunehmen.

   (c) Ist j bereits Element von MK, so kann seine Entfernung evtl. reduziert werden.

Aufgrund obiger Aussagen ist der Dijkstra-Algorithmus auch besonders effizient zur Bestimmung kürzester Entfernungen und Wege von einem Knoten a zu einer (ein- oder mehrelementigen) Teilmenge V' der Knotenmenge in Graphen mit nichtnegativen Pfeil- oder Kantenbewertungen. Sobald alle Knoten aus V' markiert und auch aus MK wieder eliminiert wurden, kann das Verfahren beendet werden.

Wir beschreiben nun den **FIFO-Algorithmus.** Neben den Feldern D[1..n] und R[1..n] verwenden wir zur Speicherung der markierten Knoten in einer Warteschlange das Feld

S[1..n]. Durch S[i] = j wird ausgedrückt, daß der Knoten j unmittelbarer Nachfolger von Knoten i in der Warteschlange ist. Ein Zeiger SK verweist auf den Schlangenkopf (das erste Element), ein Zeiger SE auf das Schlangenende (das letzte Element) der Warteschlange; siehe Kap. 3.1.2.

FIFO-Algorithmus

Voraussetzung: Ein Digraph G = (V,E,c) mit n Knoten, ohne negativen Zyklus; Felder D[1..n] und R[1..n] zur Speicherung kürzester Entfernungen und Wege; ein Feld S[1..n] zur Speicherung der Menge der markierten Knoten als Warteschlange mit SK als Anfangs- und SE als Endzeiger.

Start: Setze SK := SE := a; D[a] := 0 sowie D[i] := ∞ für alle Knoten i ≠ a;

Iteration μ (= 1, 2, ...):

for (all) j ∈ $\mathcal{N}$(SK) **do**

if D[j] > D[SK] + $c_{SK,j}$ **then**

begin D[j] := D[SK] + $c_{SK,j}$; R[j] := SK;

if j ∉ S **then begin** S[SE] := j; SE := j **end**

end;

if SK = SE **then** Abbruch;

SK := S[SK];

Ergebnis: Wie beim Dijkstra-Algorithmus.

* * * * *

Bemerkung 3.8: Um festzustellen, ob ein Knoten j Element von S ist oder nicht (Abfrage **if** j ∉ S **then**), muß die Schlange, beginnend bei SK, durchsucht werden.

Beispiel: Wir wenden auch den FIFO-Algorithmus auf den Graphen in Abb. 3.10 an und wählen a = 1. Nachfolger j von SK werden in aufsteigender Reihenfolge ausgewählt.

Nach *Iteration 1* gilt:

i	1	2	3	4	5
D[i]	0	20	∞	10	∞
R[i]		1		1	
S[i]	(2)	4			

SK := 2; SE := 4;
aktuelle Schlange < 2, 4]

Iteration 2: D[3] := 40; R[3] := 2; S[4] := 3; SE := 3; D[5] := 70; R[5] := 2; S[3] := 5; SE := 5; die Schlange hat am Ende der Iteration folgendes Aussehen: < 4, 3, 5]; SK := 4; der Inhalt des Feldes S sieht nun folgendermaßen aus (S[2] bleibt erhalten, ist aber nicht mehr relevant):

i	1	2	3	4	5
S[i]		(4)	5	3	

Iteration 3: D[5] := 60; R[5] := 4; Schlange: $<3,5]$; SK := 3; SE = 5;
Iteration 4: D[5] := 50; R[5] := 3; Schlange: $<5]$; SK := 5; SE = 5;
Iteration 5: Keine Entfernungsänderung; Abbruch wegen SK = SE.

Die Felder D[1..n] und R[1..n] enthalten am Ende dieselben Eintragungen wie beim Dijkstra-Algorithmus.

Bemerkung 3.9: Hinsichtlich des erforderlichen Rechenaufwands ist der FIFO-Algorithmus dem Dijkstra-Algorithmus dann überlegen, wenn der betrachtete Graph relativ wenige Pfeile enthält. Bei Digraphen ist das dann der Fall, wenn die tatsächliche Anzahl m an Pfeilen kleiner als etwa 30% der maximal möglichen Pfeilzahl $n \cdot (n-1)$ ist. Graphen, die Verkehrsnetze repräsentieren, besitzen i.a. diese Eigenschaft.
Zu Aussagen über effiziente Modifikationen und Implementierungen beider Verfahren siehe v.a. Gallo und Pallottino (1988), Bertsekas (1991), Ahuja et al. (1993) sowie Domschke (1995). Beim Dijkstra-Algorithmus spielt dabei insbesondere die (Teil-) Sortierung der markierten Knoten mit dem Ziel einer Auswahl des Knotens h mit möglichst geringem Aufwand eine entscheidende Rolle. Beim FIFO-Algorithmus erweist es sich im Hinblick auf den erforderlichen Rechenaufwand als günstig, die Menge der markierten Knoten nicht in einer, sondern in zwei (Teil-) Schlangen abzuspeichern, so daß diejenigen Knoten, die sich bereits einmal in der Schlange befanden, später bevorzugt ausgewählt werden.

3.2.2 Der Tripel-Algorithmus

Das Verfahren wird nach seinem Autor Floyd (1962) auch als *Floyd-Algorithmus* bezeichnet. Mit ihm können simultan kürzeste Entfernungen (und Wege) zwischen jedem Knotenpaar i und j eines Graphen G = (V,E,c) bestimmt werden. Er startet mit der **Kostenmatrix** $C(G) = (c_{ij})$ und der **Vorgängermatrix** $VG(G) = (vg_{ij})$ des Graphen, deren Elemente für Digraphen in Kap. 3.1.2 definiert sind.

Im Laufe des Verfahrens werden systematisch (durch geeignete Laufanweisungen; siehe unten) alle Tripel (i, j, k) von Knoten dahingehend überprüft, ob c_{ik} durch den evtl. kleineren Wert $c_{ij} + c_{jk}$ ersetzt werden kann. Nach Abschluß des Verfahrens enthält c_{ij} (für alle i und j) die kürzeste Entfernung von i nach j, und vg_{ij} gibt den unmittelbaren Vorgänger von Knoten j in einem kürzesten Weg von i nach j an; dh. der Algorithmus liefert die **Entfernungsmatrix** D(G) $= (d_{ij})$ und die **Routenmatrix** $R(G) = (r_{ij})$. Bezeichnen wir mit w^*_{ij} den (bzw. einen) kürzesten Weg von i nach j, dann sind die Elemente dieser beiden Matrizen wie folgt definiert:

$$d_{ij} := \begin{cases} 0 & \text{falls } i = j \\ c(w^*_{ij}) & \text{falls ein Weg von i nach j existiert} \\ \infty & \text{sonst} \end{cases}$$

$$r_{ij} := \begin{cases} h & \text{h ist (unmittelbarer) Vorgänger von j in } w^*_{ij} \\ 0 & \text{falls kein Weg von i nach j existiert} \end{cases}$$

Tripel-Algorithmus

Voraussetzung: Die Kostenmatrix C(G) und die Vorgängermatrix VG(G) eines bewerteten Digraphen G = (V,E,c) ohne negativen Zyklus.

Durchführung:

```
for j := 1 to n do
 for i := 1 to n do
  for k := 1 to n do
   begin su := c_ij + c_jk;
     if su < c_ik then
     begin c_ik := su; vg_ik := vg_jk end
   end;
```

Ergebnis: C enthält die Entfernungsmatrix D(G), VG eine Routenmatrix R(G) des betrachteten Graphen.

* * * * *

In unserer algorithmischen Beschreibung wird für jeden Knoten j genau einmal geprüft, ob über ihn zwischen jedem Paar von Knoten i und k ein kürzerer Weg als der aktuell bekannte existiert.

Beispiel: Der Graph in Abb. 3.10 besitzt die folgende Kosten- bzw. Vorgängermatrix:

$$C(G) = \begin{bmatrix} 0 & 20 & \infty & 10 & \infty \\ \infty & 0 & 20 & \infty & 50 \\ \infty & \infty & 0 & \infty & 10 \\ \infty & 20 & \infty & 0 & 50 \\ \infty & \infty & 20 & \infty & 0 \end{bmatrix} \qquad VG(G) = \begin{bmatrix} 1 & 1 & 0 & 1 & 0 \\ 0 & 2 & 2 & 0 & 2 \\ 0 & 0 & 3 & 0 & 3 \\ 0 & 4 & 0 & 4 & 4 \\ 0 & 0 & 5 & 0 & 5 \end{bmatrix}$$

Wenden wir darauf den Tripel-Algorithmus an, so erhalten wir folgende Entfernungs- bzw. Routenmatrix:

$$D(G) = \begin{bmatrix} 0 & 20 & 40 & 10 & 50 \\ \infty & 0 & 20 & \infty & 30 \\ \infty & \infty & 0 & \infty & 10 \\ \infty & 20 & 40 & 0 & 50 \\ \infty & \infty & 20 & \infty & 0 \end{bmatrix} \qquad R(G) = \begin{bmatrix} 1 & 1 & 2 & 1 & 3 \\ 0 & 2 & 2 & 0 & 3 \\ 0 & 0 & 3 & 0 & 3 \\ 0 & 4 & 2 & 4 & 4 \\ 0 & 0 & 5 & 0 & 5 \end{bmatrix}$$

Aus R(G) läßt sich z.B. der kürzeste Weg w^*_{15} von 1 nach 5 rekursiv, bei Knoten 5 und r_{15} beginnend, bestimmen: $w^*_{15} = (r_{12} = 1, r_{13} = 2, r_{15} = 3, 5) = (1,2,3,5)$ mit $c(w^*_{15}) = 50$.

3.3 Minimale spannende Bäume und minimale 1-Bäume

Die folgende Beschreibung von Verfahren zur Bestimmung minimaler spannender Bäume und minimaler 1-Bäume zielt in erster Linie darauf ab, Methoden zur Lösung von Relaxationen für symmetrische Traveling Salesman-Probleme bereitzustellen (vgl. Kap. 6.6.2).

Über dieses Anwendungsgebiet hinaus sieht eine typische Problemstellung, bei der Methoden zur Bestimmung minimaler spannender Bäume eingesetzt werden können, wie folgt aus (vgl. Domschke (1995, Kap. 3)):

Für n Orte ist ein Versorgungsnetz (z.B. ein Netz von Wasser-, Gas- oder Telefonleitungen) so zu planen, daß je zwei verschiedene Orte - entweder direkt oder indirekt - durch Versorgungsleitungen miteinander verbunden sind. Verzweigungspunkte des Netzes befinden sich nur in den Orten. Die Baukosten (oder die Summe aus Bau- und Betriebskosten für einen bestimmten Zeitraum) für alle Direktleitungen zwischen je zwei verschiedenen Orten seien bekannt. Gesucht ist ein Versorgungsnetz, dessen Gesamtkosten minimal sind.

Eine Lösung des Problems ist mit graphentheoretischen Hilfsmitteln wie folgt möglich:
Man bestimmt zunächst einen (kanten-) bewerteten, ungerichteten Graphen G, der für jeden Ort einen Knoten und für jede mögliche Direktverbindung eine Kante enthält. Die Kanten werden mit den Baukosten oder den Betriebskosten pro Periode bewertet.

Das gesuchte Versorgungsnetz ist ein minimaler spannender Baum des Graphen G.

Wir beschreiben im folgenden zunächst einen Algorithmus zur Bestimmung eines minimalen spannenden Baumes. Anschließend erweitern wir die Vorgehensweise zur Ermittlung eines minimalen 1-Baumes.

3.3.1 Bestimmung eines minimalen spannenden Baumes

Wir beschreiben das Verfahren von Kruskal (1956), das neben den Algorithmen von Prim (1957) und Dijkstra (1959) zu den ältesten, bekanntesten und effizientesten Methoden zur Lösung des betrachteten Problems gehört; zum neuesten Stand der Forschung auf diesem Gebiet vgl. vor allem Camerini et al. (1988) sowie Ahuja et al. (1993).
Da die Vorgehensweise leicht zu verstehen ist, geben wir unmittelbar eine algorithmische Beschreibung.

Kruskal-Algorithmus

Voraussetzung: Ein bewerteter, zusammenhängender, schlingenfreier, ungerichteter Graph $G = [V,E,c]$ mit n Knoten und m Kanten; mit $\bar{E}$ sei die zu bestimmende Kantenmenge des gesuchten minimalen spannenden Baumes $T = [V,\bar{E}]$ bezeichnet.

Start: Sortiere bzw. numeriere die Kanten k_i von G in der Reihenfolge $k_1, k_2,..., k_m$ nach nicht abnehmenden Bewertungen $c(k_i)$, so daß gilt: $c(k_1) \le c(k_2) \le ... \le c(k_m)$.

Setze $\bar{E} := \phi$ und $T := [V,\bar{E}]$ (zu Beginn ist also T ein kantenloser Teilgraph von G, der nur die n Knoten enthält).

Iteration $\mu = 1, 2, ..., m$:

Wähle die Kante k_μ aus und prüfe, ob ihre Aufnahme in $T = [V,\bar{E}]$ einen Kreis erzeugt.

Entsteht durch k_μ kein Kreis, so setze $\bar{E} := \bar{E} \cup \{k_\mu\}$.

Gehe zur nächsten Iteration.

Abbruch: Das Verfahren bricht ab, sobald $\bar{E}$ genau $n-1$ Kanten enthält.

Ergebnis: $T = [V,\bar{E}]$ ist ein minimaler spannender Baum von G.

* * * * *

Beispiel: Gegeben sei der Graph in Abb. 3.7. Wenden wir darauf den Kruskal-Algorithmus an, so ist von folgender Sortierung der Kanten auszugehen (dabei sind bei gleicher Bewertung die Kanten nach steigenden Nummern der mit ihnen inzidenten Knoten sortiert):

[1,3], [2,5], [3,5], [1,2], [2,3], [3,4], [5,6], [1,4], [3,6], [4,6].

Der Kruskal-Algorithmus endet nach sieben Iterationen mit dem in Abb. 3.8 angegebenen minimalen spannenden Baum von G. Die Summe seiner Kantenbewertungen ist 16.

Bemerkung 3.10: Die beim Kruskal-Algorithmus angewendete Vorgehensweise versucht stets, das augenblicklich günstigste (kleinste) Kostenelement einzubeziehen. Verfahren dieses Typs bezeichnet man auch als *"Greedy-Algorithmen"*. Trotz dieser "gierigen" Vorgehensweise bietet der Kruskal-Algorithmus (im Gegensatz zu Greedy-Algorithmen für die meisten anderen OR-Probleme, siehe z.B. Kap. 6.6.1.1) die Gewähr dafür, daß eine optimale Lösung gefunden wird.

Bemerkung 3.11: Der Rechenaufwand für den Kruskal-Algorithmus hängt wesentlich von der Art der Implementierung, insbesondere von den gewählten Datenstrukturen für die Speicherung von T und dem verwendeten Sortierverfahren, ab; siehe hierzu Domschke (1995).

3.3.2 Bestimmung eines minimalen 1-Baumes

Aufbauend auf dem Algorithmus von Kruskal läßt sich ein Verfahren zur Bestimmung eines minimalen 1-Baumes unmittelbar angeben.

Bestimmung eines minimalen 1-Baumes

Voraussetzung: Ein bewerteter, zusammenhängender, schlingenfreier, ungerichteter Graph $G = [V,E,c]$ mit von 1 bis n numerierten Knoten; Knoten 1 besitze einen Grad ≥ 2 und sei kein Artikulationsknoten.[2]

Schritt 1: Bestimme mit dem Kruskal-Algorithmus einen minimalen spannenden Baum T' für den Graphen G', der aus G durch Weglassen des Knotens 1 und aller mit ihm inzidenten Kanten entsteht.

Schritt 2: Erweitere T' um den Knoten 1 und die beiden niedrigstbewerteten Kanten, mit denen Knoten 1 in G inzident ist.

Ergebnis: Ein minimaler 1-Baum von G.

* * * * *

Beispiel: Gegeben sei der Graph in Abb. 3.7. Wenden wir darauf obigen Algorithmus an, so erhalten wir den in Abb. 3.9 angegebenen minimalen 1-Baum mit 20 als Summe der Kantenbewertungen.

Literatur zu Kapitel 3

Aho et al. (1983);
Ahuja et al. (1993);
Bertsekas (1991);
Camerini et al. (1988);
Dijkstra (1959);
Domschke (1995);
Floyd (1962);
Gallo und Pallottino (1988);
Habenicht (1984);
Hässig (1979);
Kruskal (1956);
Neumann (1975 b);
Neumann und Morlock (1993);
Pape (1974);
Prim (1957);
Voß (1990);
Wirth (1986).

[2] Ein Artikulationsknoten i in einem Graphen G besitzt die Eigenschaft, daß der Graph unzusammenhängend wird, falls man i und alle mit ihm inzidenten Kanten aus G entfernt.

Kapitel 4: Lineare Optimierungsprobleme mit spezieller Struktur

Es gibt eine Reihe von linearen Optimierungsproblemen, die aufgrund ihrer Nebenbedingungen eine spezielle Struktur aufweisen. Zu ihrer Lösung sind demgemäß auch spezielle Verfahren entwickelt worden, die durch Ausnutzung der gegebenen Struktur die Probleme effizienter lösen, als dies mit dem Simplex-Algorithmus möglich ist. Im folgenden beschreiben wir das klassische Transportproblem und Lösungsverfahren, das lineare Zuordnungsproblem sowie das Umladeproblem.

4.1 Das klassische Transportproblem

4.1.1 Problemstellung und Verfahrensüberblick

Das klassische Transportproblem (**TPP**) läßt sich wie folgt formulieren (siehe auch Abb. 4.1): Im Angebotsort (oder beim Anbieter) A_i $(i = 1,...,m)$ sind a_i ME eines bestimmten Gutes verfügbar. Im Nachfrageort (oder beim Nachfrager) B_j $(j = 1,...,n)$ werden b_j ME dieses Gutes benötigt. Hinsichtlich der Angebots- und Nachfragemengen gelte die Beziehung $\Sigma_i\, a_i = \Sigma_j\, b_j$. Die Kosten für den Transport einer ME von A_i nach B_j betragen c_{ij} GE.

Gesucht ist ein kostenminimaler Transportplan so, daß alle Bedarfe befriedigt (und damit zugleich alle Angebote ausgeschöpft) werden.

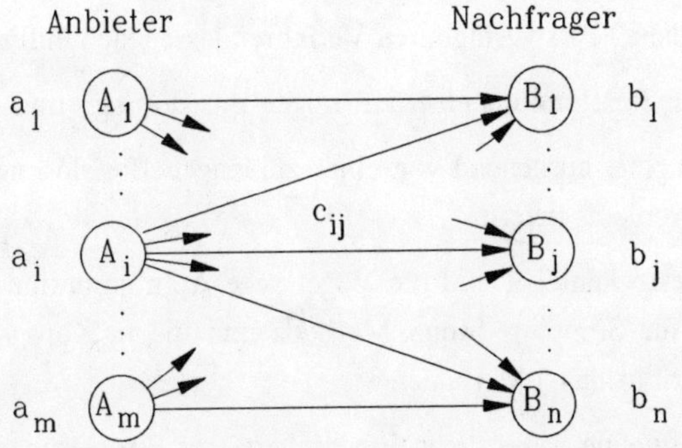

Abb. 4.1

Bezeichnen wir mit x_{ij} die von A_i nach B_j zu transportierenden ME, so läßt sich das Problem mathematisch wie folgt formulieren (im Kästchen befinden sich die mit den Nebenbedingungen korrespondierenden Dualvariablen, die wir in Kap. 4.1.3 verwenden):

$$\text{Minimiere } F(\mathbf{x}) = \sum_{i=1}^{m} \sum_{j=1}^{n} c_{ij} x_{ij} \tag{4.1}$$

unter den Nebenbedingungen

$$u_i \qquad \sum_{j=1}^{n} x_{ij} = a_i \qquad \text{für } i = 1,\ldots,m \tag{4.2}$$

$$v_j \qquad \sum_{i=1}^{m} x_{ij} = b_j \qquad \text{für } j = 1,\ldots,n \tag{4.3}$$

$$x_{ij} \geq 0 \qquad \text{für alle i und j} \tag{4.4}$$

Die Forderung nach Gleichheit der Summe der Angebots- und Nachfragemengen bzw. der Gleichungen in (4.2) und (4.3) stellt keine Beschränkung der Anwendbarkeit des TPPs dar. Wie z.B. in Domschke (1995, Kap. 6.4) gezeigt wird, lassen sich zahlreiche TPPe, bei denen diese Bedingungen nicht erfüllt sind, in obige Form bringen.

Die spezielle Struktur der Nebenbedingungen (NB) des TPPs wird anhand des Beispiels von Tab. 4.1 mit zwei Anbietern und drei Nachfragern deutlich erkennbar.

NB	x_{11}	x_{12}	x_{13}	x_{21}	x_{22}	x_{23}	a_i / b_j
A_1	1	1	1				$a_1 = 75$
A_2				1	1	1	$a_2 = 65$
B_1	1			1			$b_1 = 30$
B_2		1			1		$b_2 = 50$
B_3			1			1	$b_3 = 60$

Tab. 4.1

Die zur Lösung des klassischen TPPs verfügbaren Verfahren lassen sich unterteilen in

(1) **Eröffnungsverfahren zur Bestimmung einer zulässigen Basislösung**[1] und

(2) **Optimierungsverfahren**, die, ausgehend von einer zulässigen Basislösung, die (oder eine) optimale Lösung des Problems liefern.

Zu (1) gehören die Nordwesteckenregel und die Vogel'sche Approximations-Methode; siehe Kap. 4.1.2. Zu (2) zählen die Stepping-Stone-Methode und die in Kap. 4.1.3 beschriebene MODI- (MOdifizierte DIstributions-) Methode.

Der folgende Satz beschreibt eine wesentliche Eigenschaft von Basislösungen des TPPs, die für die unten beschriebenen Verfahren von Bedeutung ist.

Satz 4.1: Jede zulässige Basislösung eines TPPs mit m Anbietern und n Nachfragern besitzt genau m+n−1 Basisvariablen.

[1] Gehen wir von positiven Angebots- und Nachfragemengen für alle Anbieter und Nachfrager aus, so ist $x_{ij} = 0$ für alle i und j keine zulässige Lösung des Problems.

Begründung: Eine beliebige der $m+n$ Nebenbedingungen kann weggelassen werden, da sie redundant ist; sie ist durch die übrigen linear kombinierbar. Dies wird aus Tab. 4.1 unmittelbar ersichtlich.

Zur Beschreibung der genannten Verfahren und für "Handrechungen" ist es vorteilhaft, ein **Transporttableau** der folgenden Art zu verwenden:

	i \ j (Nachfrager)	1	2	...	n	a_i
Anbieter	1	x_{11}	x_{12}	...	x_{1n}	a_1
	2	x_{21}	x_{22}	...	x_{2n}	a_2
	⋮	⋮	⋮	...	⋮	⋮
	m	x_{m1}	x_{m2}	...	x_{mn}	a_m
	b_j	b_1	b_2	...	b_n	

Tab. 4.2

Hier wie im folgenden bezeichnen wir die Anbieter bzw. Nachfrager häufig der Einfachheit halber mit Hilfe der Indizes $i = 1,...,m$ bzw. $j = 1,...,n$.

4.1.2 Eröffnungsverfahren

Im folgenden beschreiben wir die Nordwesteckenregel und die Vogel'sche Approximations-Methode. Sie zählen zur Klasse der (heuristischen) Eröffnungsverfahren, die eine erste zulässige Basislösung, i.a. jedoch keine optimale Lösung liefern. Weitere Eröffnungsverfahren für das klassische TPP sind z.B. die Spaltenminimum-Methode und die Matrixminimum-Methode; vgl. Ohse (1989) und Domschke (1995) sowie allgemein zu Heuristiken Kap. 6.4.

Die Nordwesteckenregel benötigt wenig Rechenaufwand; sie berücksichtigt die Kostenmatrix nicht und liefert in der Regel schlechte Lösungen. Die Vogel'sche Approximations-Methode ist deutlich aufwendiger, sie liefert jedoch i.a. gute Lösungen.

Zunächst beschreiben wir die Nordwesteckenregel. Ihr Name ergibt sich daraus, daß sie im Transporttableau von links oben (Nordwestecke) nach rechts unten (Südostecke) fortschreitend Basisvariablen ermittelt.

Nordwesteckenregel

Start: $i := j := 1$.

Iteration:

$x_{ij} := \min\{a_i, b_j\}$; $a_i := a_i - x_{ij}$; $b_j := b_j - x_{ij}$;

if $a_i = 0$ **then** $i := i+1$ **else** $j := j+1$;

gehe zur nächsten Iteration.

Abbruch: Falls i = m und j = n gilt, wird nach Zeile 1 der Iteration abgebrochen.

Ergebnis: Eine zulässige Basislösung mit $m+n-1$ Basisvariablen.

* * * * *

Beispiel: Gegeben sei ein Problem mit drei Anbietern, vier Nachfragern, den Angebotsmengen $\mathbf{a} = (10,8,7)$, den Nachfragemengen $\mathbf{b} = (6,5,8,6)$ und der Kostenmatrix C aus Tab. 4.4.

Mit der Nordwesteckenregel erhalten wir dafür die in Tab. 4.3 angegebene zulässige Basislösung mit den Basisvariablen $x_{11} = 6$, $x_{12} = 4$, $x_{22} = 1$, $x_{23} = 7$, $x_{33} = 1$, $x_{34} = 6$ (in Kästchen) und Nichtbasisvariablen $x_{ij} = 0$ sonst. Sie besitzt den Zielfunktionswert F = 106.

	1	2	3	4	a_i
1	[6]	[4]			10
2		[1]	[7]		8
3			[1]	[6]	7
b_j	6	5	8	6	

Tab. 4.3

Im Gegensatz zur Nordwesteckenregel berücksichtigt die Vogel'sche Approximations-Methode die Transportkosten während des Verfahrensablaufs.

Wir beschreiben das Verfahren als Iterations- und Markierungsprozeß. In jeder Iteration wird genau eine Basisvariable x_{pq} geschaffen und eine Zeile p oder Spalte q, deren Angebots- bzw. Nachfragemenge durch die Fixierung erschöpft bzw. befriedigt ist, markiert. In einer markierten Zeile bzw. Spalte können später keine weiteren Basisvariablen vorgesehen werden.

Hauptkriterien für die Auswahl der Variablen x_{pq} sind bei dieser Methode Kostendifferenzen zwischen zweitbilligster und billigster Liefermöglichkeit für jeden Anbieter bzw. Nachfrager. Man bestimmt zunächst die Zeile oder Spalte mit der größten Kostendifferenz. Dort wäre die Kostensteigerung besonders groß, wenn statt der günstigsten Lieferbeziehung eine andere gewählt würde. Daher realisiert man hier die preiswerteste Liefermöglichkeit (zugehöriger Kostenwert c_{pq}) so weit wie möglich, indem man ihre Transportvariable x_{pq} mit dem größten noch möglichen Wert belegt (Minimum aus Restangebot a_p und Restnachfrage b_q).

Vogel'sche Approximations-Methode

Start: Alle Zeilen und Spalten sind unmarkiert, alle $x_{ij} := 0$.

Iteration:

1. Berechne für jede unmarkierte Zeile i die Differenz $dz_i := c_{ih} - c_{ik}$ zwischen dem zweitkleinsten Element c_{ih} und dem kleinsten Element c_{ik} aller in einer noch unmarkierten Spalte (und in Zeile i) stehenden Elemente der Kostenmatrix.

2. Berechne für jede unmarkierte Spalte j die Differenz $ds_j := c_{hj} - c_{kj}$ zwischen dem zweitkleinsten Element c_{hj} und dem kleinsten Element c_{kj} aller in einer noch unmarkierten Zeile (und in Spalte j) stehenden Elemente der Kostenmatrix.

3. Wähle unter allen unmarkierten Zeilen und Spalten diejenige Zeile oder Spalte, welche die größte Differenz dz_i oder ds_j aufweist. Das bei der Differenzbildung berücksichtigte kleinste Kostenelement der Zeile oder Spalte sei c_{pq}.

4. Nimm die Variable x_{pq} mit dem Wert $x_{pq} := \min\{a_p, b_q\}$ in die Basis auf und reduziere die zugehörigen Angebots- und Nachfragemengen $a_p := a_p - x_{pq}$ sowie $b_q := b_q - x_{pq}$. Falls danach $a_p = 0$ ist, markiere die Zeile p, ansonsten markiere die Spalte q und beginne erneut mit der Iteration.[2]

Abbruch: n−1 Spalten oder m−1 Zeilen sind markiert. Den in einer unmarkierten Zeile und einer unmarkierten Spalte stehenden Variablen werden die verbliebenen Restmengen zugeordnet.

Ergebnis: Eine zulässige Basislösung mit m+n−1 Basisvariablen.

* * * * *

Beispiel: Wir lösen dasselbe Problem wie mit der Nordwesteckenregel mit den Angebotsmengen $\mathbf{a} = (10, 8, 7)$, den Nachfragemengen $\mathbf{b} = (6, 5, 8, 6)$ und der Kostenmatrix in Tab. 4.4.

$$C = (c_{ij}) = \begin{bmatrix} 7 & 2 & 4 & 7 \\ 9 & 5 & 3 & 3 \\ 7 & 7 & 6 & 4 \end{bmatrix}$$

Tab. 4.4

		1	2	3	4	a_i	dz_i 1.It.	2.It.	3.It.	4.It.
	1		[5]	[5]		10 5	2	3	▨	
	2			[3]	[5]	8 5	0	0	0	6 ▨
	3	[6]			[1]	7	2	2	2	3
	b_j	6	5	8	6					
				3	1					
ds_j	1.It.	0	3	1	1					
	2.It.	0	▨	1	1					
	3.It.	2		3	1					
	4.It.	2		▨	1					

1. It.: $x_{12} = 5$, Spalte 2 markiert
2. It.: $x_{13} = 5$, Zeile 1 markiert
3. It.: $x_{23} = 3$, Spalte 3 markiert
4. It.: $x_{24} = 5$, Zeile 2 markiert

Tab. 4.5

2 In jeder Iteration wird also genau eine Zeile oder Spalte markiert, in Tab. 4.5 mit Schraffur versehen.

Bis zur vierten Iteration ergibt sich der in Tab. 4.5 wiedergegebene Lösungsgang mit den in Kästchen angegebenen Basisvariablen. Bei Abbruch des Verfahrens werden in der noch unmarkierten Zeile 3 die restlichen Basisvariablen $x_{31} = 6$ und $x_{34} = 1$ geschaffen. Alle übrigen Variablen sind Nichtbasisvariablen mit Wert 0. Die erhaltene zulässige Basislösung besitzt den Zielfunktionswert F = 100. In Kap. 4.1.3 werden wir feststellen, daß es sich hierbei um eine optimale Lösung handelt.

Wir formulieren nun eine Aussage, die es uns erlaubt, eine zulässige Basislösung des klassischen TPPs sehr anschaulich darzustellen.

Satz 4.2: Jede zulässige Basislösung eines TPPs ist als Baum darstellbar mit den m + n Anbietern und Nachfragern als Knoten und den m + n − 1 Basisvariablen als Kanten.

Abb. 4.2 a zeigt die Struktur der für unser Beispiel mit der Vogel'schen Approximations-Methode erhaltenen Basislösung; in Abb. 4.2 b ist sie deutlicher als Baum erkennbar. [3]

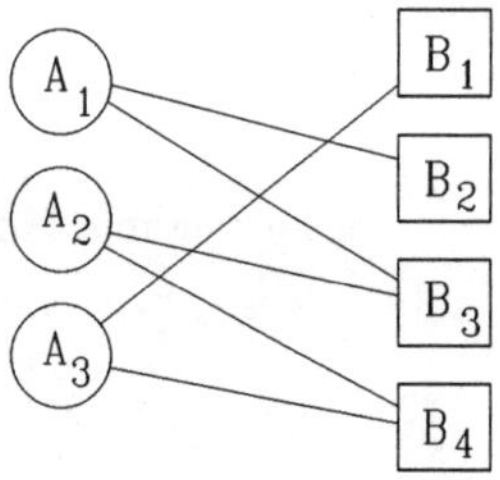

Abb. 4.2 a

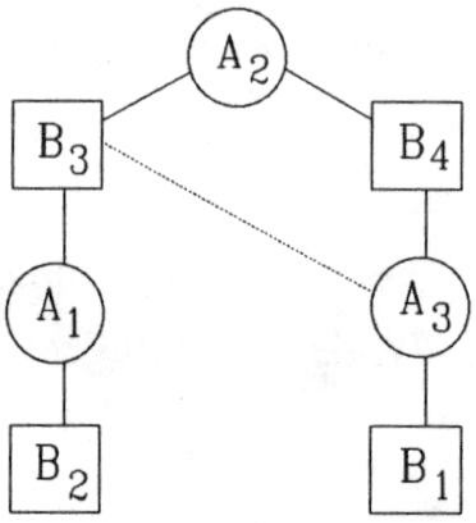

Abb. 4.2 b

Zur Begründung von Satz 4.2: Die Spaltenvektoren aus der Matrix der Nebenbedingungen von Variablen des TPPs, die (beim Versuch der Darstellung einer Basislösung als Baum) einen Kreis bilden würden, sind voneinander linear abhängig. In Abb. 4.2 b würde z.B. durch die Einbeziehung der Variablen x_{33} (Kante $[A_3, B_3]$) ein Kreis entstehen. Der zugehörige Spaltenvektor ließe sich durch die Spaltenvektoren der zum Kreis gehörenden Variablen x_{23}, x_{24} und x_{34} linear kombinieren. Zusammen mit der Aussage von Satz 4.1 folgt somit die Aussage von Satz 4.2.

4.1.3 Die MODI-Methode

Ausgehend von einer zulässigen Basislösung eines TPPs, liefert die MODI-Methode in endlich vielen Iterationen eine optimale Basislösung. Sie verwendet Optimalitätsbedingungen, die sich aus dem Satz 2.6 vom komplementären Schlupf ergeben. Für deren Formulierung benötigen wir zunächst das zu (4.1) – (4.4) **duale Problem** (zum Verständnis der Herleitung des dualen Problems ist das Beispiel in Tab. 4.1 nützlich):

---

3 Im allgemeinen besteht der einer zulässigen Basislösung entsprechende Baum nicht – wie im vorliegenden Beispiel – nur aus einer Kette; man bilde etwa den zu der Lösung in Tab. 4.9 gehörenden Baum.

$$\text{Maximiere } FD(\mathbf{u},\mathbf{v}) = \sum_{i=1}^{m} a_i u_i + \sum_{j=1}^{n} b_j v_j \tag{4.5}$$

unter den Nebenbedingungen

$$\boxed{x_{ij}} \qquad u_i + v_j \le c_{ij} \qquad \text{für alle i und j} \tag{4.6}$$

$$u_i, v_j \in \mathbb{R} \qquad \text{für alle i und j} \tag{4.7}$$

Aufgrund des Satzes vom komplementären Schlupf muß für optimale Lösungen **x** des primalen und $\{\mathbf{u},\mathbf{v}\}$ des dualen Problems gelten:

$$\left.\begin{array}{c} x_{ij} \cdot (c_{ij} - u_i - v_j) = 0 \\ \text{bzw.} \\ x_{ij} > 0 \Rightarrow u_i + v_j = c_{ij} \quad \text{und} \quad u_i + v_j < c_{ij} \Rightarrow x_{ij} = 0 \end{array}\right\} \tag{4.8}$$

Die MODI-Methode ermittelt, ausgehend von einer zulässigen Basislösung **x** des TPPs, zunächst Dualvariable u_i und v_j so, daß für alle Basisvariablen x_{ij} gilt:

$$x_{ij} \text{ ist Basisvariable } \Rightarrow u_i + v_j = c_{ij} \tag{4.9}$$

Danach wird geprüft, ob für alle Nichtbasisvariablen die Nebenbedingungen des dualen Problems ($u_i + v_j \le c_{ij}$) eingehalten werden. Ist dies der Fall, so sind beide Lösungen (die des primalen TPPs und die des dualen Problems) optimal. Ansonsten wählt man diejenige Nichtbasisvariable x_{pq} mit den kleinsten (negativen)

$$\textbf{Opportunitätskosten} \quad \bar{c}_{pq} := c_{pq} - u_p - v_q \tag{4.10}$$

(negativer Schlupf in der Nebenbedingung des dualen Problems) und nimmt sie an Stelle einer bisherigen Basisvariablen in die Basis auf. Die zur Bestimmung der Dualvariablen und zur Ausführung des Basistausches erforderlichen Schritte betrachten wir im folgenden.

Bestimmung von Dualvariablenwerten: Ausgehend von einer zulässigen Basislösung **x**, bildet man, um die Bedingung (4.9) zu erfüllen, ein lineares Gleichungssystem

$$u_i + v_j = c_{ij} \qquad \text{für alle i und j, deren } x_{ij} \text{ Basisvariable ist.}$$

Es enthält m + n Variablen u_i und v_j sowie m+n−1 Gleichungen (= Anzahl der Basisvariablen). Nutzt man den vorhandenen Freiheitsgrad, indem man einer der Dualvariablen den Wert 0 zuordnet, so läßt sich das verbleibende System sukzessive leicht lösen.

Berechnung von Opportunitätskosten für Nichtbasisvariablen x_{ij}: Man berechnet in den Nebenbedingungen (4.6) des dualen Problems den Schlupf (die Opportunitätskosten)

$$\bar{c}_{ij} := c_{ij} - u_i - v_j \qquad \text{für alle i und j, deren } x_{ij} \text{ Nichtbasisvariable ist.}$$

Die Opportunitätskosten $\bar{c}_{ij}$ sind ein Maß für den Kostenanstieg bei Erhöhung von x_{ij} um eine ME; vgl. auch Bem. 4.2.

Sind alle $\bar{c}_{ij} \geq 0$, so ist die Lösung $\{\mathbf{u}, \mathbf{v}\}$ zulässig für das duale Problem. Da auch die Lösung **x** des primalen Problems zulässig ist und die Optimalitätsbedingungen (4.8) erfüllt sind, hat man mit **x** eine *optimale* Lösung des TPPs gefunden.

Falls ein $\bar{c}_{ij} < 0$ existiert, ist dort die Nebenbedingung $u_i + v_j \leq c_{ij}$ verletzt. Durch Ausführung eines Basistausches wird eine neue, verbesserte zulässige Lösung des primalen Problems bestimmt.

Basistausch: Es wird genau eine Nichtbasisvariable an Stelle einer bisherigen Basisvariablen in die Basis aufgenommen. Wie beim Simplex-Algorithmus wählt man diejenige Nichtbasisvariable x_{pq} mit den kleinsten (negativen) Opportunitätskosten $\bar{c}_{pq}$. Die Variable x_{pq} sollte einen möglichst großen Wert annehmen, um eine größtmögliche Verbesserung des Zielfunktionswertes herbeizuführen. Dazu ist es erforderlich, die Transportmengen einiger Basisvariablen umzuverteilen; es muß jedoch darauf geachtet werden, daß keine dieser Variablen negativ wird.
Man findet im Transporttableau (ebenso wie in dem der Basislösung entsprechenden Baum nach Hinzufügen einer Verbindung [p, q]) genau einen Kreis, zu dem außer x_{pq} ausschließlich Basisvariablen gehören; genau diese sind von der Transportmengenänderung betroffen. Soll x_{pq} den Wert Δ erhalten, so sind die Werte der Variablen im Kreis abwechselnd um Δ zu senken bzw. zu erhöhen. Δ wird so groß gewählt, daß die kleinste der von einer Mengenreduzierung betroffenen Basisvariablen 0 wird. Diese Basisvariable verläßt für x_{pq} die Basis (bei mehreren zu 0 gewordenen Basisvariablen verläßt unter diesen eine beliebige die Basis). Auch die übrigen Variablen des Kreises sind durch Addition bzw. Subtraktion von Δ zu korrigieren. Man erhält dadurch eine neue zulässige Basislösung **x** für das TPP.

Nach dem Basistausch beginnt die MODI-Methode erneut mit der Bestimmung von Dualvariablenwerten.

Beispiel: Zur Veranschaulichung der MODI-Methode verwenden wir das Problem, für das wir in Kap. 4.1.2 bereits mit den heuristischen Eröffnungsverfahren zulässige Basislösungen bestimmt haben. Tab. 4.6 enthält erneut die Kostenmatrix C des Problems; in Tab. 4.7 sind die Werte der Basisvariablen (Zahlen in Kästchen) der mit der Nordwesteckenregel erhaltenen zulässigen Basislösung wiedergegeben.

$$C = \begin{bmatrix} 7 & 2 & 4 & 7 \\ 9 & 5 & 3 & 3 \\ 7 & 7 & 6 & 4 \end{bmatrix}$$

Tab. 4.6

	1	2	3	4	u_i
1	[6] −Δ	[4] +Δ	4	9	0
2	−1	[1] −Δ	[7] +Δ	2	3
3	−6 [+Δ]	−1	[1] −Δ	[6]	6
v_j	7	2	0	−2	

Tab. 4.7

Bestimmung von Dualvariablenwerten: Ausgehend von den Basisvariablen der in Tab. 4.7 enthaltenen Lösung, bilden wir das Gleichungssystem ($u_i + v_j = c_{ij}$):

$$u_1 + v_1 = 7, \qquad u_1 + v_2 = 2, \qquad u_2 + v_2 = 5,$$
$$u_2 + v_3 = 3, \qquad u_3 + v_3 = 6, \qquad u_3 + v_4 = 4.$$

Wählen wir $u_1 = 0$ (i.a. wird man diejenige Variable gleich 0 setzen, die im Gleichungssystem am häufigsten auftritt), so erhalten wir ferner $v_1 = 7$, $v_2 = 2$, $u_2 = 3$, $v_3 = 0$, $u_3 = 6$ und $v_4 = -2$ (siehe auch Tab. 4.7).

Berechnung von Opportunitätskosten: Die Opportunitätskosten $\bar{c}_{ij} := c_{ij} - u_i - v_j$ aller Nichtbasisvariablen x_{ij} sind in Tab. 4.7 (Zahlen ohne Kästchen) wiedergegeben.

Basistausch: Die bisherige Lösung **x** ist nicht optimal. Die kleinsten (negativen) Opportunitätskosten besitzt die Variable x_{31}. Sie wird neue Basisvariable. Soll sie einen positiven Wert erhalten, so ändert sich zugleich der Wert aller der zu dem in Tab. 4.7 skizzierten Kreis gehörenden Basisvariablen; vgl. hierzu auch Abb. 4.3. Als größtmöglichen Wert für x_{31} erhalten wir $\Delta = \min\{x_{11}, x_{22}, x_{33}\} = 1$. Nach Veränderung der Variablenwerte im Kreis entfernen wir x_{22} aus der Basis. Die Entfernung von x_{33} wäre alternativ möglich, wir behalten sie jedoch mit dem Wert 0 in der Basis. Die neue zulässige Basislösung ist in Tab. 4.8 wiedergegeben.

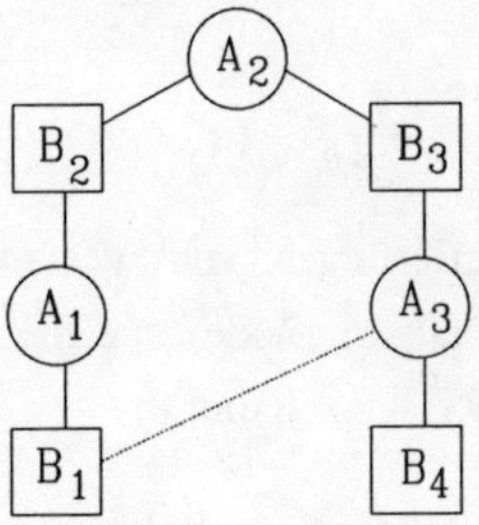

Abb. 4.3

Nach Ausführung einer weiteren Iteration der MODI-Methode erhalten wir die in Tab. 4.9 angegebene optimale Basislösung mit dem Zielfunktionswert F = 100.

	1	2	3	4	u_i
1	[5] −Δ	[5]	−2 [+Δ]	3	0
2	5	6	[8]	2	−3
3	[1] +Δ	5	[0] −Δ	[6]	0
v_j	7	2	6	4	

Tab. 4.8

	1	2	3	4	u_i
1	[5]	[5]	[0]	3	0
2	3	4	[8]	0	−1
3	[1]	5	2	[6]	0
v_j	7	2	4	4	

Tab. 4.9

Bemerkung 4.1: Im obigen Beispiel sind mehrere Sonderfälle enthalten:

1. Tab. 4.8 und 4.9 enthalten jeweils eine *primal degenerierte* Basislösung, da in beiden Fällen eine Basisvariable den Wert 0 besitzt.

2. Im Optimaltableau Tab. 4.9 besitzt die Nichtbasisvariable x_{24} die Opportunitätskosten 0 (*duale Degeneration*). Somit existiert eine weitere optimale Basislösung. Führt man einen Basistausch unter Aufnahme von x_{24} in die Basis aus, so erhält man als zweite optimale Basislösung die mit der Vogel'schen Approximations-Methode ermittelte.

3. Die realen Transportmengen in Tab. 4.8 und 4.9 sind identisch, jedoch wird in Tab. 4.8 die primale Lösung nicht als optimal identifiziert, da die zugehörige duale Lösung noch unzulässig ist.

Bemerkung 4.2: Die Opportunitätskosten einer Nichtbasisvariablen, die wir über die Formel (4.10) berechnet haben, erhält man ebenso durch Betrachtung der Kosten der sich in ihrem Kreis befindlichen Variablen. Für obiges Beispiel erhalten wir in der ersten Iteration (siehe Tab. 4.7):

$$\bar{c}_{31} = c_{31} - c_{11} + c_{12} - c_{22} + c_{23} - c_{33} = 7 - 7 + 2 - 5 + 3 - 6 = -6$$

Daß Formel (4.10) und diese alternative Berechnungsweise stets zu denselben Ergebnissen führen, erkennt man durch Substitution von c_{ij} durch $(u_i + v_j)$ – wegen (4.9) – für alle Basisvariablen x_{ij}:

$$\bar{c}_{31} = c_{31} - (u_1 + v_1) + (u_1 + v_2) - (u_2 + v_2) + (u_2 + v_3) - (u_3 + v_3) = c_{13} - u_1 - v_3$$

Bemerkung 4.3: Effiziente Implementierungen von Verfahren zur Lösung des klassischen TPPs (Eröffnungsverfahren und MODI-Methode) speichern jede Basislösung des TPPs als Baum; vgl. dazu etwa Domschke (1995, Kap. 6 und 8).

4.2 Das lineare Zuordnungsproblem

Beim linearen Zuordnungsproblem handelt es sich um ein spezielles klassisches Transportproblem mit $m = n$ und $a_i = 1$ sowie $b_j = 1$ für alle i und j.

Beispiel: n Arbeitern sollen n Tätigkeiten bei bekannten (Ausführungs-) Kosten c_{ij} so zugeordnet werden, daß gilt:

(1) Jeder Arbeiter führt genau eine Tätigkeit aus; umgekehrt muß jede Tätigkeit genau einem Arbeiter zugeordnet werden.

(2) Der ermittelte Arbeitsplan ist kostenminimal unter allen bzgl. (1) zulässigen Plänen.

Wählen wir Variable x_{ij} mit der Bedeutung

$$x_{ij} = \begin{cases} 1 & \text{falls dem Arbeiter i die Tätigkeit j zugeordnet wird} \\ 0 & \text{sonst} \end{cases}$$

so läßt sich das lineare Zuordnungsproblem mathematisch wie folgt formulieren:

$$\text{Minimiere } F(\mathbf{x}) = \sum_{i=1}^{n} \sum_{j=1}^{n} c_{ij} x_{ij} \tag{4.11}$$

unter den Nebenbedingungen

$$\sum_{j=1}^{n} x_{ij} = 1 \qquad \text{für } i = 1,...,n \tag{4.12}$$

$$\sum_{i=1}^{n} x_{ij} = 1 \qquad \text{für } j = 1,...,n \tag{4.13}$$

$$x_{ij} \in \{0,1\} \qquad \text{für alle i und j} \tag{4.14}$$

Wegen der speziellen Struktur des Nebenbedingungssystems (4.12) – (4.13) – alle Koeffizienten der Variablen sind 0 oder 1 – kann (4.14) auch durch Nichtnegativitätsbedingungen $x_{ij} \geq 0$ ersetzt werden. Lösungsverfahren, wie z.B. der Simplex-Algorithmus, würden stets ganzzahlige Lösungen liefern; die Pivotelemente jeder Iteration des Simplex-Algorithmus besitzen den Wert 1.

Als der speziellen Modellstruktur angepaßte und dafür effizientere Lösungsverfahren sind v.a. die **Ungarische Methode** und das Verfahren von Tomizawa (1971) zu nennen; vgl. dazu Burkard und Derigs (1980), Carpaneto et al. (1988), Derigs (1988) sowie Domschke (1995). Weitere Vorgehensweisen sind in Bertsekas (1991) enthalten. Grundsätzlich sind auch die Verfahren zur Lösung des klassischen TPPs anwendbar.

4.3 Umladeprobleme

Ein Umladeproblem läßt sich allgemein wie folgt formulieren:

Gegeben sei ein bewerteter, gerichteter Graph $G = (V, E, c)$; siehe Abb. 4.4. Seine Knotenmenge sei $V = V_a \cup V_b \cup V_u$ mit disjunkten Teilmengen V_a (Angebotsknoten), V_b (Nachfrageknoten) und V_u (Umladeknoten).

In Knoten $i \in V_a$ mögen a_i ME eines bestimmten Gutes angeboten und in Knoten $i \in V_b$ genau b_i ME dieses Gutes nachgefragt werden; in jedem Knoten $i \in V_u$ möge das Gut weder angeboten noch nachgefragt werden. Ferner gelte $\sum_{i \in V_a} a_i = \sum_{i \in V_b} b_i$.

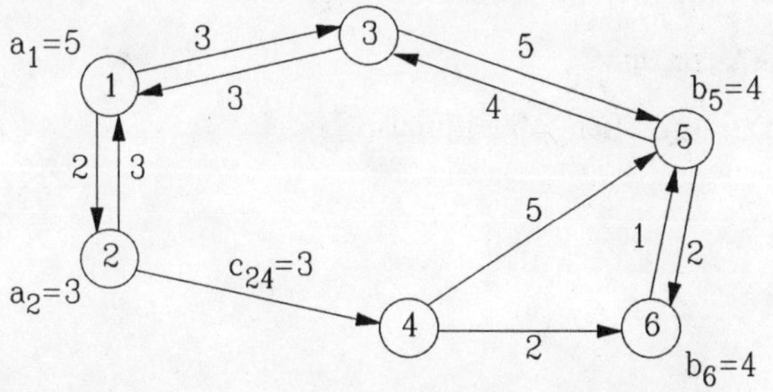

Abb. 4.4

Die Kosten für den Transport einer ME des Gutes von Knoten i nach Knoten j, mit $(i,j) \in E$, sollen c_{ij} GE betragen.

Gesucht sei ein kostenminimaler Transportplan so, daß alle Nachfragen befriedigt und alle Angebote ausgeschöpft werden.

Bezeichnen wir mit x_{ij} die von i nach j zu transportierenden ME, so läßt sich das Problem mathematisch wie folgt formulieren:

$$\text{Minimiere } F(\mathbf{x}) = \sum_{(i,j)\in E} c_{ij}\, x_{ij} \tag{4.15}$$

unter den Nebenbedingungen

$$-\sum_{(h,i)\in E} x_{hi} + \sum_{(i,j)\in E} x_{ij} = \begin{cases} a_i & \text{für alle } i \in V_a \\ -b_i & \text{für alle } i \in V_b \\ 0 & \text{für alle } i \in V_u \end{cases} \tag{4.16}$$

$$x_{ij} \geq 0 \qquad \text{für alle } (i,j) \in E \tag{4.17}$$

(4.15) minimiert die Summe der auf allen Pfeilen $(i,j) \in E$ des Graphen anfallenden Transportkosten. (4.16) formuliert Flußerhaltungsbedingungen für alle Knoten des Graphen. Im einzelnen muß also für jeden Angebotsknoten $i \in V_a$ gelten, daß a_i ME (ggf. vermehrt um von anderen Angebotsknoten zu Knoten i transportierte ME) über die Pfeile $(i,j) \in E$ abtransportiert werden. Analog müssen zu jedem Nachfrageknoten $i \in V_b$ genau b_i ME über die Pfeile $(h,i) \in E$ gelangen. In Umladeknoten $i \in V_u$ muß die Summe der eingehenden ME der Summe der ausgehenden ME entsprechen.

Bemerkung 4.4: Ein Spezialfall des Umladeproblems ist das *zweistufige Transportproblem*. Der Graph G besitzt in diesem Fall die Eigenschaft, daß ausschließlich Transportverbindungen (h,i) mit $h \in V_a$ und $i \in V_u$ sowie Verbindungen (i,j) mit $i \in V_u$ und $j \in V_b$ existieren.

Zur Lösung von Umladeproblemen wurden zahlreiche Verfahren entwickelt; vgl. z.B. Bertsekas und Tseng (1988), Derigs (1988), Bazaraa et al. (1990), Ahuja et al. (1993) oder Domschke (1995):

- primale Verfahren (analog zur MODI-Methode für klassische Transportprobleme; Implementierungen dieser Verfahren nutzen die Baumstruktur von Basislösungen aus),
- Inkrementgraphen-Algorithmen,
- der primal-duale Out-of-Kilter-Algorithmus.

Literatur zu Kapitel 4

Ahuja et al. (1993);
Bazaraa et al. (1990);
Bertsekas (1991);
Bertsekas und Tseng (1988);
Burkard und Derigs (1980);
Carpaneto et al. (1988);
Derigs (1988);
Domschke (1995);
Neumann (1975 b);
Neumann und Morlock (1993);
Ohse (1989);
Tomizawa (1971).

Kapitel 5: Netzplantechnik

Die Netzplantechnik ist eines der für die Praxis wichtigsten Teilgebiete des Operations Research. Nach einer kurzen Einführung und der Darstellung wichtiger Definitionen beschreiben wir in Kap. 5.2 bzw. in Kap. 5.3 die grundlegenden Vorgehensweisen der Struktur- und Zeitplanung in Vorgangsknoten- bzw. Vorgangspfeilnetzplänen. Anschließend schildern wir in Kap. 5.4 bzw. in Kap. 5.5 jeweils ein klassisches Modell der Kosten- bzw. Kapazitätsoptimierung.

5.1 Einführung und Definitionen

Netzplantechnik (NPT) dient dem Management (dh. der Planung und der Kontrolle) komplexer Projekte. Beispiele hierfür sind:

- Projekte im Bereich Forschung und Entwicklung (eines neuen Kraftfahrzeugs, eines neuen Flugzeugs, ...)
- Bauprojekte (Schiffe, Kraftwerke, Fabriken, ...)
- Projekte der betrieblichen Organisation (Einführung von EDV, ...)
- Kampagnen (Werbe- oder Wahlkampagnen, ...)
- Planung von Großveranstaltungen (Olympiaden, Weltmeisterschaften, ...)

Die ersten Methoden der NPT wurden in den 50-er Jahren entwickelt, nämlich:

- CPM (Critical Path-Method), USA 1956
- MPM (Metra Potential-Method), Frankreich 1957
- PERT (Program Evaluation and Review Technique), 1956 in den USA für die Entwicklung der Polarisrakete eingeführt

Diese Methoden wurden seitdem auf vielfältige Weise modifiziert, und neue kamen hinzu. Im folgenden wollen wir keine dieser Methoden im Detail darstellen; vielmehr erläutern wir die ihnen gemeinsamen Grundlagen und Elemente.

Mit NPT zu planende Projekte lassen sich in der Regel in zahlreiche einzelne Aktivitäten (Tätigkeiten, Arbeitsgänge) unterteilen. Man bezeichnet diese Aktivitäten als Vorgänge. In Normblatt DIN 69900 wird festgelegt:

Ein **Vorgang** ist ein zeiterforderndes Geschehen mit definiertem Anfang und Ende.

Ein **Ereignis** ist ein Zeitpunkt, der das Eintreten eines bestimmten Projektzustandes markiert.

Zu jedem Vorgang gehören ein Anfangs- und ein Endereignis. Ein Projekt beginnt mit einem **Startereignis** (Projektanfang) und endet mit einem **Endereignis** (Projektende).

Ereignisse, denen bei der Projektdurchführung eine besondere Bedeutung zukommt, werden als **Meilensteine** bezeichnet. Bei einem Bauprojekt ist z.B. die Fertigstellung des Rohbaues ein Meilenstein.

Vorgänge und Ereignisse bezeichnet man als **Elemente** eines Netzplans.

Außer Elementen sind bei der Durchführung eines Projektes **Reihenfolgebeziehungen** (Anordnungs- oder Vorgänger-Nachfolger-Beziehungen) zwischen Vorgängen bzw. Ereignissen zu berücksichtigen.

Ein **Netzplan** ist, falls man parallele Pfeile vermeidet, ein Digraph mit Pfeil- und/oder Knotenbewertungen. Er enthält die vom Planer als wesentlich erachteten Elemente und deren Reihenfolgebeziehungen, dh. er gibt die *Struktur* des Projektes wieder. Was dabei als Knoten und was als Pfeil des Graphen dargestellt wird, erläutern wir, wenn wir uns in Kap. 5.2.1 bzw. in Kap. 5.3.1 mit der **Strukturplanung** in Vorgangsknoten- bzw. -pfeilnetzplänen beschäftigen.

Neben Knoten und Pfeilen enthält ein Netzplan Knoten- und/oder Pfeilbewertungen in Form von Bearbeitungszeiten für Vorgänge und von evtl. einzuhaltenden minimalen oder maximalen Zeitabständen zwischen aufeinanderfolgenden Vorgängen. Sie sind wichtige Inputgrößen der **Zeit**- oder **Terminplanung** (vgl. Kap. 5.2.2 bzw. Kap. 5.3.2). Darüber hinaus ist es mit Hilfe der NPT möglich, eine **Kosten**- und/oder **Kapazitätsplanung** für Projekte durchzuführen; vgl. Kap. 5.4 und 5.5.

Methoden der NPT lassen sich unterteilen in deterministische und stochastische Vorgehensweisen (siehe auch Abb. 5.1).

Bei **deterministischen** Methoden ist jeder Vorgang des Netzplans auszuführen. Vorgangsdauern und minimale bzw. maximale zeitliche Abstände zwischen Vorgängen werden als bekannt vorausgesetzt. Zu dieser Gruppe zählen z.B. CPM und MPM.

Stochastische Methoden lassen sich weiter unterteilen in

a) Methoden, die deterministische Vorgänge (jeder Vorgang ist auszuführen) und stochastische Vorgangsdauern (bzw. zeitliche Abstände) berücksichtigen, und

b) Methoden, bei denen im Gegensatz zu a) jeder Vorgang nur mit einer gewissen Wahrscheinlichkeit ausgeführt werden muß.

Zur Gruppe a) zählt z.B. PERT. Zur Gruppe b) gehört ein vor allem bei der Planung und Kontrolle von Forschungs- und Entwicklungsprojekten eingesetztes Verfahren, das unter dem Kürzel GERT (Graphical Evaluation and Review Technique) bekannt ist.

Stochastische Methoden der NPT erfordern i.a. vergleichsweise umfangreiche (mathematische) Analysen. Aus diesem Grunde überwiegen in der Praxis bei weitem deterministische

Methoden. Wir verzichten an dieser Stelle auf die Beschreibung stochastischer Vorgehensweisen. Bzgl. PERT verweisen wir auf Neumann (1975b) und Gaul (1981), bzgl. GERT auf Neumann (1990). In Kap. 10.5.2 zeigen wir, wie die Simulation zur näherungsweisen Auswertung stochastischer Netzpläne eingesetzt werden kann.

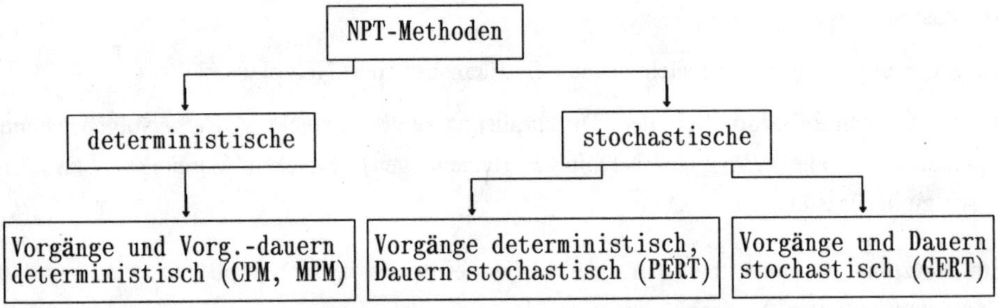

Abb. 5.1

Nach der Art der Darstellung des Netzplans lassen sich Methoden der NPT ferner klassifizieren in solche mit *vorgangs-* und solche mit *ereignisorientierten* Netzplänen (vgl. Abb. 5.2). Die vorgangsorientierten Netzpläne lassen sich weiter unterteilen in **Vorgangsknotennetzpläne** (die Vorgänge werden als Knoten des Graphen dargestellt; vgl. Kap. 5.2) und in **Vorgangspfeilnetzpläne** (die Vorgänge werden als Pfeile des Graphen dargestellt; vgl. Kap. 5.3). Die weitere Unterteilung von ereignisorientierten Netzplänen in knoten- und pfeilorientierte Netzpläne wäre ebenfalls denkbar; verwendet wurden bislang jedoch nur knotenorientierte Netzpläne (Ereignisse werden als Knoten dargestellt).

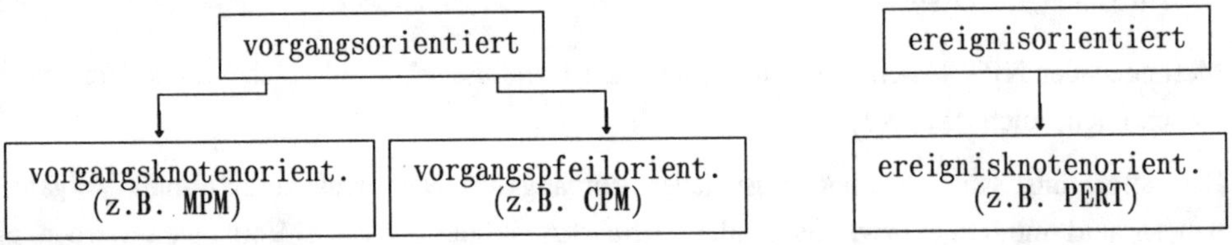

Abb. 5.2

Abb. 5.3 (vgl. auch Schwarze (1994, S. 29)) zeigt die im Rahmen des *Projektmanagements* mittels NPT (ohne Kosten- und Kapazitätsplanung) unterscheidbaren Planungs- und Durchführungsphasen. Die von unten nach oben führenden Pfeile deuten an, daß während einer nachgeordneten Phase unter Umständen Korrekturen der Planung von vorgeordneten Phasen erforderlich sind. Insbesondere gilt, daß die Zeitplanung auch Auswirkungen auf die ihr vorgelagerte Strukturplanung besitzt. Aus diesem Grunde werden wir im folgenden von Anfang an Bearbeitungszeiten für Vorgänge und minimale bzw. maximale Zeitabstände zwischen Vorgängen mit berücksichtigen.

Wir beschreiben nun die Vorgehensweisen der Struktur- und Zeitplanung. Wir beginnen mit Ausführungen über Vorgangsknotennetzpläne und wenden uns anschließend Vorgangspfeilnetzplänen zu. Dabei werden wir sehen, daß knotenorientierte Netzpläne

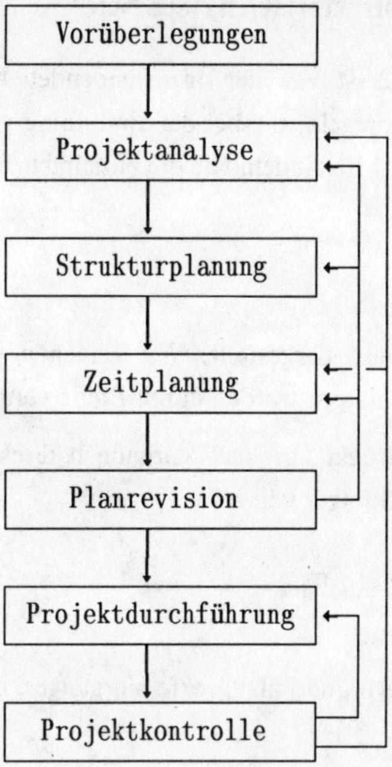

Abb. 5.3

gegenüber pfeilorientierten wegen ihrer konzeptionellen Einfachheit deutliche Vorteile besitzen. Dies überrascht angesichts der Tatsache, daß sich Vorgangspfeilnetzpläne nach wie vor großer Beliebtheit in der Praxis erfreuen, und ist nur unter entwicklungsgeschichtlichen Gesichtspunkten zu verstehen.

5.2 Struktur- und Zeitplanung mit Vorgangsknotennetzplänen

5.2.1 Strukturplanung

Wie oben erwähnt, beschäftigen wir uns im folgenden ausschließlich mit deterministischen Methoden der NPT.

Die *Strukturplanung* für ein Projekt läßt sich in *zwei Phasen* unterteilen:

Phase 1: Zerlegen des Projektes in Vorgänge und Ereignisse und Ermitteln von Reihenfolgebeziehungen zwischen Vorgängen bzw. Ereignissen. In der Regel muß man sich bereits in dieser Phase der Strukturplanung über Vorgangsdauern und gegebenenfalls zeitliche (Mindest- und/oder Maximal-) Abstände zwischen Vorgängen bzw. Ereignissen Gedanken machen.

Die Phase 1 wird wesentlich durch das jeweilige Projekt bestimmt. Sie wird aber auch bereits durch die NPT-Methode, die angewendet werden soll, beeinflußt. Über die Vorgehensweise in dieser Phase lassen sich kaum allgemeingültige Aussagen treffen.

Den Abschluß der Phase 1 bildet die Erstellung einer *Vorgangsliste*.

Phase 2: Abbildung der Ablaufstruktur durch einen Netzplan.

Die Vorgehensweise in Phase 2 ist von der anzuwendenden NPT-Methode abhängig. Wir beschreiben im folgenden Grundregeln, die bei der Erstellung von Vorgangsknotennetzplänen anzuwenden sind. In Kap. 5.3.1.1 behandeln wir die entsprechenden Regeln für Vorgangspfeilnetzpläne.

5.2.1.1 Grundregeln

(1) **Vorgänge** werden als **Knoten** dargestellt. Wir zeichnen jeden (Vorgangs-) Knoten als Rechteck. Reihenfolgebeziehungen werden durch Pfeile veranschaulicht.

Die folgende Darstellung drückt aus, daß Vorgang h direkter Vorgänger von Vorgang i und Vorgang i direkter Nachfolger von h ist.

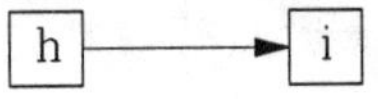

(2) Vorgang j hat die Vorgänge h und i als direkte Vorgänger, dh. $\mathcal{V}(j) = \{h,i\}$.

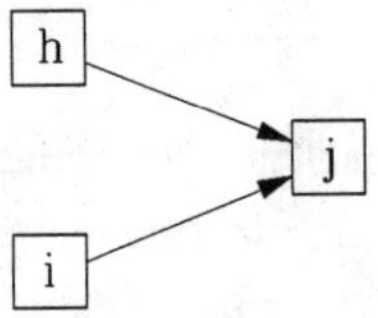

(3) Vorgang h hat die Vorgänge i und j als direkte Nachfolger, dh. $\mathcal{N}(h) = \{i,j\}$.

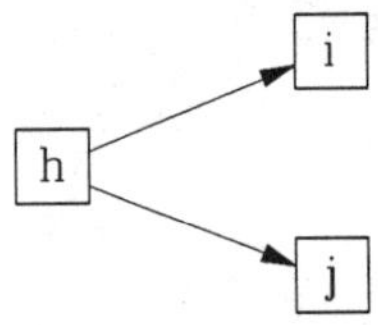

(4) Soll der Beginn von Vorgang i mit der Beendigung eines bestimmten Anteils von Vorgang h gekoppelt sein, so kann h in zwei Teilvorgänge h_1 (nach dessen Beendigung i beginnen darf) und h_2 unterteilt werden.

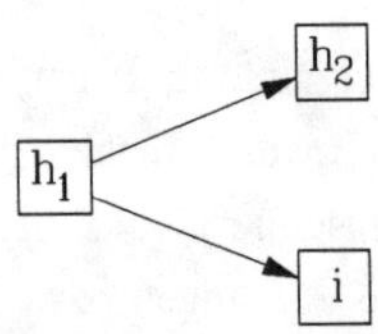

Eine weitere, einfachere Darstellungsmöglichkeit geben wir in Kap. 5.2.1.3 an.

(5) Falls ein Projekt mit mehreren Vorgängen zugleich begonnen und/oder beendet werden kann, führen wir einen *Scheinvorgang Beginn* und/oder einen *Scheinvorgang Ende*, jeweils mit der Dauer 0, ein.

Diese Vorgehensweise ist nicht unbedingt erforderlich, sie vereinfacht jedoch im folgenden die Darstellung.

5.2.1.2 Transformation von Vorgangsfolgen

Für zwei Vorgänge h und i mit $i \in \mathcal{N}(h)$ lassen sich **zeitliche Mindest- und/oder Maximalabstände** angeben. Dabei können die in Tab. 5.1 zusammengefaßten Abstandsangaben unterschieden werden.

Beschreibung	Bezeichnung	Zeitangabe
Mindestabstand von Anfang h bis Anfang i	Anfangsfolge	d^A_{hi}
Maximalabstand von Anfang h bis Anfang i	Anfangsfolge	$\bar{d}^A_{hi}$
Mindestabstand von Ende h bis Anfang i	Normalfolge	d_{hi}
Maximalabstand von Ende h bis Anfang i	Normalfolge	$\bar{d}_{hi}$
Mindestabstand von Ende h bis Ende i	Endfolge	d^E_{hi}
Maximalabstand von Ende h bis Ende i	Endfolge	$\bar{d}^E_{hi}$
Mindestabstand von Anfang h bis Ende i	Sprungfolge	d^S_{hi}
Maximalabstand von Anfang h bis Ende i	Sprungfolge	$\bar{d}^S_{hi}$

Tab. 5.1

Für einen Planer kann es durchaus nützlich sein, über alle oder mehrere der acht Darstellungsformen für zeitliche Abstände zwischen Vorgängen zu verfügen. In unseren weiteren Ausführungen werden wir uns jedoch auf Mindestabstände d_{hi} bei Normalfolge beschränken; denn jede andere Darstellungsform für zeitliche Abstände läßt sich in diese transformieren. Wir wollen dies anhand dreier Beispiele veranschaulichen (transformierte Pfeile sind gestrichelt gezeichnet). t_i sei die (deterministische) **Dauer** von Vorgang i.

(1) 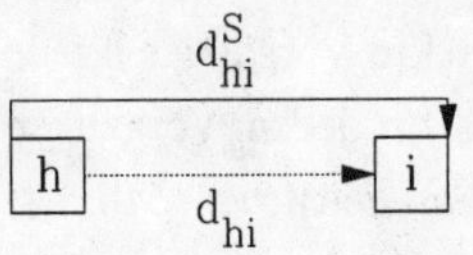

$d^S_{hi} = d_{hi} + t_h + t_i$ oder $d_{hi} = d^S_{hi} - t_h - t_i$

(2) 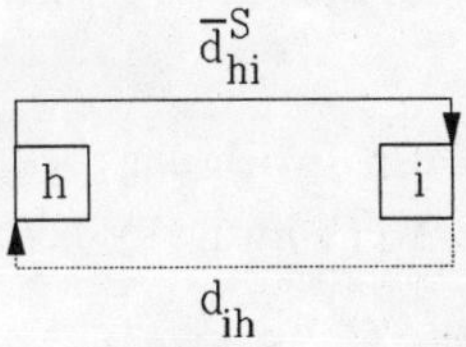

$d_{ih} = -\bar{d}^S_{hi}$

(3) 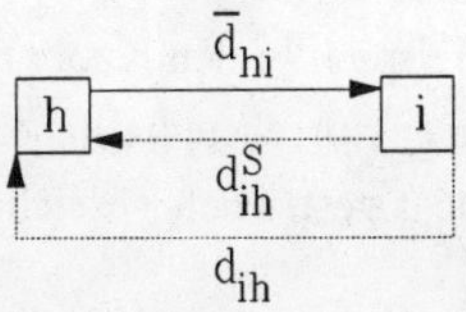

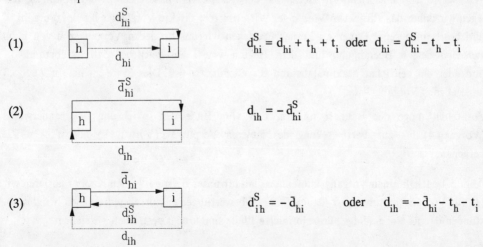

$d^S_{ih} = -\bar{d}_{hi}$ oder $d_{ih} = -\bar{d}_{hi} - t_h - t_i$

Zur Erläuterung: Aus einem Maximalabstand entsteht also ein Mindestabstand durch Umdrehen des Richtungssinnes des Pfeiles und Multiplikation der Pfeilbewertung mit −1. Durch geeignete Korrektur um die Vorgangsdauer(n) läßt sich dann ein Mindestabstand bei Normalfolge herstellen.

In Tab. 5.2 sind sämtliche Umrechnungsformeln wiedergegeben; zu deren Herleitung vgl. auch Kap. 5.2.2.3.

gegebener Wert	umgerechnet zu
d^A_{hi}	$d_{hi} = d^A_{hi} - t_h$
$\bar{d}^A_{hi}$	$d_{ih} = -\bar{d}^A_{hi} - t_i$
d_{hi}	d_{hi}
$\bar{d}_{hi}$	$d_{ih} = -\bar{d}_{hi} - t_h - t_i$
d^E_{hi}	$d_{hi} = d^E_{hi} - t_i$
$\bar{d}^E_{hi}$	$d_{ih} = -\bar{d}^E_{hi} - t_h$
d^S_{hi}	$d_{hi} = d^S_{hi} - t_h - t_i$
$\bar{d}^S_{hi}$	$d_{ih} = -\bar{d}^S_{hi}$

Tab. 5.2

5.2.1.3 Beispiel

Wir betrachten als Demonstrationsbeispiel für die nachfolgenden Ausführungen das Projekt "Bau einer Garage"; siehe dazu auch Gal und Gehring (1981, S. 106).

Wir wollen *vorgangsorientierte* Netzpläne entwickeln. In Phase 1 der Strukturplanung zerlegen wir daher das Projekt in Vorgänge. Wir ermitteln direkte Vorgänger h jedes Vorgangs i und bestimmen seine Dauer t_i. Ferner überlegen wir uns für jeden Vorgänger h von i, ob zwischen dessen Beendigung und dem Beginn von i ein zeitlicher Mindestabstand d_{hi} und/oder ein zeitlicher Maximalabstand $\bar{d}_{hi}$ einzuhalten ist. Dies führe zu der in Tab. 5.3 angegebenen Vorgangsliste.

Zusätzlich möge der Bauherr fordern, daß vom Ende der Errichtung des Mauerwerks (Vorgang 4) bis zur Fertigstellung des äußeren Verputzes (Vorgang 9) höchstens 6 ZE vergehen.

Abb. 5.4 enthält einen Vorgangsknotennetzplan für unser Beispiel. In den Knoten notieren wir i/t_i für Vorgangsnummer und -dauer. Die Pfeilbewertungen entsprechen zeitlichen Mindestabständen d_{hi} bei Normalfolge. Transformierte Pfeile sind erneut gestrichelt gezeichnet.

i	Vorgangsbeschreibung	t_i	$h \in \mathcal{V}(i)$	d_{hi}	$\bar{d}_{hi}$
1	Aushub der Fundamente	1	–	–	–
2	Gießen der Fundamente	2	1	0	–
3	Verlegung elektr. Erdleitg.	2	2	–1	–
4	Mauern errichten	3	2	1	–
5	Dach decken	2	4	0	2
6	Boden betonieren	3	3	0	–
			4	1	–
7	Garagentor einsetzen	1	5	0	–
8	Verputz innen	2	6	1	–
			7	0	–
9	Verputz außen	2	7	0	–
10	Tor streichen	1	8	0	–
			9	0	–

Tab. 5.3

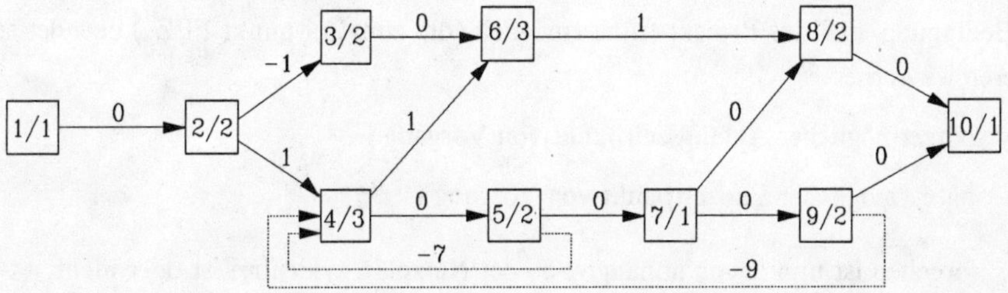

Abb. 5.4

Bemerkung 5.1: Der Mindestabstand $d_{23} = -1$ besagt, daß mit der Verlegung der elektrischen Erdleitung bereits begonnen werden kann, wenn das Gießen der Fundamente erst zur Hälfte beendet ist. Durch Berücksichtigung dieser Pfeilbewertung d_{23} können wir darauf verzichten, Vorgang 2 in zwei Teilvorgänge – wie in Punkt (4) von Kap. 5.2.1.1 geschildert – aufzuspalten. Die Maximalabstände $\bar{d}_{45} = 2$ und $\bar{d}^E_{49} = 6$ führen zu $d_{54} = -7$ bzw. $d_{94} = -9$.

5.2.2 Zeitplanung

Gegenstand der **Zeitplanung** (oder *Terminplanung*) für Vorgangsknotennetzpläne ist die Bestimmung frühester und spätester Anfangs- und Endzeitpunkte für Vorgänge, die Ermittlung der Projektdauer sowie die Berechnung von Zeitreserven (*Pufferzeiten*).

Grundlage der Zeitplanung ist die Schätzung von Vorgangsdauern und zeitlichen Abständen. Sie sollte – wie bereits in Kap. 5.2.1 ausgeführt – in der Regel schon im Zusammenhang mit der Strukturplanung erfolgen. Bei deterministischen Verfahren wird für jede Dauer und für jeden zeitlichen Abstand genau ein Wert geschätzt. Dies kann anhand von Aufzeichnungen für ähnliche Projekte aus der Vergangenheit oder durch subjektive Schätzungen erfolgen.

Wir beschreiben zunächst effiziente Verfahren zur Ermittlung frühester und spätester Zeitpunkte in Netzplänen. Danach folgen Formeln zur Bestimmung von Pufferzeiten sowie eine Formulierung des Problems der Bestimmung frühester Zeitpunkte als lineares Optimierungsproblem.

5.2.2.1 Ermittlung frühester und spätester Zeitpunkte

Wir gehen von folgenden **Annahmen und Bezeichnungen** aus:

Der auszuwertende Netzplan enthalte die Knoten (Vorgänge) $i = 1,...,n$. Knoten 1 sei die einzige Quelle, Knoten n die einzige Senke des Netzplans. Ferner gelte:

t_i Dauer des Vorgangs i

d_{hi} zeitlicher Mindestabstand zwischen Vorgang h und Vorgang i bei Normalfolge

FAZ_i frühestmöglicher Anfangszeitpunkt von Vorgang i

FEZ_i frühestmöglicher Endzeitpunkt von Vorgang i

$FAZ_1 := 0$

Unter der Bedingung, daß das Projekt frühestmöglich (dh. zum Zeitpunkt FEZ_n) beendet sein soll, definieren wir ferner:

SAZ_i spätestmöglicher Anfangszeitpunkt von Vorgang i

SEZ_i spätestmöglicher Endzeitpunkt von Vorgang i

Das weitere Vorgehen ist nun davon abhängig, ob der Netzplan zyklenfrei ist oder nicht.

Rechenregeln für zyklenfreie Netzpläne

In einem zyklenfreien Netzplan $G = (V,E)$ lassen sich die Knoten i so von 1 bis n numerieren, daß für alle Pfeile $(h,i) \in E$ die Beziehung $h < i$ gilt. Eine solche Sortierung nennt man **topologisch.** Man überlegt sich leicht, daß bei Vorliegen von Zyklen keine topologische Sortierung möglich ist.

Für topologisch sortierte Netzpläne lassen sich die Zeiten FAZ_i und FEZ_i in einer **Vorwärtsrechnung** wie folgt bestimmen:

$$\left.\begin{array}{l} FEZ_i := FAZ_i + t_i \\ FAZ_i := \max\{FEZ_h + d_{hi} \mid h \in \mathcal{V}(i)\} \end{array}\right\} \quad (5.1)$$

Setzt man $SEZ_n := FEZ_n$, so lassen sich nunmehr die Zeiten SAZ_i und SEZ_i in einer **Rückwärtsrechnung** wie folgt ermitteln:

$$\left.\begin{array}{l} SAZ_i := SEZ_i - t_i \\ SEZ_i := \min\{SAZ_j - d_{ij} \mid j \in \mathcal{N}(i)\} \end{array}\right\} \quad (5.2)$$

Beispiel: Vernachlässigen wir im Netzplan der Abb. 5.4 die Verbindungen (5,4) und (9,4), so stellt die Knotennumerierung eine topologische Sortierung dar, und wir erhalten folgende Zeiten:

Vorgang i	1	2	3	4	5	6	7	8	9	10
FAZ_i	0	1	2	4	7	8	9	12	10	14
FEZ_i	1	3	4	7	9	11	10	14	12	15
SEZ_i	1	3	8	7	11	11	12	14	14	15
SAZ_i	0	1	6	4	9	8	11	12	12	14

Tab. 5.4

Verfahren für Netzpläne mit Zyklen nichtpositiver Länge

Der zeitlich **"längste" Weg** vom Projektanfang bis zum Projektende (Addition der Knoten- und Pfeilbewertungen) bestimmt die Dauer eines Projektes. Dies gilt unter der Voraussetzung $t_i > |d_{hi}|$, falls $d_{hi} < 0$.

Zur Berechnung längster Wege in Netzplänen lassen sich Kürzeste-Wege-Verfahren in modifizierter Form verwenden, wobei sich für Netzpläne mit Zyklen v.a. eine Modifikation des FIFO-Algorithmus eignet; vgl. Kap. 3.2.1. Wir gehen im folgenden o.B.d.A. davon aus, daß ein eindeutiger Projektanfang mit Vorgang 1 (Quelle) und ein eindeutiges Projektende mit Vorgang n (Senke) gegeben ist. Die Variante "FIFO-knotenorientiert-Vorwärtsrechnung" errechnet längste Wege von der Quelle zu allen anderen Knoten durch Bestimmung von FAZ_i und FEZ_i; "FIFO-knotenorientiert-Rückwärtsrechnung" ermittelt längste Wege von allen Knoten zur Senke durch Bestimmung von SAZ_i und SEZ_i.

FIFO-knotenorientiert-Vorwärtsrechnung

Voraussetzung: Ein Vorgangsknotennetzplan mit n Knoten; Knoten 1 sei einzige Quelle und Knoten n einzige Senke des Netzplans; Vorgangsdauern t_i und zeitliche Mindestabstände d_{hi} bei Normalfolge; Felder FAZ[1..n], FEZ[1..n], S[1..n]; Zeiger SK und SE.

Start: FAZ[i] := $-\infty$ für alle i = 2,...,n;
FAZ[1] := 0; FEZ[1] := t_1; SK := SE := 1.

Iteration μ **(= 1,2,...):**

for (all) $j \in \mathcal{N}(SK)$ **do**

if FAZ[j] < FEZ[SK] + $d_{SK,j}$ **then**

begin FAZ[j] := FEZ[SK] + $d_{SK,j}$;

if $j \notin S$ **then begin** S[SE] := j; SE := j **end**

end;

if SK = SE **then** Abbruch;

SK := S[SK]; FEZ[SK] := FAZ[SK] + t_{SK}.

Ergebnis: Früheste Anfangs- und Endzeitpunkte für alle Vorgänge i = 1,...,n.

* * * * *

FIFO-knotenorientiert-Rückwärtsrechnung

Voraussetzung: U.a. Felder SAZ[1..n], SEZ[1..n];

Start: SEZ[i] := ∞ für alle i = 1,...,n–1;

SEZ[n] := FEZ[n]; SAZ[n] := SEZ[n] – t_n; SK := SE := n.

Iteration μ **(= 1,2,...):**

```
for (all) j ∈ V(SK) do
  if SEZ[j] > SAZ[SK] - d_{j,SK} then
  begin SEZ[j] := SAZ[SK] - d_{j,SK};
     if j ∉ S then begin S[SE] := j; SE := j end
  end;
if SK = SE then Abbruch;
SK := S[SK]; SAZ[SK] := SEZ[SK] - t_SK.
```

Ergebnis: Späteste Anfangs- und Endzeitpunkte für alle Vorgänge i = 1,...,n.

* * * * *

Wenden wir beide Algorithmen auf unseren Netzplan in Abb. 5.4 an, so erhalten wir folgende Zeitpunkte:

Vorgang i	1	2	3	4	5	6	7	8	9	10
FAZ[i]	0	1	2	4	7	8	9	12	10	14
FEZ[i]	1	3	4	7	9	11	10	14	12	15
SEZ[i]	1	3	8	7	10	11	11	14	13	15
SAZ[i]	0	1	6	4	8	8	10	12	11	14

Tab. 5.5

Wie man durch Vergleich mit Tab. 5.4 erkennt, wirkt sich der Pfeil (9,4) zwar nicht in der Vorwärts-, wohl aber in der Rückwärtsrechnung aus. Der Pfeil (5,4) hat keinerlei Einfluß auf die Ergebnisse, weil die Einhaltung des Mindestabstandes bereits durch die übrigen Anforderungen gesichert ist.

Bemerkung 5.2: Falls ein Netzplan positive Zyklen enthält, sind die zeitlichen Anforderungen nicht konsistent, dh. es gibt keine *zulässige* Lösung. Das Vorhandensein positiver Zyklen kann man durch eine Modifikation der beschriebenen Verfahren abprüfen, indem die Häufigkeit der Wertänderungen von FAZ[j] bzw. SEZ[j] jedes Knotens j ermittelt wird. Ist diese Zahl für einen Knoten größer als n, so muß ein positiver Zyklus enthalten sein. Zur Ermittlung eines ggf. vorhandenen positiven Zyklus vgl. z.B. Domschke (1995, Kap. 4).

5.2.2.2 Pufferzeiten, kritische Vorgänge und Wege

Einen längsten Weg in einem Netzplan bezeichnet man auch als (zeit-) **kritischen Weg.** Alle Vorgänge in einem solchen Weg heißen (zeit-) **kritische Vorgänge.** Wird ihre Vorgangsdauer überschritten oder verzögert sich der Beginn eines solchen Vorgangs, so erhöht sich auch die Projektdauer um denselben Wert.

Für alle kritischen Vorgänge i eines Vorgangsknotennetzplans gilt

$$FAZ_i = SAZ_i \quad \text{bzw.} \quad FEZ_i = SEZ_i .$$

Bei allen übrigen Vorgängen j eines Netzplans ist es in einem gewissen Rahmen möglich, den Beginn des Vorgangs zu verschieben und/oder seine Dauer t_j zu erhöhen, ohne daß sich dadurch die Projektdauer verlängert. Diese Vorgänge besitzen positive Pufferzeit(en).

Pufferzeiten "sind Zeitspannen, um die der Anfang eines Vorgangs und damit natürlich der ganze Vorgang gegenüber einem definierten Zeitpunkt bzw. einer definierten Lage verschoben werden kann bei bestimmter Beeinflussung der zeitlichen Bewegungsmöglichkeiten umgebender Vorgänge bzw. bei bestimmter zeitlicher Lage der umgebenden Vorgänge"; vgl. Altrogge (1994, S. 67).

Man kann vier verschiedene Arten von Pufferzeiten unterscheiden. Gehen wir von einem Netzplan mit Vorgangsdauern t_i und zeitlichen Mindestabständen d_{hi} bei Normalfolge aus, so können wir definieren:

Die **gesamte Pufferzeit** eines Vorgangs i (= 1,...,n) ist

$$GP_i := SAZ_i - FAZ_i . \tag{5.3}$$

Sie ist die maximale Zeitspanne, um die ein Vorgang i verschoben und/oder verlängert werden kann, ohne daß sich die Projektdauer erhöht. Aus Abb. 5.5 wird anhand der Vorgänge 3 und 4 ersichtlich, daß GP_i u.U. keinerlei Möglichkeit der Erhöhung der Dauer t_i eines Vorgangs eröffnet; vielmehr sind in diesem Beispiel nur beide gemeinsam um maximal 3 ZE verschiebbar.

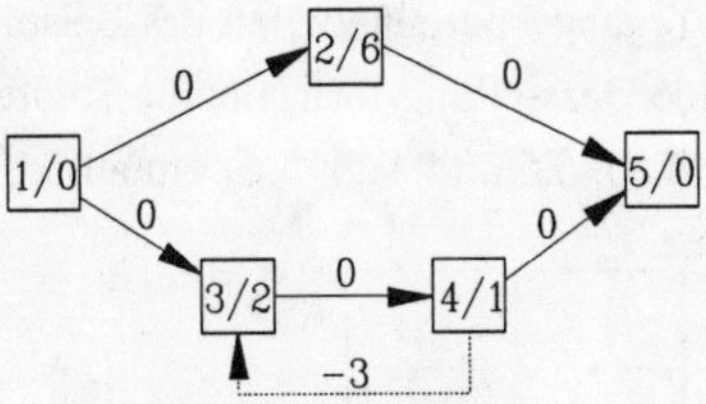

Abb. 5.5

Die **freie Pufferzeit** eines Vorgangs i (= 1,...,n) ist

$$FP_i := \min\{FAZ_j - d_{ij} \mid j \in \mathcal{N}(i)\} - FEZ_i . \tag{5.4}$$

Sie ist derjenige zeitliche Spielraum, der für Vorgang i verbleibt, wenn i und alle seine Nachfolger frühestmöglich beginnen.

Die **freie Rückwärtspufferzeit** eines Vorgangs i (= 1,...,n) ist

$$FRP_i := SAZ_i - \max\{SEZ_h + d_{hi} \mid h \in \mathcal{V}(i)\}. \qquad (5.5)$$

Sie ist derjenige zeitliche Spielraum, der für Vorgang i verbleibt, wenn i und alle seine Vorgänger spätestmöglich beginnen.

Zur Definition der *unabhängigen Pufferzeit* eines Vorgangs i formulieren wir zunächst:

$$\mathcal{UP}_i := \min\{FAZ_j - d_{ij} \mid j \in \mathcal{N}(i)\} - \max\{SEZ_h + d_{hi} \mid h \in \mathcal{V}(i)\} - t_i \qquad (5.6)'$$

Das ist (diejenige Zeit) derjenige zeitliche Spielraum, der für i verbleibt, wenn alle Nachfolger von i frühestmöglich und alle Vorgänger spätestmöglich beginnen. Da dieser Spielraum auch negativ sein kann, definiert man als **unabhängige Pufferzeit** eines Vorgangs i (= 1,...,n):

$$UP_i := \max\{0, \mathcal{UP}_i\} \qquad (5.6)$$

Durch Ausnutzung von UP_i werden weder die Projektdauer noch die Pufferzeit eines anderen Vorgangs beeinflußt; vgl. zu einer ausführlicheren Diskussion der beiden Pufferzeiten $\mathcal{UP}_i$ und UP_i Ziegler (1985).

Bemerkung 5.3: Es gilt $GP_i \geq FP_i \geq UP_i$ sowie $GP_i \geq FRP_i \geq UP_i$.

Beispiel: Für unser Projekt "Bau einer Garage" erhalten wir, ausgehend von Tab. 5.5, bei der die "Rückwärtspfeile" berücksichtigt sind, folgende Pufferzeiten:

Vorgang i	1	2	3	4	5	6	7	8	9	10
GP_i	0	0	4	0	1	0	1	0	1	0
FP_i	0	0	4	0	0	0	0	0	1	0
FRP_i	0	0	4	0	1	0	0	0	0	0
UP_i	0	0	4	0	0	0	0	0	0	0

Tab. 5.6

Die Vorgänge 1, 2, 4, 6, 8 und 10 sind kritisch. Da der jeweils einzige Vorgänger bzw. Nachfolger von Vorgang 3 kritisch ist, sind seine sämtlichen Pufferzeiten gleich groß.

Zur Verdeutlichung geben wir den Vorgangsknotennetzplan des Beispiels noch einmal in Abb. 5.6 wieder. Dabei wählen wir folgende Darstellungsform für die Knoten, die alle wesentlichen zeitlichen Werte des Netzplans (vgl. Tab. 5.5 und Tab. 5.6) umfaßt:

i	t_i
FAZ_i	SAZ_i
FEZ_i	SEZ_i
GP_i	

Pfeile, die auf dem kritischen Weg liegen, sind fett gezeichnet.

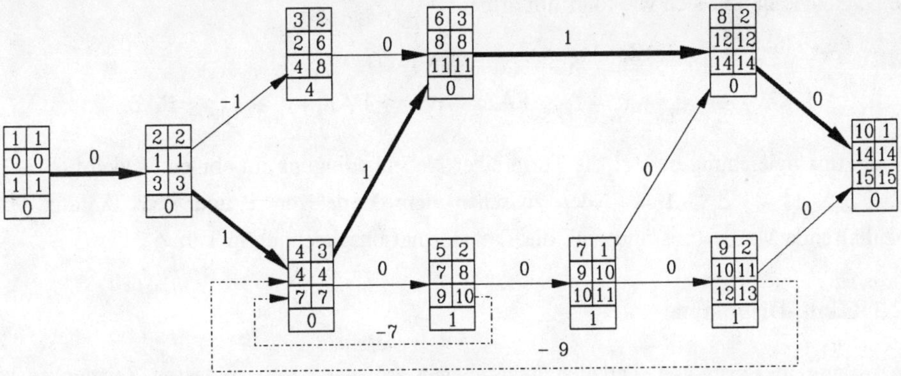

Abb. 5.6

5.2.2.3 Zeitplanung mit linearer Optimierung

Wir werden nun zeigen, wie das Problem der Bestimmung frühester Zeitpunkte recht einfach als lineares Optimierungsproblem formuliert werden kann. Diese Formulierung soll nicht als Basis zur Lösung der Probleme dienen, da die oben geschilderten Vorgehensweisen wesentlich effizienter sind. Die Ausführungen dienen vielmehr ganz allgemein dem Verständnis der bei der Zeitplanung vorliegenden Probleme. Zudem lassen sich daran die in Kap. 5.2.1.2 eingeführten Umrechnungsformeln sehr anschaulich erläutern. Zur Einbeziehung spätester Zeitpunkte und Pufferzeiten in ein lineares Optimierungsproblem siehe Wäscher (1988).

Wir gehen von einem Vorgangsknotennetzplan mit n Knoten aus, wobei Knoten 1 die einzige Quelle und Knoten n die einzige Senke sei. Unter Verwendung von Vorgangsdauern t_i, zeitlichen Mindestabständen bei Normalfolge d_{hi} und von *Variablen* FAZ_i für die zu ermittelnden frühesten Anfangszeitpunkte der Vorgänge erhalten wir folgende Formulierung:

$$\text{Minimiere } F(\mathbf{FAZ}) = \sum_{i=1}^{n} FAZ_i$$

unter den Nebenbedingungen

$$FAZ_h + t_h + d_{hi} \leq FAZ_i \qquad \text{für } i = 1,...,n \text{ und alle } h \in \mathcal{V}(i)$$

$$FAZ_1 = 0$$

Aus den FAZ_i ergeben sich die FEZ_i gemäß (5.1). Nach dieser "Vorwärtsrechnung" lassen sich die spätesten Zeitpunkte ganz analog bestimmen.

Man überlegt sich leicht, daß man in ein derartiges lineares Optimierungsmodell jede beliebige der Abstandsangaben von Tab. 5.1 einbeziehen kann. Wir betrachten ein Beispiel für die Einbeziehung eines Maximalabstandes $\bar{d}_{hi}$ bei Normalfolge; vgl. Darstellung (3) in Kap. 5.2.1.2. Die Nebenbedingung zur Berücksichtigung eines solchen Abstandes lautet:

$$FAZ_i - (FAZ_h + t_h) \leq \bar{d}_{hi}$$

Die Ungleichung läßt sich wie folgt umformen:

$$FAZ_i + t_i - t_i - FAZ_h - t_h \le \bar{d}_{hi}$$

$$FAZ_i + t_i - \bar{d}_{hi} - t_h - t_i \le FAZ_h \quad \text{oder} \quad FAZ_i + t_i + d_{ih} \le FAZ_h$$

Die letzte Ungleichung besitzt die Form einer Nebenbedingung im obigen Modell für $i \in \mathcal{V}(h)$. Dabei ist $d_{ih} = -\bar{d}_{hi} - t_h - t_i$ der zwischen dem Ende von i und dem Anfang von h einzuhaltende Mindestabstand; vgl. die Transformationsgleichung in Tab. 5.2.

5.2.3 Gantt-Diagramme

Die bislang in Form von Tabellen angegebenen frühesten und spätesten Zeitpunkte sowie Pufferzeiten für Vorgänge (und Ereignisse) lassen sich für den Planer anschaulicher und übersichtlicher in Form von *Balken*- oder **Gantt-Diagrammen** darstellen.

Abb. 5.7 zeigt ein solches Diagramm für unser Beispiel "Bau einer Garage", wobei wir von den für den Vorgangsknotennetzplan in Abb. 5.6 angegebenen Zeiten ausgehen. Kritische Vorgänge i sind, beginnend mit FAZ_i und endend mit FEZ_i, voll ausgezeichnet. Nichtkritische Vorgänge i sind frühestmöglich eingeplant; ihre gesamte Pufferzeit GP_i wird gestrichelt veranschaulicht. Mit d_{24}, d_{46} bzw. d_{68} werden positive Mindestabstände symbolisiert; in unserem Beispiel sind sie jeweils gleich 1.

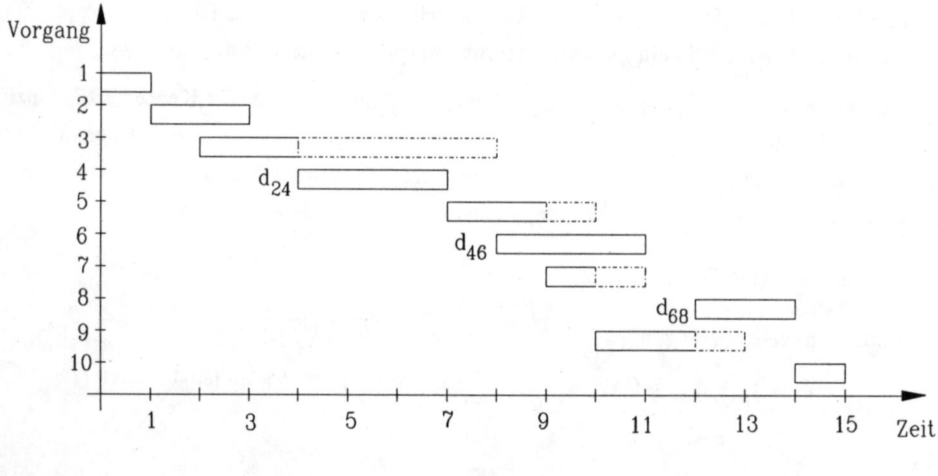

Abb. 5.7

5.3 Struktur- und Zeitplanung mit Vorgangspfeilnetzplänen

Wir wenden uns nun Möglichkeiten der Struktur- und Zeitplanung mit Vorgangspfeilnetzplänen zu. Dabei gehen wir der Einfachheit halber davon aus, daß im ursprünglichen Problem keine Maximalabstände vorliegen und der Netzplan damit zyklenfrei ist.

5.3.1 Strukturplanung

Die allgemeine Vorgehensweise, insbesondere die Einteilung in die Phasen 1 und 2, entspricht derjenigen bei Vorgangsknotennetzplänen. Wir beschreiben nun die bei der Erstellung von Vorgangspfeilnetzplänen zu beachtenden Grundregeln.

5.3.1.1 Grundregeln

(1) **Vorgänge** werden als **Pfeile** dargestellt. Knoten können als Ereignisse interpretiert werden.

Die Schwierigkeit der Erstellung eines Vorgangspfeilnetzplanes besteht darin, daß in bestimmten Fällen über die in der Vorgangsliste hinaus definierten Vorgänge *Scheinvorgänge* eingeführt werden müssen. Diese Problematik wird in den folgenden Regeln beispielhaft behandelt. Algorithmen zur Bestimmung einer hinreichenden (und möglichst der minimalen) Anzahl an Scheinvorgängen findet man in Klemm (1966) und Götzke (1969); zur Komplexität des Problems vgl. Syslo (1984).

(2) Sei K eine Teilmenge der Vorgänge eines Projektes. Besitzen sämtliche Vorgänge $k \in K$ dieselbe Vorgängermenge $\mathcal{V}(k)$, und hat kein Element aus $\mathcal{V}(k)$ ein Element $j \notin K$ als direkten Nachfolger, so läßt sich die Anordnungsbeziehung zwischen K und $\mathcal{V}(k)$ **ohne Scheinvorgänge** darstellen.

Beispiel: Jeder Vorgang der Menge $K = \{k_1, k_2\}$ besitze die Vorgängermenge $\{h,i\}$, und die Nachfolgermenge von h wie von i sei genau K.

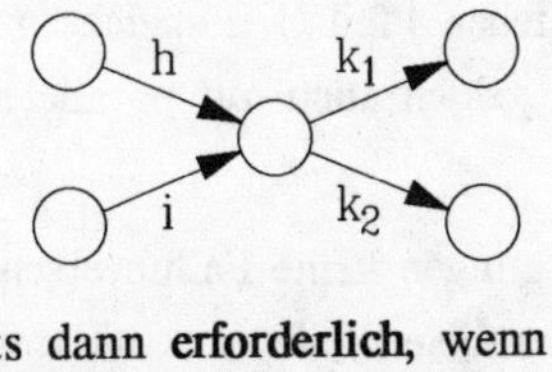

(3) **Scheinvorgänge** sind stets dann **erforderlich**, wenn zwei Mengen K_1 und K_2 von Vorgängen teilweise identische, teilweise aber auch verschiedene Vorgänger besitzen, dh. wenn $\mathcal{V}(K_1) \neq \mathcal{V}(K_2)$ und $\mathcal{V}(K_1) \cap \mathcal{V}(K_2) \neq \phi$ gilt, wobei $\mathcal{V}(K) := \bigcup_{k \in K} \mathcal{V}(k)$ definiert ist.
Beispiel: $K_1 = \{k_1\}$, $K_2 = \{k_2\}$; $\mathcal{V}(k_1) = \{h\}$, $\mathcal{V}(k_2) = \{h,i\}$.

richtige Darstellung falsche Darstellung (i als Vorgänger von k_1 interpretiert)

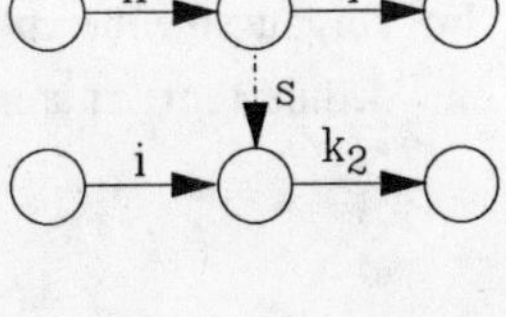

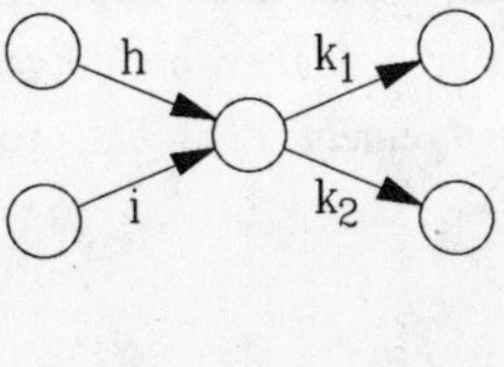

(4) Jedem Vorgang i ordnet man (hier als Pfeilbewertung) seine **Dauer** t_i zu. Scheinvorgänge s erhalten i.a. die Dauer $t_s = 0$. Es sind jedoch auch Scheinvorgänge mit positiver oder mit negativer Dauer möglich:

(a) Die bei Vorgangsknotennetzplänen berücksichtigten Mindestabstände d_{hi} (bei Normalfolge) lassen sich bei Vorgangspfeilnetzplänen in Form von Scheinvorgängen s mit $t_s = d_{hi}$ berücksichtigen.

(b) Da jeder beliebige in Tab. 5.1 definierte Abstand in einen Mindestabstand bei Normalfolge transformierbar ist, läßt sich damit auch jeder von ihnen in einem Vorgangspfeilnetzplan durch Scheinvorgänge (mit negativer Dauer) abbilden.

(5) Soll der Beginn von Vorgang i mit der Beendigung eines bestimmten Anteils von Vorgang h gekoppelt sein, so ist h in zwei (Teil-) Vorgänge h_1 (nach dessen Beendigung i beginnen darf) und h_2 zu unterteilen:

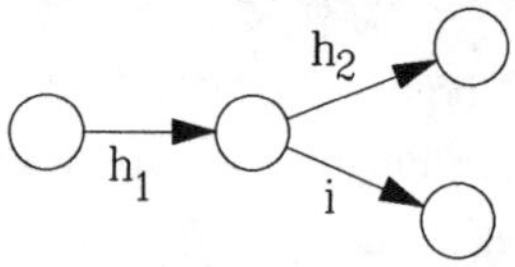

(6) Wie bei Vorgangsknotennetzplänen kann man gegebenenfalls durch Einführung von Scheinvorgängen sowie eines fiktiven Start- bzw. Endereignisses erreichen, daß der Netzplan genau eine Quelle (das Startereignis) und genau eine Senke (das Endereignis) enthält.

Diese Vorgehensweise ist (wie bei Vorgangsknotennetzplänen; vgl. Regel 5 in Kap. 5.2.1.1) nicht unbedingt erforderlich. Aus Gründen einer einfacheren Darstellung gehen wir jedoch stets von Netzplänen mit genau einer Quelle und einer Senke aus.

(7) In der Literatur wird oft gefordert, daß der Netzplan keine parallelen Pfeile enthalten darf. Dies ist erforderlich, wenn man den Graphen in Matrixform z.B. mit genau einem Matrixelement c_{ij} für einen möglichen Pfeil (i,j) speichern möchte. Bei pfeilweiser Speicherung des Netzplans entstehen jedoch auch mit parallelen Pfeilen grundsätzlich keine Probleme.

Um bei algorithmischen Beschreibungen keine Fallunterscheidungen machen zu müssen, werden wir im folgenden jedoch parallele Pfeile ausschließen, indem wir

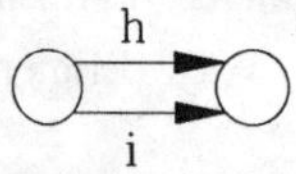

beispielsweise ersetzen durch:

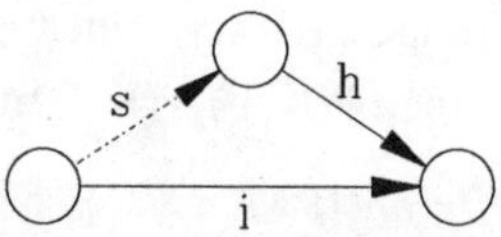

Bemerkung 5.4: Jeder Vorgangsknotennetzplan läßt sich in einen Vorgangspfeilnetzplan überführen und umgekehrt. Dies kann man sich z.B. anhand von Abb. 5.8 veranschaulichen. Die Rechtecke symbolisieren Knoten im Vorgangsknotennetzplan. Im Vorgangspfeilnetzplan werden sie durch einen einem Pfeil entsprechenden Vorgang mit definiertem Anfangs- und

Endereignis ersetzt. Die gestrichelten Pfeile sind Reihenfolgebeziehungen im Vorgangsknotennetzplan und Scheinvorgänge im Vorgangspfeilnetzplan.

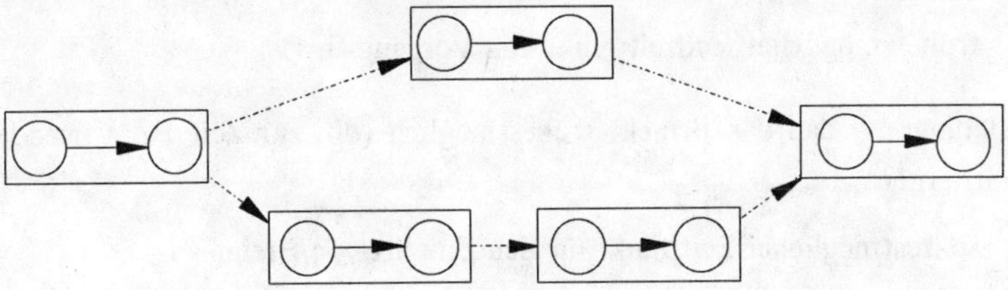

Abb. 5.8

Bemerkung 5.5: Trotz Bem. 5.4 verzichten wir bei Vorgangspfeilnetzplänen im folgenden der Einfachheit halber auf die Berücksichtigung von Maximalabständen zwischen Vorgängen, die (durch Transformation in Mindestabstände) zu Zyklen in Netzplänen führen. Die meisten vorgangspfeilorientierten NPT-Methoden (so auch CPM) sehen Maximalabstände ebenfalls nicht vor.

5.3.1.2 Beispiel

Wir geben für das in Kap. 5.2.1.3 formulierte Projekt "Bau einer Garage" einen Vorgangspfeilnetzplan an (vgl. Abb. 5.9), wobei gemäß Bem. 5.5 auf die Berücksichtigung von Maximalabständen verzichtet wird. An den Pfeilen notieren wir mit (i/t_i) die Vorgangsnummer der in der Vorgangsliste enthaltenen Vorgänge i = 1,...,10 sowie deren Dauer. Für Scheinvorgänge geben wir nur deren Dauer an.

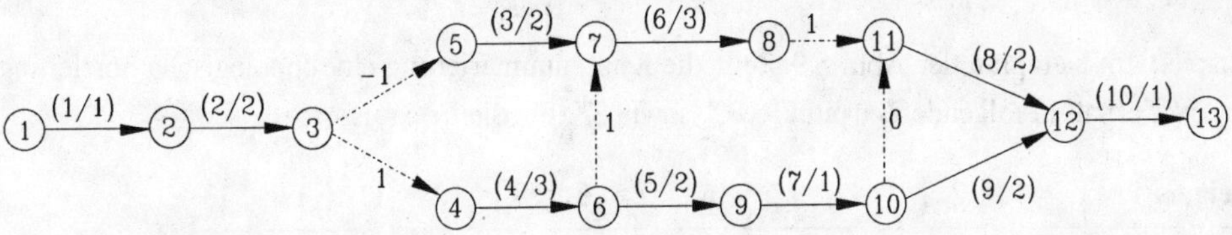

Abb. 5.9

5.3.2 Zeitplanung

5.3.2.1 Ermittlung frühester und spätester Zeitpunkte

Wir gehen von folgenden **Annahmen und Bezeichnungen** aus:

Der auszuwertende Netzplan enthalte die Knoten (= Ereignisse) i = 1,...,n. Knoten 1 sei die einzige Quelle, Knoten n die einzige Senke des Netzplans. Ferner gelte:[1]

t_{hi}	Dauer des Vorgangs (h,i)
FZ_i	frühestmöglicher Zeitpunkt für den Eintritt von Ereignis i

[1] Einen Vorgang bezeichnen wir hier wie einen Pfeil (h,i) durch die mit ihm inzidenten Knoten h und i.

$FZ_1 := 0$

FAZ_{hi} frühestmöglicher Anfangszeitpunkt von Vorgang (h,i)

FEZ_{hi} frühestmöglicher Endzeitpunkt von Vorgang (h,i)

Unter der Bedingung, daß das Projekt frühestmöglich (dh. zur Zeit FZ_n) beendet sein soll, definieren wir ferner:

SZ_i spätestmöglicher Zeitpunkt für den Eintritt von Ereignis i

SAZ_{hi} spätestmöglicher Anfangszeitpunkt von Vorgang (h,i)

SEZ_{hi} spätestmöglicher Endzeitpunkt von Vorgang (h,i)

Da wir nur *zyklenfreie Netzpläne* betrachten, können wir von einer topologischen Sortierung (siehe Kap. 5.2.2.1) der Knoten des Netzplans ausgehen. In diesem Fall lassen sich die Zeitpunkte FZ_i, FAZ_{hi} und FEZ_{hi} in einer **Vorwärtsrechnung** wie folgt bestimmen:

$$\left.\begin{array}{l} FZ_i := \max\{FZ_h + t_{hi} \mid h \in \mathcal{V}(i)\} \\ FAZ_{hi} := FZ_h;\ FEZ_{hi} := FAZ_{hi} + t_{hi} \end{array}\right\} \quad (5.7)$$

Setzt man $SZ_n := FZ_n$, so können anschließend die Zeitpunkte SZ_i, SAZ_{hi} und SEZ_{hi} in einer **Rückwärtsrechnung** wie folgt ermittelt werden:

$$\left.\begin{array}{l} SZ_h := \min\{SZ_i - t_{hi} \mid i \in \mathcal{N}(h)\} \\ SEZ_{hi} := SZ_i;\ SAZ_{hi} := SEZ_{hi} - t_{hi} \end{array}\right\} \quad (5.8)$$

Beispiel: Im Netzplan der Abb. 5.9 stellt die Knotennumerierung eine topologische Sortierung dar. Wir erhalten folgende Zeitpunkte FZ_i sowie SZ_i für die Ereignisse:

Ereignis i	1	2	3	4	5	6	7	8	9	10	11	12	13
FZ_i	0	1	3	4	2	7	8	11	9	10	12	14	15
SZ_i	0	1	3	4	6	7	8	11	11	12	12	14	15

Tab. 5.7

Das Beispiel $FZ_7 := \max\{FZ_5 + t_{57}, FZ_6 + t_{67}\} = 8$ zeigt, daß der "späteste" früheste Beendigungszeitpunkt aller unmittelbar vorausgehenden (Schein-) Vorgänge den frühestmöglichen Zeitpunkt für den Eintritt von Ereignis 7 bestimmt.

Vorg. (i,j)	(1,2)	(2,3)	(4,6)	(5,7)	(6,9)	(7,8)	(9,10)	(10,12)	(11,12)	(12,13)
FAZ_{ij}	0	1	4	2	7	8	9	10	12	14
FEZ_{ij}	1	3	7	4	9	11	10	12	14	15
SEZ_{ij}	1	3	7	8	11	11	12	14	14	15
SAZ_{ij}	0	1	4	6	9	8	11	12	12	14

Tab. 5.8

Früheste und späteste Anfangs- und Endzeitpunkte für Vorgänge sind Tab. 5.8 zu entnehmen.

5.3.2.2 Pufferzeiten, kritische Vorgänge und Wege

Ebenso wie in Vorgangsknotennetzplänen sind längste Wege (zeit-) **kritische Wege**. Für Ereignisse i auf einem kritischen Weg gilt $FZ_i = SZ_i$. Entsprechend besitzen kritische Vorgänge (i, j) die Eigenschaft $FAZ_{ij} = SAZ_{ij}$.

Analog zu Kap. 5.2.2.2 erhalten wir die **gesamte Pufferzeit** eines Ereignisses i bzw. eines Vorgangs (i, j) gemäß

$$GP_i := SZ_i - FZ_i \quad \text{bzw.} \quad GP_{ij} := SAZ_{ij} - FAZ_{ij}. \tag{5.9}$$

Wegen (5.7) und (5.8) gilt auch $GP_{ij} := SZ_j - FZ_i - t_{ij}$.

Die folgenden, in der Literatur häufig vorzufindenden Definitionen (vgl. etwa Neumann (1975 b, S. 200 f.) oder Küpper et al. (1975, S. 107 ff.)) für FP, FRP und UP liefern bei Vorhandensein von Scheinvorgängen nicht immer sinnvolle und richtige zeitliche Spielräume (Pufferzeiten).

Die **freie Pufferzeit** eines Vorgangs (i, j) wird zumeist definiert als

$$FP_{ij} := \min\{FAZ_{jk} \mid k \in \mathcal{N}(j)\} - FEZ_{ij} = FZ_j - FEZ_{ij} = FZ_j - FZ_i - t_{ij}. \tag{5.10 a}$$

Die **freie Rückwärtspufferzeit** eines Vorgangs (i, j) wird angegeben als

$$FRP_{ij} := SAZ_{ij} - \max\{SEZ_{hi} \mid h \in \mathcal{V}(i)\} = SAZ_{ij} - SZ_i = SZ_j - SZ_i - t_{ij}. \tag{5.10 b}$$

Schließlich wird die **unabhängige Pufferzeit** eines Vorgangs (i, j) definiert:

$$UP_{ij} := \max\{FZ_j - SZ_i - t_{ij}, 0\} \tag{5.10 c}$$

Bemerkung 5.6: Man überlegt sich leicht, daß auch bei Vorgangspfeilnetzplänen

$GP_{ij} \geq FP_{ij} \geq UP_{ij}$ sowie $GP_{ij} \geq FRP_{ij} \geq UP_{ij}$ gilt.

Bemerkung 5.7: Die Definitionen (5.10 a–c) haben z.B. zur Folge, daß für den Vorgang (5,7) in Abb. 5.9 $GP_{57} = FP_{57} = 4$, aber $FRP_{57} = UP_{57} = 0$ ermittelt wird. Da sich auf dem Weg (3,5,7) zwischen den beiden kritischen Ereignissen 3 und 7 aber neben dem Scheinvorgang (3,5) nur der eine "effektive" Vorgang (5,7) befindet, steht ihm eigentlich auch $FRP_{57} = UP_{57} = 4$ zur Verfügung.

Alternativen zur obigen Berechnung der Pufferzeiten FP, FRP und UP werden z.B. in Altrogge (1994, S. 84 ff.) formuliert.

Beispiel: Wir betrachten zur oben angegebenen Ermittlung von Pufferzeiten den Netzplan in Abb. 5.9 und die frühesten und spätesten Ereigniszeitpunkte in Tab. 5.7. Die ermittelten

Pufferzeiten sind in Tab. 5.9 enthalten. Wegen der Nichtberücksichtigung von Zyklen unterscheiden sich einige Zeiten von denjenigen in Tab. 5.6.

Vorg. (i,j)	(1,2)	(2,3)	(4,6)	(5,7)	(6,9)	(7,8)	(9,10)	(10,12)	(11,12)	(12,13)
GP_{ij}	0	0	0	4	2	0	2	2	0	0
FP_{ij}	0	0	0	4	0	0	0	2	0	0
FRP_{ij}	0	0	0	0	2	0	0	0	0	0
UP_{ij}	0	0	0	0	0	0	0	0	0	0

Tab. 5.9

5.4 Kostenplanung

In den bisherigen Ausführungen ging es ausschließlich um die Ermittlung von Struktur und zeitlichem Ablauf in Netzplänen. Demgegenüber werden wir nun (aufbauend auf der Strukturplanung sowie unter Einschluß der Zeitplanung) Kostengesichtspunkte einbeziehen.

Das folgende Modell ist geeignet zur *Kostenplanung bei unbeschränkten Kapazitäten.* Bei der Beschreibung des Modells gehen wir, wie in der Literatur üblich, von einem Vorgangspfeilnetzplan aus; eine auf einem Vorgangsknotennetzplan basierende Darstellung wäre ebenso möglich.

Gegeben sei ein Projekt in Form eines zyklenfreien Netzplans $G = (V,E)$. Die Pfeilmenge E repräsentiert die Vorgänge bzw. Aktivitäten des Projektes. Die Knotenmenge V ist als Menge der Ereignisse zu interpretieren.

Gehen wir nun davon aus, daß die Dauer einer Aktivität keine konstante, unveränderliche Größe ist, sondern daß sie innerhalb gewisser Grenzen variiert werden kann, so stellt sich die Frage, bei welchen Vorgangsdauern sich die kostenminimale Projektdauer ergibt. Zwei **Kostenfaktoren** sind gegeneinander abzuwägen:

(a) *Vorgangsdauerabhängige Kosten:* Durch Beschleunigung jedes einzelnen Vorgangs erhöhen sich seine Bearbeitungskosten.

(b) *Projektdauerabhängige Kosten:* Das sind Kosten, die mit der Projektdauer anwachsen (z.B. Opportunitätskosten hinsichtlich weiterer Aufträge oder Konventionalstrafen bei Terminüberschreitungen).

Die den Faktoren (a) bzw. (b) entsprechenden Kostenfunktionen sind in Abhängigkeit von der Gesamtprojektdauer T einander gegenläufig; vgl. Abb. 5.10. Es existiert mindestens eine optimale Lösung, welche die Summe aus vorgangsdauerabhängigen und projektdauerabhängigen Kosten (K_{ges} = Projektkosten insgesamt) minimiert.

Das Problem der **Minimierung der vorgangsdauerabhängigen Kosten** bei *gegebener* Projektdauer T kann unter bestimmten Annahmen als lineares Optimierungsproblem formuliert werden: Wir bezeichnen die Dauer der Bearbeitung von Vorgang (i,j) mit t_{ij} und den Zeitpunkt des Eintritts von Ereignis i mit FZ_i. Die Dauer t_{ij} jedes Vorgangs (i,j) sei innerhalb einer Bandbreite $\lambda_{ij} \le t_{ij} \le \kappa_{ij}$ mit λ_{ij} als unterer und κ_{ij} als oberer Zeitschranke variierbar. (Im Gegensatz zu unseren bisherigen Betrachtungen ist t_{ij} nunmehr eine Variable.) Die Kosten der Durchführung von Vorgang (i,j) lassen sich durch die lineare Funktion $K_{ij}(t_{ij}) := a_{ij} - b_{ij}\, t_{ij}$ mit $a_{ij} > 0$ und $b_{ij} \ge 0$ beschreiben. $a_{ij} - b_{ij}\, \kappa_{ij}$ sind die minimalen, $a_{ij} - b_{ij}\, \lambda_{ij}$ die maximalen Kosten, b_{ij} bezeichnet man als **Beschleunigungskosten** des Vorgangs (i,j); vgl. Abb. 5.11.

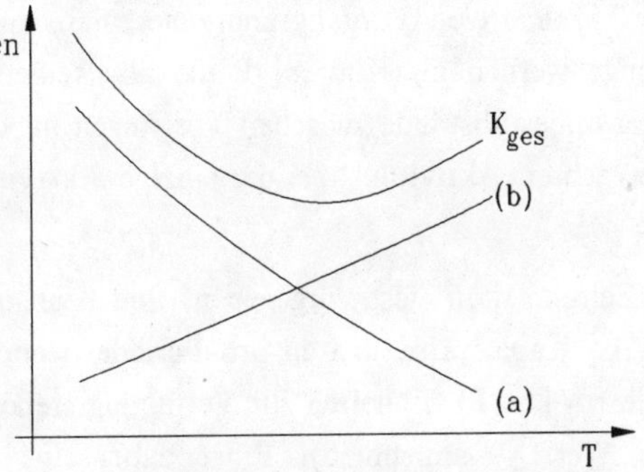

Abb. 5.10

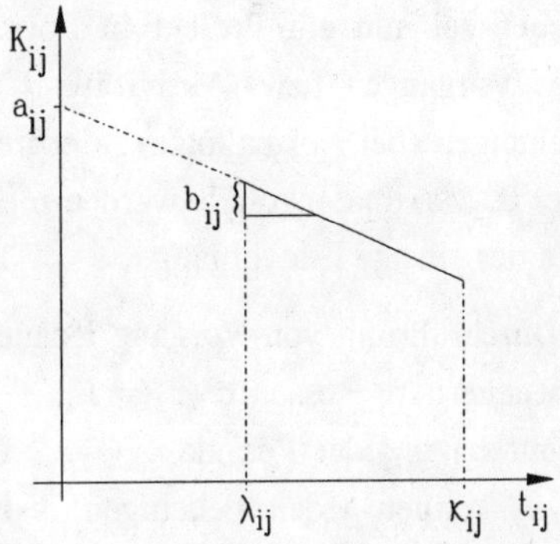

Abb. 5.11

Bezeichnen wir ferner mit V = {1,2,...,n} die Menge der Ereignisse (Knoten), wobei Knoten 1 (einziges) Start- und Knoten n (einziges) Endereignis sei, so führt das Problem der Minimierung der vorgangsdauerabhängigen Kosten bei gegebener Projektdauer zum folgenden linearen Optimierungsproblem:

$$\text{Minimiere } F_1(\mathbf{FZ},\mathbf{t}) = \sum_{(i,j)\in E} (a_{ij} - b_{ij}\, t_{ij}) \tag{5.11}$$

unter den Nebenbedingungen

$$\left.\begin{array}{ll} -FZ_i + FZ_j - t_{ij} \ge 0 & \text{für alle } (i,j) \in E \\ -FZ_1 + FZ_n = T & \end{array}\right\} \tag{5.12}$$

$$\lambda_{ij} \le t_{ij} \le \kappa_{ij} \qquad \text{für alle } (i,j) \in E \tag{5.13}$$

$$FZ_i,\ t_{ij} \ge 0 \qquad \text{für alle } i \in V \text{ bzw. } (i,j) \in E \tag{5.14}$$

In dieser Formulierung wird die Projektdauer T (vorübergehend) als Konstante behandelt. Variabilisiert man T, so kann man die projektdauerabhängigen Kosten z.B. mit Hilfe der linearen Funktion $F_2(T) = f + g \cdot T$ (mit f als Fixkosten und g als Opportunitätskosten pro Zeiteinheit) ausdrücken. Das Minimum der Projektkosten insgesamt ist dann z.B. mit dem Simplex-Algorithmus bzw. mit für die spezielle Problemstellung effizienteren Methoden ermittelbar; vgl. z.B. Küpper et al. (1975, S. 210 ff.), Morlock und Neumann (1973) sowie Neumann (1975 b, S. 231 ff.).

5.5 Kapazitätsplanung

Die Bearbeitung von Vorgängen beansprucht **Ressourcen** (Betriebsmittel, Kapazitäten). Stehen diese Ressourcen (was nur selten der Fall sein dürfte) in unbeschränkter Höhe zur Verfügung, dann kann man sich ausschließlich auf eine Struktur-, Zeit- und ggf. Kostenplanung beschränken. Anderenfalls ist der Projektablauf unter Berücksichtigung knapper Ressourcen zu planen.

Gegeben sei nun ein Projekt in Form eines zyklenfreien Vorgangsknotennetzplans mit i = 1,...,n Vorgängen bzw. Aktivitäten. Vorgänge werden als Knoten, Pfeile als Reihenfolgebeziehungen (bei Normalfolge) interpretiert. Mindestabstände zwischen Vorgängen haben die Dauer 0, Maximalabstände werden nicht betrachtet. Aktivität 1 sei der einzige Startvorgang und n der einzige Endvorgang.

Die Durchführung von Vorgang i dauert t_i Zeiteinheiten (fest vorgegeben) und beansprucht die *erneuerbare* Ressource r (= 1,...,R) mit k_{ir} Kapazitätseinheiten pro Periode, wobei von Ressource r in jeder Periode κ_r ($= \kappa_{r\tau}$ für alle $\tau = 1,\dots,\bar{T}$) Einheiten zur Verfügung stehen (k_{ir} und κ_r können jeden beliebigen *diskreten* Wert ≥ 0 annehmen). $\bar{T}$ ist dabei eine obere Schranke für die Projektdauer.

Zu bestimmen ist die minimale Projektdauer T so, daß Reihenfolge- und Kapazitätsrestriktionen eingehalten werden.

Für die mathematische Formulierung des Modells ist es zur Reduzierung der Anzahl erforderlicher Variablen sinnvoll, eine möglichst kleine obere Schranke $\bar{T}$ für die Projektdauer T, etwa durch Anwendung einer Heuristik, zu ermitteln. Bei gegebenem $\bar{T}$ kann man dann früheste Anfangs- und Endzeitpunkte FAZ_i und FEZ_i mit Hilfe der Vorwärtsrekursion sowie nach Setzen von $SEZ_n := \bar{T}$ auch späteste Anfangs- und Endzeitpunkte SAZ_i und SEZ_i durch Rückwärtsrekursion berechnen (vgl. Kap. 5.2.2.1). Dies geschieht unter Vernachlässigung der Kapazitätsrestriktionen. Daher umfaßt das Intervall $[FEZ_i, SEZ_i]$ auch die unter Einbeziehung der Kapazitätsrestriktionen tatsächlich realisierbaren Endzeitpunkte.

Verwenden wir Binärvariablen $x_{i\tau}$ mit der Bedeutung

$$x_{i\tau} = \begin{cases} 1 & \text{falls die Bearbeitung von Vorgang i am Ende von Periode } \tau \text{ beendet wird} \\ 0 & \text{sonst} \end{cases}$$

so können wir, mit $\mathcal{V}(i)$ als der Menge aller unmittelbaren Vorgängeraktivitäten von Vorgang i, das **(Grund-) Modell der Kapazitätsplanung** wie folgt formulieren:

$$\text{Minimiere } F(\mathbf{x}) = \sum_{\tau=FEZ_n}^{SEZ_n} \tau \cdot x_{n\tau} \tag{5.15}$$

unter den Nebenbedingungen

$$\sum_{\tau=FEZ_i}^{SEZ_i} x_{i\tau} = 1 \qquad \text{für } i = 1,\dots,n \tag{5.16}$$

$$\sum_{\tau=FEZ_h}^{SEZ_h} \tau \cdot x_{h\tau} \le \sum_{\tau=FEZ_i}^{SEZ_i} (\tau - t_i) x_{i\tau} \qquad \text{für } i = 1,\dots,n \text{ und alle } h \in \mathcal{V}(i) \tag{5.17}$$

$$\sum_{i=1}^{n} \sum_{q=\tau}^{\tau+t_i-1} k_{ir} x_{iq} \le \kappa_r \qquad \text{für } r = 1,\dots,R \text{ und } \tau = 1,\dots,SAZ_n \tag{5.18}$$

$$x_{i\tau} \in \{0,1\} \qquad \text{für alle i und } \tau \tag{5.19}$$

Die Zielfunktion (5.15) forciert die frühestmögliche Bearbeitung des letzten Vorgangs und damit das frühestmögliche Projektende. (5.16) erzwingt die einmalige Bearbeitung jeder Aktivität. (5.17) sichert die Einhaltung der Reihenfolgebeziehungen zwischen Vorgängen. (5.18) verhindert Kapazitätsüberschreitungen. (Binär-) Variablen sind ausschließlich für Perioden τ im Intervall $[FEZ_i, SEZ_i]$ vorzusehen.

(5.15) – (5.19) besitzt eine zulässige Lösung, wenn einerseits zumindest jeder Vorgang i bearbeitbar ist ($k_{ir} \le \kappa_r$ für alle i und r) und andererseits κ_r für hinreichend viele Perioden ($\ge \bar{T}$) zur Verfügung steht.

Durch die geforderte Binarität der Variablen $x_{i\tau}$ ist das Modell (5.15) – (5.19) nicht mehr mit Methoden der linearen Optimierung bei kontinuierlichen Variablen lösbar. Im Gegensatz z.B. zum linearen Zuordnungsproblem, zum Transport- und Umladeproblem ist die Ganzzahligkeit nicht durch die übrigen Nebenbedingungen gewährleistet. Das Modell gehört damit zur Klasse der schwer lösbaren, ganzzahligen und kombinatorischen Optimierungsprobleme, die wir in Kap. 6 behandeln.

Exakte Verfahren, mit deren Prinzip wir uns in Kap. 6 beschäftigen, sind zur optimalen Lösung von Problemen mit in der Regel nicht mehr als 30 Vorgängen geeignet; vgl. Kolisch et al. (1995). Es handelt sich dabei um spezielle Branch-and-Bound-Verfahren; vgl. hierzu insbesondere Demeulemeester und Herroelen (1992). Für die Lösung größerer Probleme verwendet man heuristische Verfahren, die auf verschiedenen der in Kap. 6.4 beschriebenen Prinzipien basieren. Besonders erfolgreich sind dabei Prioritätsregelverfahren mit stochastischen Komponenten; vgl. hierzu v.a. Kolisch (1995).

Einen Überblick über Verallgemeinerungen des Modells (5.15) – (5.19) findet man in Bartusch et al. (1988), Drexl (1990 a), Domschke und Drexl (1991), Kolisch (1995) sowie in mehreren Beiträgen, die in dem von Slowinski und Weglarz (1989) herausgegebenen Sammelband abgedruckt sind.

Softwarehinweise zu Kapitel 5

Zur Unterstützung der Projektplanung gibt es zahlreiche Softwarepakete. Die Mehrzahl der Pakete enthält deterministische, knotenorientierte Methoden zur Struktur- und Zeitplanung. Eine Kosten- und Kapazitätsoptimierung ist damit zumeist nicht möglich, in der Regel können jedoch Kapazitätsbelastungsdiagramme erstellt werden.

Hinweise auf Software zur Projektplanung findet man u.a. bei Dworatschek und Hayek (1987), De Wit und Herroelen (1990) sowie Kolisch und Hempel (1995).

Literaturhinweise zu Kapitel 5

Altrogge (1994);
Demeulemeester und Herroelen (1992);
Domschke (1995);
Drexl (1990 a);
Elmaghraby (1977);
Gaul (1981);
Klemm (1966);
Kolisch und Hempel (1995);
Morlock und Neumann (1973);
Neumann und Morlock (1993);
Schwarze (1994);
Syslo (1984);
Ziegler (1985).

Bartusch et al. (1988);
De Wit und Herroelen (1990);
Domschke und Drexl (1991);
Dworatschek und Hayek (1987);
Gal und Gehring (1981);
Götzke (1969);
Kolisch (1995);
Küpper et al. (1975);
Neumann (1975 b), (1990);
Riester und Schwinn (1970);
Slowinski und Weglarz (1989);
Wäscher (1988);

Kapitel 6: Ganzzahlige und kombinatorische Optimierung

6.1 Einführung

Die meisten der in den Kapiteln 2 bis 5 betrachteten Probleme sind als lineare Optimierungsprobleme formulierbar und mit dem Simplex-Algorithmus oder spezialisierten Vorgehensweisen lösbar. Wesentliche Eigenschaft dieser Probleme ist neben der Linearität von Zielfunktion und Nebenbedingungen, daß ausschließlich kontinuierliche Variablen vorkommen. Im Gegensatz dazu wenden wir uns nun einer Klasse von Problemen zu, bei der auch binäre oder ganzzahlige Variablen zugelassen sind.

Kap. 6.2 enthält Beispiele für ganzzahlige lineare Optimierungsprobleme. Ferner werden dort Probleme der kombinatorischen Optimierung charakterisiert und klassifiziert.

Während kontinuierliche lineare Optimierungsprobleme vergleichsweise einfach und effizient zu lösen sind, müssen wir uns im Hinblick auf die hier betrachteten Probleme mit Fragen der Komplexität befassen; siehe Kap. 6.3. Die Komplexitätstheorie liefert Aussagen über den zu erwartenden Rechenaufwand und den Speicherplatzbedarf bei der Lösung bestimmter Problemklassen.

In Kap. 6.4 geben wir einen Überblick über prinzipielle Möglichkeiten zur Lösung von ganzzahligen und kombinatorischen Optimierungsproblemen.

Ein besonders wichtiges Prinzip zur exakten Lösung (dh. zur Bestimmung optimaler Lösungen) von Problemen ist die Methode Branch-and-Bound, die wir in Kap. 6.5 erläutern.

In Kap. 6.6 und 6.7 behandeln wir zwei wichtige Vertreter ganzzahliger und kombinatorischer Optimierungsprobleme, das Traveling Salesman- und das mehrperiodige Knapsack-Problem, ausführlicher.

6.2 Klassifikation und Beispiele

Wir betrachten zu Beginn ein Beispiel für ein lineares Optimierungsproblem mit ganzzahligen Variablen:

$$\text{Maximiere } F(x_1,x_2) = x_1 + 2x_2 \tag{6.1}$$

unter den Nebenbedingungen

$$x_1 + 3x_2 \leq 7 \tag{6.2}$$

$$3x_1 + 2x_2 \leq 10 \tag{6.3}$$

$$x_1, x_2 \geq 0 \text{ und ganzzahlig} \tag{6.4}$$

Abb. 6.1 zeigt die Menge der *zulässigen Lösungen* des Problems (eingekreiste Punkte). Der Schnittpunkt der sich aus (6.2) und (6.3) ergebenden Geraden ist nicht zulässig, da dort die Ganzzahligkeit nicht erfüllt wird. Die optimale Lösung ist $\mathbf{x}^* = (1,2)$ mit $F(\mathbf{x}^*) = 5$.

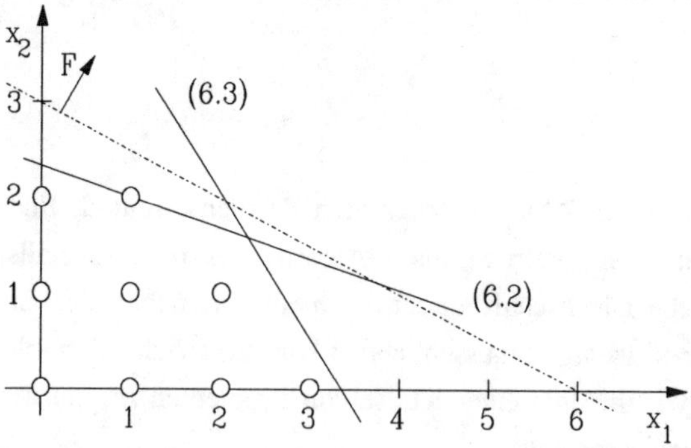

Abb. 6.1

Ganzzahlige lineare Probleme treten u.a. bei der Optimierung in den Bereichen Investitions- und Produktionsplanung auf; vgl. hierzu z.B. Inderfurth (1982) sowie Zäpfel (1989). Zu den ganzzahligen Optimierungsproblemen zählt man auch solche mit *binären Variablen.* Beispiele dafür sind Knapsack-Probleme (siehe Kap. 6.7) oder Standortprobleme in Netzen (siehe Domschke und Drexl (1995)).

Auch bei Modellen zur Investitionsplanung treten eher Binärvariablen als (allgemeine) ganzzahlige Variablen auf. Eine ganzzahlige Variable x_i würde z.B. bedeuten, daß von einer Maschine des Typs i eine zu bestimmende Anzahl x_i (= 0 oder 1 oder 2 ...) zu beschaffen ist. Dagegen würde eine Binärvariable x_i bedeuten, daß in eine Maschine vom Typ i entweder zu investieren ist ($x_i = 1$) oder nicht ($x_i = 0$).

Zu den **Problemen der kombinatorischen Optimierung** zählen v.a. Zuordnungs-, Reihenfolge-, Gruppierungs- und Auswahlprobleme. Beispiele für diese Problemgruppen sind:

a) Zuordnungsprobleme

- das *lineare* Zuordnungsproblem, siehe Kap. 4.2.
- das *quadratische* Zuordnungsproblem; siehe unten.
- *Stundenplanprobleme:* Bestimmung zulässiger Zuordnungen von Lehrern zu Klassen und Räumen zu bestimmten Zeiten.

b) Reihenfolgeprobleme

- *Traveling Salesman-Probleme*, siehe unten.
- *Briefträger-Probleme* (Chinese Postman-Probleme): Ein Briefträger hat in einem Stadtteil Briefe auszutragen. Um die Post zuzustellen, muß er jede Straße seines Bezirks einmal durchlaufen. Manche Straßen wird er ein zweites Mal begehen müssen, um zu Gebieten zu gelangen, die er zuvor noch nicht bedient hat. In welcher Reihenfolge soll er die Straßen bedienen und welche Straßen muß er mehrfach durchlaufen, so daß die insgesamt zurückzulegende Entfernung minimal wird? Vgl. z.B. Domschke (1996, Kap. 4).

- *Allgemeine Tourenplanungsprobleme:* Ein Beispiel ist die Belieferung von Kunden durch mehrere Fahrzeuge eines Möbelhauses so, daß die insgesamt zurückzulegende Strecke minimale Länge besitzt. Vgl. hierzu z.B. Domschke (1996, Kap. 5).
- *Maschinenbelegungsprobleme:* In welcher Reihenfolge sollen Aufträge auf einer Maschine ausgeführt werden, so daß z.B. die Summe zeitlicher Überschreitungen zugesagter Fertigstellungstermine minimal wird? Vgl. hierzu z.B. Seelbach (1975), Brucker (1981), Kistner und Steven (1993, S. 115 ff.) sowie Domschke et al. (1993, Kap. 5).

c) Gruppierungsprobleme

- Probleme der *Fließbandabstimmung:* Zusammenfassung und Zuordnung von Arbeitsgängen zu Bandstationen; vgl. z.B. Drexl (1990 b), Domschke et al. (1993, Kap. 4) sowie Scholl (1995).
- *Losgrößenplanung:* Zusammenfassung periodenbezogener Nachfragen zu Beschaffungs- bzw. Fertigungslosen; vgl. hierzu z.B. Fleischmann (1990), Tempelmeier (1995) sowie Domschke et al. (1993, Kap. 3).
- *Clusteranalyse:* Bildung von hinsichtlich eines bestimmten Maßes möglichst ähnlichen Kundengruppen; vgl. dazu z.B. Späth (1977), Opitz (1980) oder Backhaus et al. (1994).

d) Auswahlprobleme

- *Knapsack-Probleme*, siehe Kap. 6.7.
- *Set Partitioning- und Set Covering-Probleme:* Vor allem Zuordnungs- und Reihenfolgeprobleme sind als Set Partitioning-Probleme formulierbar. Beispiel: Auswahl einer kostenminimalen Menge von Auslieferungstouren unter einer großen Anzahl möglicher Touren; siehe dazu etwa Domschke (1996, Kap. 5).

Viele kombinatorische Optimierungsprobleme lassen sich mathematisch als ganzzahlige oder binäre (lineare) Modelle formulieren. Wir betrachten im folgenden zwei Beispiele dafür.

Das quadratische Zuordnungsproblem:

Es ist anwendbar im Bereich der innerbetrieblichen Standortplanung bei Werkstattfertigung: Unterstellt wird, daß n gleichgroße Maschinen auf n gleichgroßen Plätzen so angeordnet werden sollen, daß die Summe der Transportkosten zwischen den Maschinen (bzw. Plätzen) minimal wird. Dabei nimmt man an, daß die Transportkosten proportional zur zurückzulegenden Entfernung (d_{jk} zwischen Platz j und Platz k) und zur zu transportierenden Menge (t_{hi} zwischen den Maschinen h und i) sind; vgl. z.B. Reese (1980), Wäscher (1982) sowie Domschke und Drexl (1995, Kap. 6).

Für die mathematische Formulierung verwenden wir Binärvariablen x_{hj} mit der Bedeutung:

$$x_{hj} = \begin{cases} 1 & \text{falls Maschine h auf Platz j anzuordnen ist} \\ 0 & \text{sonst} \end{cases}$$

Damit erhalten wir das mathematische Modell:

$$\text{Minimiere } F(\mathbf{x}) = \sum_{\substack{h=1\\h\neq i}}^{n} \sum_{i=1}^{n} \sum_{\substack{j=1}}^{n} \sum_{\substack{k=1\\k\neq j}}^{n} t_{hi}\, d_{jk}\, x_{hj}\, x_{ik} \tag{6.5}$$

unter den Nebenbedingungen

$$\sum_{j=1}^{n} x_{hj} = 1 \qquad \text{für } h = 1,...,n \tag{6.6}$$

$$\sum_{h=1}^{n} x_{hj} = 1 \qquad \text{für } j = 1,...,n \tag{6.7}$$

$$x_{hj} \in \{0,1\} \qquad \text{für } h, j = 1,...,n \tag{6.8}$$

In der Zielfunktion gibt das Produkt $t_{hi}\, d_{jk}$ die Kosten für Transporte zwischen den Maschinen h und i an, die entstehen, falls h auf Platz j und i auf Platz k angeordnet werden. Diese Kosten fallen genau dann an, wenn x_{hj} und x_{ik} gleich 1 sind.

Diese quadratische Funktion macht das Problem "schwer lösbar"; das Nebenbedingungssystem ist dagegen identisch mit dem des linearen Zuordnungsproblems (vgl. Kap. 4.2).

Das Traveling Salesman - Problem (TSP) in gerichteten Graphen:

Ein dem TSP zugrundeliegendes praktisches Problem läßt sich wie folgt schildern: Ein Handlungsreisender möchte, in seinem Wohnort startend und am Ende dorthin zurückkehrend, n Orte (Kunden) aufsuchen. In welcher Reihenfolge soll er dies tun, damit die insgesamt zurückzulegende Strecke minimal wird?

Als graphentheoretisches Problem wird es wie folgt formuliert: Gegeben sei ein bewerteter, vollständiger Digraph $G = (V,E,c)$ mit n Knoten. Gesucht ist ein kürzester geschlossener Weg, in dem jeder Knoten *genau einmal* enthalten ist.

Für die mathematische Formulierung verwenden wir Variablen x_{ij} mit folgender Bedeutung:

$$x_{ij} = \begin{cases} 1 & \text{falls nach Knoten i unmittelbar Knoten j aufgesucht wird} \\ 0 & \text{sonst} \end{cases}$$

Damit erhalten wir:

$$\text{Minimiere } F(\mathbf{x}) = \sum_{i=1}^{n} \sum_{j=1}^{n} c_{ij}\, x_{ij} \tag{6.9}$$

unter den Nebenbedingungen

$$\sum_{j=1}^{n} x_{ij} = 1 \qquad \text{für } i = 1,...,n \tag{6.10}$$

$$\sum_{i=1}^{n} x_{ij} = 1 \qquad \text{für } j = 1,...,n \tag{6.11}$$

$$x_{ij} \in \{0,1\} \qquad \text{für } i, j = 1,...,n \tag{6.12}$$

Diese Formulierung ist noch nicht vollständig. Bis hierhin ist sie identisch mit derjenigen zum linearen Zuordnungsproblem. Es fehlen noch sogenannte *Zyklusbedingungen* zur Verhinderung von Kurzzyklen. *Kurzzyklen* sind geschlossene Wege, die nicht alle Knoten des Graphen enthalten. In einem Graphen mit $n = 5$ Knoten sind z.B. die Wege (1,2,1) und (3,4,5,3) Kurzzyklen; siehe Abb. 6.2.

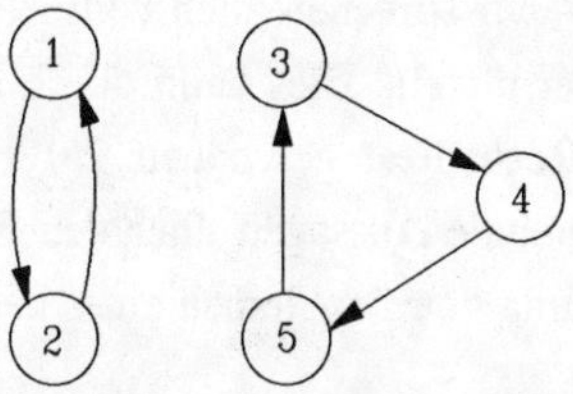

Abb. 6.2

Um Kurzzyklen zu vermeiden, ist für jede Permutation $(i_1, i_2, ..., i_k)$ von k der n Knoten eines Graphen und für alle

$$k = 2, 3, ... \begin{cases} \frac{n-1}{2} & \text{falls n ungerade} \\ \frac{n}{2} & \text{sonst} \end{cases}$$

zu fordern:

$$x_{i_1 i_2} + x_{i_2 i_3} + ... + x_{i_k i_1} \leq k-1 \tag{6.13}$$

(6.13) verhindert nicht, daß eine Variable x_{ii} den Wert 1 annimmt. Dies läßt sich am einfachsten dadurch ausschließen, daß man in der Kostenmatrix $C = (c_{ij})$ die Hauptdiagonalelemente c_{ii} hoch bewertet ($c_{ii} = M$ mit hinreichend großem M).

Beispiel zum Ausschluß von Kurzzyklen: Gegeben sei ein Digraph mit 7 Knoten. Benötigt werden Zyklusbedingungen der Art:

$$x_{12} + x_{21} \leq 1, \qquad x_{13} + x_{31} \leq 1, ...$$

$$x_{12} + x_{23} + x_{31} \leq 2, \qquad x_{12} + x_{24} + x_{41} \leq 2, ...$$

Durch Verbot eines Zyklus mit zwei Knoten kann (bei $n = 7$) auch kein Zyklus mit 5 Knoten auftreten. Eine Zyklusbedingung für drei Knoten schließt (bei $n = 7$) zugleich einen Zyklus mit vier Knoten aus.

Die Zyklusbedingungen machen das TSP zu einem "schwer lösbaren" Problem. Schon ein Problem mit $n = 14$ Knoten besitzt etwa drei Millionen Bedingungen vom Typ (6.13).

Sowohl beim quadratischen Zuordnungsproblem als auch beim TSP haben wir von einem "schwer lösbaren" Problem gesprochen, ohne dies näher zu erläutern. Im folgenden Kapitel konkretisieren wir diese Eigenschaft.

6.3 Komplexität von Algorithmen und Optimierungsproblemen

Zur Ausführung eines Algorithmus (genauer: eines Programms für einen Algorithmus) auf einer Rechenanlage wird neben Speicherplatz vor allem Rechenzeit benötigt. Definieren wir "eine Zeiteinheit" (= ein *Elementarschritt*, z.B. eine Addition oder ein Vergleich), so können wir den Rechenzeitverbrauch – wir sprechen auch vom *Rechenaufwand* – eines Algorithmus A zur Lösung eines Problems P ermitteln. Dies kann durch Abzählen der erforderlichen Elementarschritte oder durch einen Rechentest geschehen. Interessanter als der Rechenaufwand für jedes einzelne Problem sind globale Aussagen über den Rechenaufwand eines Algorithmus A oder von Algorithmen zur Lösung von Problemen eines bestimmten Typs.

Beispiele für Problemtypen sind:

(1) Die Menge aller klassischen Transportprobleme (TPPe, siehe Kap. 4.1).

(2) Die Menge aller Traveling Salesman - Probleme (siehe Kap. 6.2).

Bei solchen globalen Aussagen muß man die *Größe der Probleme* berücksichtigen. Bei klassischen TPPen wird sie durch die Anzahl m der Anbieter und die Anzahl n der Nachfrager bestimmt, bei TSPen ist sie von der Anzahl n der Knoten des Graphen abhängig. Im folgenden gehen wir vereinfachend davon aus, daß die Größe eines Problems durch nur *einen* Parameter n meßbar ist.

Definition 6.1: Man sagt, der Rechenaufwand R(n) eines Algorithmus sei von der (Größen-) **Ordnung f(n)**, in Zeichen **O(f(n))**, wenn er für hinreichend großes n proportional zur Funktion f(n) ist; dh. wenn $R(n) \leq c \cdot f(n)$ mit $c \in \mathbb{R}_+$ gilt.

Statt vom Rechenaufwand O(f(n)) spricht man auch von der **Komplexität O(f(n))**. Ist die Funktion f(n) ein Polynom von n, so nennt man den Aufwand *polynomial*, ansonsten *exponentiell*.

Beispiele:

a) Ein Algorithmus benötige zur Lösung eines Problems der Größe n genau $3n^2 + 10n + 50$ Elementarschritte. Da dieser Aufwand für hinreichend großes n proportional zum Polynom $f(n) = n^2$ ist, sagt man, er sei von der Ordnung $f(n) = n^2$ oder er sei $O(n^2)$.

b) $O(2^n)$ ist ein Beispiel für exponentiellen Aufwand.

In der Komplexitätstheorie (vgl. dazu z.B. Garey und Johnson (1979), Bachem (1980), Papadimitriou und Steiglitz (1982) oder Domschke et al. (1993)) hat man auch für einzelne Problemtypen untersucht, welchen Rechenaufwand sie im ungünstigsten Fall verursachen. Dabei hat man alle Optimierungsprobleme im wesentlichen in zwei Klassen unterteilt:

a) Die mit **polynomialem Aufwand** lösbaren Probleme gehören zur **Klasse $\mathcal{P}$**.

b) Probleme, für die man bislang keinen Algorithmus kennt, der auch das am schwierigsten zu lösende Problem desselben Typs mit polynomialem Aufwand löst, gehören zur **Klasse der $\mathcal{NP}$-schweren Probleme.**

Bemerkung 6.1: Man sagt, die Probleme aus $\mathcal{P}$ seien "effizient lösbar". Dagegen bezeichnet man $\mathcal{NP}$-schwere Probleme als "schwierige" oder "schwer lösbare" Probleme.

Beispiele:

a) Zur Klasse $\mathcal{P}$ gehören z.B. Kürzeste-Wege- und lineare Zuordnungsprobleme. Der Tripel-Algorithmus (Kap. 3.2.2) beispielsweise hat die Komplexität $O(n^3)$.

b) Die meisten ganzzahligen und kombinatorischen Problemtypen gehören zu den $\mathcal{NP}$-schweren Problemen. Für "große" Probleme dieser Klasse läßt sich eine optimale Lösung häufig nicht mit vertretbarem Aufwand bestimmen. Bei ihnen ist man daher oft auf die Anwendung von Heuristiken angewiesen.

6.4 Lösungsprinzipien

Man unterscheidet exakte und heuristische Verfahren.

Exakte Verfahren liefern in endlich vielen Schritten eine optimale Lösung. Exakte Verfahren zur Lösung ganzzahliger linearer und kombinatorischer Optimierungsprobleme sind unterteilbar in:

(1) Schnittebenenverfahren, siehe z.B. Meyer und Hansen (1985, S. 70 ff.) oder Salkin (1975);

(2) Entscheidungsbaumverfahren
  (a) Vollständige Enumeration
  (b) Unvollständige (begrenzte) Enumeration
  (c) Verfahren der dynamischen Optimierung

(3) Kombinationen aus (1) und (2).

Zu (2b) zählen *Branch-and-Bound-Verfahren*, deren Prinzip wir in Kap. 6.5 näher beschreiben. Mit Methoden der dynamischen Optimierung beschäftigen wir uns in Kap. 7. Zu (3) zählen Branch-and-Cut-Verfahren; siehe hierzu z.B. Neumann und Morlock (1993, S. 529 ff.).

Heuristische Verfahren (Heuristiken) bieten keine Garantie, daß ein Optimum gefunden (bzw. als solches erkannt) wird. Sie beinhalten "Vorgehensregeln", die für die jeweilige Problemstruktur sinnvoll und erfolgversprechend sind. Sie lassen sich unterteilen in:

(1) *Eröffnungsverfahren* zur Bestimmung einer (ersten) zulässigen Lösung.

(2) *Verbesserungsverfahren* zur Verbesserung einer gegebenen zulässigen Lösung. Dabei handelt es sich meist um Austauschverfahren. Beispiele hierfür sind die in Kap. 6.6.1 beschriebenen r-optimalen Verfahren für TSPe, bei denen von Schritt zu Schritt jeweils r Kanten bzw. Pfeile einer gegebenen Lösung durch r andere ausgetauscht werden.

(3) *Unvollständig exakte Verfahren*, z.B. vorzeitig abgebrochene Branch-and-Bound-Verfahren.

(4) Kombinationen aus (1) – (3).

Eröffnungs- und Verbesserungsverfahren lassen sich in deterministische und stochastische Vorgehensweisen unterteilen.

Deterministische Verfahren ermitteln bei mehrfacher Anwendung auf ein und dasselbe Problem und gleichen Startbedingungen (was sich bei unseren algorithmischen Beschreibungen im Voraussetzungsteil und im Startschritt niederschlägt) stets dieselbe Lösung.
Beispiele für deterministische Eröffnungsverfahren sind die in Kap. 4.1.2 für das TPP beschriebenen Heuristiken.

Stochastische Verfahren enthalten demgegenüber eine zufällige Komponente, die bei wiederholter Anwendung des Algorithmus auf ein und dasselbe Problem in der Regel zu unterschiedlichen Lösungen führt.
Ein stochastisches Eröffnungsverfahren liegt beim quadratischen Zuordnungsproblem z.B. vor, wenn man die n Maschinen rein zufällig den n verfügbaren Plätzen zuordnet. Die Vogel'sche Approximationsmethode wird dadurch stochastisch, daß man z.B. in der Zeile bzw. Spalte mit maximaler Kostendifferenz zufällig das kleinste oder zweitkleinste Kostenelement auswählt. Ein stochastisches Eröffnungsverfahren zur Kapazitätsplanung in Netzwerken, bei dem die verfügbaren Ressourcen zufällig so verplant werden, daß der zu erwartende Anstieg des Zielfunktionswertes (der Projektdauer oder der damit verbundenen Projektkosten) möglichst gering ausfällt, wird in Drexl (1991) beschrieben. Auch das im folgenden skizzierte Simulated Annealing enthält stochastische Komponenten.

Simulated Annealing, Tabu Search und *genetische Algorithmen* sind neuere heuristische Prinzipien bzw. Metastrategien, deren grundsätzliche Vorgehensweise wir im folgenden kurz beschreiben:

Ausgehend von einer zulässigen Lösung $\mathbf{x}$ werden zulässige Lösungen der **Nachbarschaft** $\mathcal{NB}(\mathbf{x})$ nach Verbesserungsmöglichkeiten untersucht. Was man dabei unter der Nachbarschaft $\mathcal{NB}(\mathbf{x})$ einer Lösung $\mathbf{x}$ verstehen möchte, muß im Einzelfall festgelegt werden. Neben der oben bereits erwähnten Vertauschung von Elementen kommt dabei v.a. die Veränderung einer Lösung an genau einer Stelle (einer Position eines Lösungsvektors) in Betracht. Zur Verdeutlichung greifen wir auf das Knapsack-Problem aus Kap. 1.2.2.2 zurück:

Maximiere $F(\mathbf{x}) = 3x_1 + 4x_2 + 2x_3 + 3x_4$

unter den Nebenbedingungen

$$3x_1 + 2x_2 + 4x_3 + x_4 \le 9$$

$$x_j \in \{0,1\} \qquad \text{für } j = 1,\dots,4$$

Eine zulässige Lösung ist $\mathbf{x} = (1,0,1,1)$. Lassen wir nur paarweise Vertauschungen zu (ein Gut durch ein anderes ersetzen), so ist $(\mathbf{0},\mathbf{1},1,1)$ eine Nachbarlösung von $\mathbf{x}$. Erlauben wir lediglich die Veränderung einer Position des Vektors, so ist z.B. $(\mathbf{0},0,1,1)$ eine Nachbarlösung von $\mathbf{x}$.

Simulated Annealing geht so vor, daß eine Nachbarlösung $\mathbf{x}' \in \mathcal{NB}(\mathbf{x})$ z.B. zufällig gewählt

wird. Führt **x**' zu einer Verbesserung des Zielfunktionswertes, so wird **x** durch **x**' ersetzt. Führt **x**' dagegen zu einer Verschlechterung des Zielfunktionswertes, so wird **x** durch **x**' nur mit einer bestimmten Wahrscheinlichkeit ersetzt. Dies ist abhängig vom Ausmaß der Verschlechterung; ferner wird die Wahrscheinlichkeit durch einen sogenannten Temperaturparameter so kontrolliert, daß diese Wahrscheinlichkeit mit fortschreitendem Lösungsprozeß gegen Null geht. In Kap. 6.6.1.3 beschreiben wir Simulated Annealing zur Lösung von TSPen, wobei das Prinzip kombiniert wird mit einem 2-optimalen Verfahren, das in jedem Schritt den Austausch von zwei Kanten der Lösung gegen zwei bislang nicht in der Lösung befindliche vorsieht. Vgl. zu Simulated Annealing insbesondere Aarts und Korst (1989).
Eine vereinfachte Variante von Simulated Annealing ist **Threshold Accepting**. Hierbei wird jede Lösung akzeptiert, die den Zielfunktionswert höchstens um einen vorzugebenden Wert Δ verschlechtert. Im Laufe des Verfahrens wird Δ sukzessive auf 0 reduziert.

Tabu Search bestimmt, ausgehend von einer Lösung **x**, grundsätzlich die beste Nachbarlösung $\mathbf{x}' \in \mathcal{NB}(\mathbf{x})$. Falls keine Verbesserungsmöglichkeit mehr gefunden werden kann, wird die Nachbarlösung gewählt, die den Zielfunktionswert am wenigsten verschlechtert. Damit man dabei anschließend nicht unmittelbar zu der zuvor betrachteten (besseren) Lösung zurückkehrt, wird diese durch Aufnahme in eine Tabuliste verboten. Indem man in der Tabuliste hinreichend viele bereits betrachtete Lösungen speichert, besteht die Möglichkeit, daß das Verfahren lokale Optima verläßt und u. U. zum globalen Optimum gelangt. Wesentlich ist dabei die Art des verwendeten Tabulisten-Managements. In der Literatur werden statische und dynamische Arten des *Tabulisten-Managements* diskutiert.
Allgemein notiert man sich dabei nicht die zuletzt betrachteten Lösungen, sondern – ausgehend von einer Lösung **x** – die ausgeführten Veränderungen. Die Veränderungen einer Lösung **x** durch Übergang zu einer Lösung $\mathbf{x}' \in \mathcal{NB}(\mathbf{x})$ bezeichnet man als **Zug** (Ausführung eines Zuges). Ersetzen wir in einem n-dimensionalen Lösungsvektor **x** an der Position q eine 0 durch eine 1, so symbolisieren wir diesen Zug durch q; ersetzen wir an derselben Position eine 1 durch eine 0, so symbolisieren wir dies durch $\bar{q}$. Einen Zug $\bar{q}$ bezeichnet man als zu q kompementär und umgekehrt.

Beim statischen Tabulisten-Management verbietet man stets eine vorzugebende Anzahl von zuletzt ausgeführten Zügen, indem man deren komplementäre Züge in die Tabuliste aufnimmt. Betrachten wir unser Knapsack-Problem, starten wir mit der Lösung **x** = (0,0,1,1) und führen wir eine Tabuliste der Länge zwei (dh. die letzen beiden Züge sind verboten), so ergibt sich folgender Lösungsgang:

Lösung	Tabuliste	Zielfunktionswert
(0,0,1,1)		5
(0,**1**,1,1)	$\bar{2}$	9
(0,1,**0**,1)	$\bar{2}$,3	7
(**1**,1,0,1)	3,$\bar{1}$	10
(1,1,0,**0**)	$\bar{1}$,4	7
(1,1,**1**,0)	4,$\bar{3}$	6

Die vierte Lösung des Tableaus ist die optimale Lösung des Problems.

Im nächsten Schritt würde die zweite Lösung wieder erreicht und das Verfahren ins Kreisen geraten. Grundsätzlich gilt: Je kürzer die Tabuliste gewählt wird, umso eher gerät das Verfahren ins Kreisen. Je länger sie gewählt wird, umso größer ist die Gefahr, daß es keine erlaubten zulässigen Nachbarlösungen mehr gibt. Die geeignete Tabulistenlänge ist abhängig von der Art und Größe des betrachteten Problems. Gelegentlich wird in der Literatur empfohlen, diese Zahl im Laufe eines Verfahrens in bestimmten Intervallgrenzen zu modifizieren.

Nähere Informationen zu Tabu Search und dessen Einsatzmöglichkeiten findet man in de Werra und Hertz (1989), Glover (1989) und (1990) sowie Voß (1994).

Das Grundprinzip **genetischer Algorithmen** besteht in der Erzeugung ganzer Populationen (Mengen) von Lösungen, wobei durch Kreuzung guter Lösungen neue erzeugt werden. Weitere genetische Prinzipien (Operatoren) sind Mutation und Selektion. *Kreuzen* wir z.B. die Lösungen (Individuen) $(0,1,0,1)$ sowie $(1,1,0,0)$, indem wir sie jeweils nach der zweiten Position durchtrennen und die erste Hälfte des ersten Elternteils mit der zweiten Hälfte des zweiten Elternteils kombinieren und umgekehrt, so erhalten wir die beiden zulässigen Lösungen (Nachkommen) $(0,1,0,0)$ sowie $(1,1,0,1)$. *Mutation* würde bedeuten, eine Lösung an einer oder mehreren Positionen zu verändern, indem aus einer 1 eine 0 und umgekehrt entsteht. *Selektion* bedeutet, aus einer Elterngeneration besonders "fitte" Individuen, dh. besonders gute Lösungen, auszuwählen und in die nachkommende Generation (Population) aufzunehmen.

Die geschilderten Vorgehensweisen sind dann besonders einfach, wenn Lösungen in Form von Binärvektoren angegeben (kodiert) werden können. Andernfalls muß man sich geeignete Möglichkeiten der Kodierung von Lösungen überlegen oder die prinzipiellen Vorgehensweisen geeignet modifizieren. Ein Beispiel für nicht unmittelbar in Form von Binärvektoren vorliegende Lösungen ist das TSP. Aber auch hierfür wurden zahlreiche Ideen präsentiert. Vgl. zu genetischen Algorithmen u.a. Schwefel (1977), Goldberg (1989), Pesch (1994) sowie Kolen und Pesch (1994).

Abschließend sei im Zusammenhang mit heuristischen Verfahren auf Müller-Merbach (1981), Zanakis et al. (1989) oder Reeves (1993) verwiesen.

6.5 Branch-and-Bound-Verfahren

6.5.1 Das Prinzip

Wir erläutern im folgenden das Prinzip von Branch-and-Bound- (**B&B**-) Verfahren für **Maximierungsprobleme**; für Minimierungsprobleme müssen einige der Aussagen modifiziert werden.

B&B beinhaltet die beiden Lösungsprinzipien Branching und Bounding. Sie lassen sich wie folgt skizzieren:

1. Branching: Ein zu lösendes Problem P_0 (*Ausgangsproblem*) wird in k Teilprobleme $P_1,...,P_k$ so *verzweigt* (to branch) bzw. zerlegt, daß

$$X(P_0) = \bigcup_{i=1}^{k} X(P_i) \qquad \text{und möglichst}$$

$$X(P_i) \cap X(P_j) = \phi \qquad \text{für alle } i \neq j$$

gilt. Dabei bezeichnen wir mit $X(P_i)$ die Menge der zulässigen Lösungen von Problem P_i.

Die Bedingungen besagen, daß P_0 in k Teilprobleme so unterteilt wird, daß die Vereinigung der Lösungsmenge der k Probleme diejenige von P_0 ergibt und daß deren paarweise Durchschnitte nach Möglichkeit leer sind.

Die Probleme $P_1,...,P_k$ sind analog zu P_0 weiter verzweigbar. Dadurch entsteht ein (Lösungs-) Baum von Problemen, wie ihn Abb. 6.3 zeigt. P_0 und P_1 sind dort jeweils in $k=2$ Teilprobleme verzweigt. Das Ausgangsproblem P_0 bezeichnet man als *Wurzel* des Baumes. Entsprechend ist P_1 Wurzel des aus den Knoten P_1, P_3 und P_4 bestehenden Teilbaumes.

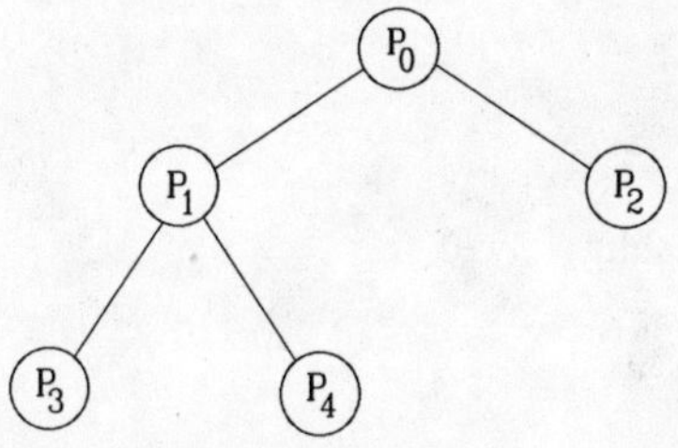

Abb. 6.3

2. Bounding (Berechnen von Schranken für Zielfunktionswerte und Ausloten von Problemen):

Das Boundingprinzip dient zur Beschränkung des geschilderten Verzweigungsprozesses. Es werden Schranken für Zielfunktionswerte berechnet, mit deren Hilfe man entscheiden kann, ob Teilprobleme verzweigt werden müssen oder nicht.

Es läßt sich stets eine **untere Schranke** $\underline{F}$ für den Zielfunktionswert einer optimalen Lösung des Ausgangsproblems angeben. Vor Ausführung des B&B-Verfahrens kann man entweder $\underline{F} := -\infty$ setzen oder ein i.a. besseres $\underline{F}$ durch Anwendung einer Heuristik bestimmen. Im Laufe des B&B-Verfahrens liefert jeweils die beste bekannte zulässige Lösung des Problems die (aktuelle, beste) untere Schranke.

Darüber hinaus läßt sich für jedes Problem P_i $(i=0,1,...)$ eine **obere Schranke** $\overline{F}_i$ für den Zielfunktionswert einer optimalen Lösung von P_i ermitteln. Dazu bildet und löst man eine **Relaxation** P_i' von P_i. Sie ist ein gegenüber P_i (häufig wesentlich) vereinfachtes Problem mit der Eigenschaft $X(P_i) \subseteq X(P_i')$. Man erhält sie durch Lockerung oder durch Weglassen von Nebenbedingungen.

Bei ganzzahligen linearen Optimierungsproblemen wie (6.1) – (6.4) erhält man eine Relaxation z.B. durch Weglassen der Ganzzahligkeitsbedingungen, beim TSP durch Weglassen der Zyklusbedingungen.

Ein Problem P_i heißt **ausgelotet** (es braucht nicht weiter betrachtet, also auch nicht weiter verzweigt zu werden), falls gilt:

Fall a ($\bar{F}_i \leq \underline{F}$): Die optimale Lösung des Teilproblems kann nicht besser als die beste bekannte zulässige Lösung sein.

Fall b ($\bar{F}_i > \underline{F}$ und die optimale Lösung von P_i' ist zulässig für P_i und damit auch für P_0): Es wurde eine neue beste zulässige Lösung des Problems P_0 gefunden. Man speichert sie und setzt $\underline{F} := \bar{F}_i$.

Fall c: P_i' besitzt keine zulässige Lösung; damit ist auch $X(P_i) = \phi$.

6.5.2 Erläuterung anhand eines Beispiels

Wir wenden das B&B-Prinzip zur Lösung unseres Beispiels (6.1) – (6.4) an.

Maximiere $F(x_1,x_2) = x_1 + 2x_2$ (6.1)

unter den Nebenbedingungen

$$x_1 + 3x_2 \leq 7 \tag{6.2}$$

$$3x_1 + 2x_2 \leq 10 \tag{6.3}$$

$$x_1, x_2 \geq 0 \text{ und ganzzahlig} \tag{6.4}$$

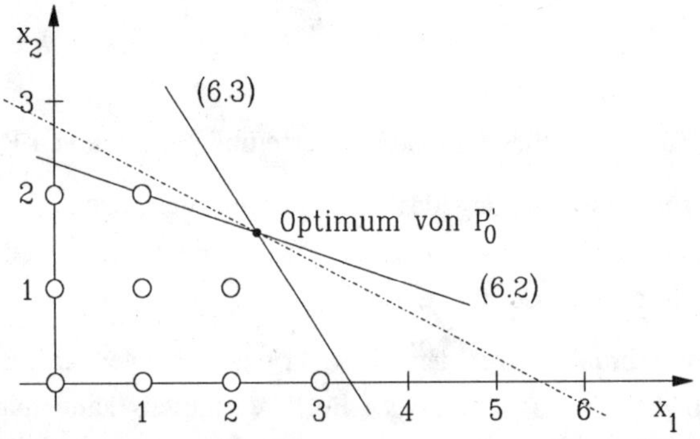

Abb. 6.4

Da der Ursprung $(x_1,x_2) = (0,0)$ zulässig ist, starten wir mit $\underline{F} = 0$.

Problem P_0: Als Relaxation P_0' bilden und lösen wir (6.1) – (6.4) ohne Ganzzahligkeitsbedingungen (graphisch oder mit Hilfe des Simplex-Algorithmus). Die optimale Lösung für P_0' ist $(x_1, x_2) = (2.29, 1.57)$ mit dem Zielfunktionswert $F = 5.43$. Diese Lösung ist für P_0 nicht zulässig; F liefert aber die obere Schranke $\bar{F}_0 = 5.43$ für den Zielfunktionswert einer optimalen Lösung von P_0. Wegen $\underline{F} < \bar{F}_0$ muß P_0 verzweigt werden.

Es bietet sich dabei an, von der Lösung für P_0' auszugehen und genau zwei Teilprobleme P_1 und P_2 zu bilden. In P_1 fordern wir $x_1 \leq 2$ zusätzlich zu (6.1) – (6.4), in P_2 fordern wir stattdessen zusätzlich $x_1 \geq 3$; siehe Abb. 6.5.

Problem P_1: Die Relaxation P_1' entsteht wiederum durch Weglassen der Ganzzahligkeitsbedingungen. Die optimale Lösung von P_1' ist $(x_1, x_2) = (2, 1.667)$ mit dem Zielfunktionswert $\bar{F}_1 = 5.33$. Problem P_1 wird weiter verzweigt, und zwar in die Teilprobleme P_3 mit der zusätzlichen Nebenbedingung $x_2 \le 1$ und P_4 mit der zusätzlichen Nebenbedingung $x_2 \ge 2$.

Problem P_2: Die Relaxation P_2' besitzt die optimale Lösung $(x_1, x_2) = (3, 0.5)$ mit dem Zielfunktionswert $\bar{F}_2 = 4$. Das Problem P_2 ist damit momentan nicht auslotbar. Bevor wir es evtl. verzweigen, betrachten wir zunächst die Teilprobleme P_3 und P_4 von P_1.

Problem P_3: Es besteht aus der Zielfunktion (6.1), den Nebenbedingungen (6.2) – (6.4) sowie den durch das Verzweigen entstandenen Restriktionen $x_1 \le 2$ und $x_2 \le 1$.

Die optimale Lösung für die Relaxation P_3' wie für P_3 ist $(x_1, x_2) = (2, 1)$ mit $F = 4$. Wir erhalten somit eine verbesserte zulässige Lösung für P_0 und die neue untere Schranke $\underline{F} = 4$. P_3 ist ausgelotet (Fall b).

Problem P_4: Die optimale Lösung für P_4' wie für P_4 ist $(x_1, x_2) = (1, 2)$ mit $F = 5$. Dies ist wiederum eine verbesserte zulässige Lösung für P_0 und damit eine neue untere Schranke $\underline{F} = 5$. P_4 ist ausgelotet (Fall b).

Indem wir erneut *Problem P_2* betrachten, erkennen wir wegen $\bar{F}_2 < \underline{F}$, daß eine optimale Lösung dieses Problems nicht besser sein kann als unsere aktuell beste zulässige Lösung. P_2 ist damit ebenfalls ausgelotet (nachträgliches Ausloten nach Fall a).

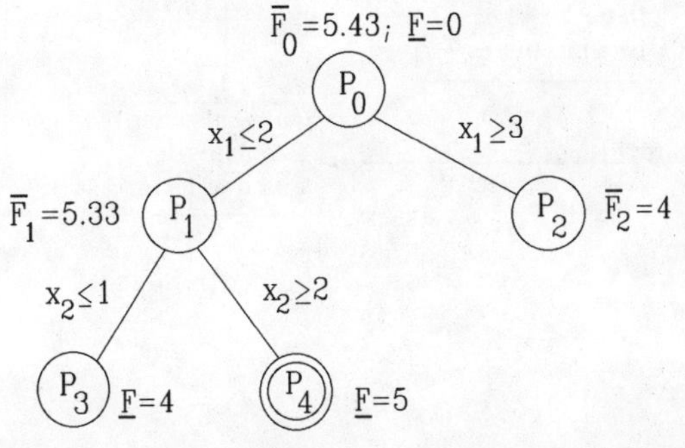

Abb. 6.5

Da im Lösungsbaum (siehe Abb. 6.5) nunmehr alle Knoten (Teilprobleme) ausgelotet sind, ist die Lösung $(x_1, x_2) = (1, 2)$ mit dem Zielfunktionswert $F = 5$ optimal.

6.5.3 Komponenten von B&B-Verfahren

Zum Abschluß von Kap. 6.5 betrachten wir das in Abb. 6.6 angegebene Flußdiagramm. Es enthält die wichtigsten Komponenten, die in den meisten B&B-Verfahren auftreten:

[1] Start des Verfahrens, z.B. durch Anwendung einer Heuristik

[2] Regeln zur Bildung von Relaxationen P_i'

[3] Regeln zum Ausloten von Problemen P_i

[4] Regeln zur Reihenfolge der Auswahl von zu verzweigenden Problemen P_i

[5] Regeln zur Bildung von Teilproblemen (zum Verzweigen) eines Problems P_i

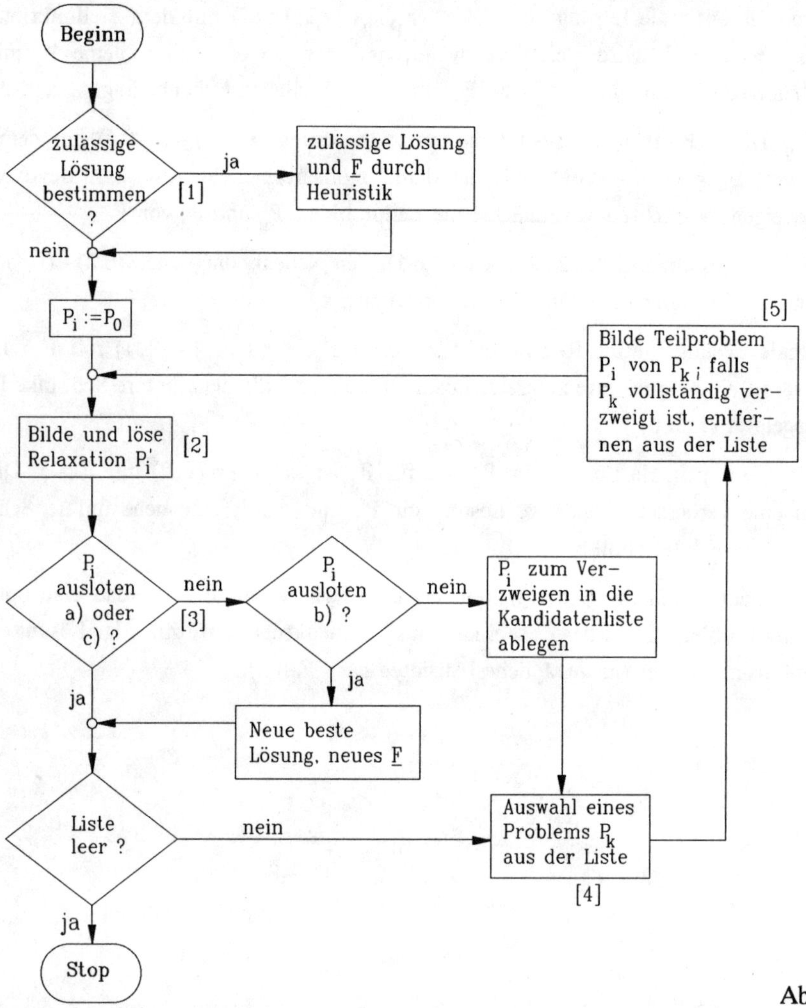

Abb. 6.6

Im folgenden erläutern wir die Komponenten 2, 4 und 5 ausführlicher.

Zu Komponente [2]: Zwei wesentliche Relaxationsmöglichkeiten sind die LP-Relaxation und die Lagrange-Relaxation.

- Die **LP-Relaxation** entsteht durch Weglassen der Ganzzahligkeitsbedingungen von Variablen wie im obigen Beispiel.
- Eine weitere Relaxationsmöglichkeit besteht darin, Nebenbedingungen (Gleichungen oder Ungleichungen, jedoch nicht Typbedingungen für Variablen) wegzulassen, die die Lösung des Problems besonders erschweren. Ein Beispiel hierfür ist das Weglassen der Zyklusbedingungen beim TSP.

- Eine **Lagrange-Relaxation** entsteht dadurch, daß man aus dem Restriktionensystem eliminierte Nebenbedingungen, mit vorzugebenden oder geeignet zu bestimmenden Parametern (Dualvariablen, Lagrange-Multiplikatoren) gewichtet, in die Zielfunktion aufnimmt. Beispiele für Lagrange-Relaxationen behandeln wir in Kap. 6.6 und 6.7; eine erste grundlegende Arbeit hierzu stammt von Geoffrion (1974).

Die vorhandenen Relaxationsmöglichkeiten hängen i.a. stark vom betrachteten Problemtyp ab.

Zu Komponente [4]: Zur Auswahl von Problemen aus einer sogenannten Kandidatenliste der noch zu verzweigenden Probleme sind v.a. zwei mögliche Regeln zu nennen:

- Bei der **LIFO - (Last In - First Out -) Regel** wird jeweils das zuletzt in die Kandidatenliste aufgenommene Problem zuerst weiter bearbeitet (*depth first search*). Dabei gibt es zwei mögliche Varianten:

  a) Bei der *reinen Tiefensuche* (engl. *laser search*) wird für jedes betrachtete Problem zunächst nur ein Teilproblem gebildet und das Problem selbst wieder in der Kandidatenliste abgelegt. Diese Vorgehensweise ist im Flußdiagramm der Abb. 6.6 enthalten.

  b) Bei der *Tiefensuche mit vollständiger Verzweigung* wird jedes betrachtete Problem vollständig in Teilprobleme zerlegt und sofort aus der Kandidatenliste entfernt. Eines der gebildeten Teilprobleme wird unmittelbar weiterbearbeitet, die anderen werden in der Kandidatenliste abgelegt. Dabei kann die Reihenfolge der Betrachtung dieser Teilprobleme durch eine zusätzliche Auswahlregel (z.B. die MUB-Regel) gesteuert werden.

  Die Regel hat den Vorteil, daß man relativ schnell zu einer ersten zulässigen Lösung gelangt und sich stets vergleichsweise wenige Probleme in der Kandidatenliste befinden. Die ersten erhaltenen zulässigen Lösungen sind zumeist jedoch noch relativ schlecht.

- Die **MUB - (Maximal Upper Bound -) Regel**: Danach wird aus der Liste stets das Problem P_i mit der größten oberen Schranke $\overline{F}_i$ ausgewählt. Dies geschieht in der Hoffnung, daß sich die oder eine optimale Lösung von P_0 am ehesten unter den zulässigen Lösungen von P_i befindet. Die Suche ist in die Breite gerichtet (*breadth first search*).

  Bei Anwendung dieser Regel hat man gegenüber der LIFO-Regel zumeist mehr Probleme in der Kandidatenliste (evtl. Speicherplatzprobleme). Die erste erhaltene zulässige Lösung ist jedoch im allgemeinen sehr gut.

Es sind verschiedene Kombinationen beider Regeln möglich. Bei zu minimierenden Problemen würde der MUB-Regel eine MLB- (Minimal Lower Bound-) Regel entsprechen.

Der in Abb. 6.5 wiedergegebene Lösungsbaum kommt durch Anwendung der MUB-Regel zustande. Bei Anwendung der LIFO-Regel wäre P_2 zuletzt gebildet und gelöst worden.

Zu Komponente [5]: Die Vorgehensweise zur Zerlegung eines Problems P_i in Teilprobleme hängt wesentlich von der Art des zu lösenden ganzzahligen oder kombinatorischen Optimierungsproblems ab.

Man wird jeweils von der für die Relaxation P_i' erhaltenen optimalen Lösung ausgehen. Bei ganzzahligen linearen Problemen vom Typ (6.1) - (6.4) kann man dann z.B. diejenige Variable x_j mit dem kleinsten (oder mit dem größten) nicht-ganzzahligen Anteil auswählen und mit Hilfe dieser Variablen, wie in Kap. 6.5.2 ausgeführt, das Problem P_i in genau zwei Teilprobleme P_{i_1} und P_{i_2} zerlegen.

6.6 Traveling Salesman-Probleme

Das Traveling Salesman-Problem (**TSP**) gehört zu den in der kombinatorischen Optimierung am intensivsten untersuchten Problemen. Entsprechend zahlreich und vielfältig sind die heuristischen und exakten Lösungsverfahren, die dafür entwickelt wurden. Unter den Heuristiken zum TSP existieren alle von uns in Kap. 6.4 skizzierten Varianten. An exakten Verfahren gibt es sowohl Schnittebenenverfahren als auch B&B-Verfahren mit den verschiedensten Relaxationsmöglichkeiten.

In Kap. 6.2 befindet sich eine verbale Beschreibung des TSPs sowie eine mathematische Formulierung für TSPe in gerichteten Graphen (**asymmetrische TSPe**). Im folgenden beschränken wir uns aus folgenden Gründen auf die *Betrachtung von Problemen in ungerichteten Graphen* (**symmetrische TSPe**):

(1) Für derartige Probleme lassen sich verschiedenartige Heuristiken besonders einfach beschreiben (Kap. 6.6.1). Die Vorgehensweisen sind jedoch auch auf Probleme in gerichteten Graphen übertragbar.

(2) Anhand symmetrischer TSPe kann das Prinzip der Lagrange-Relaxation relativ leicht und anschaulich geschildert werden (Kap. 6.6.2). Bei asymmetrischen TSPen gestalten sich die Lagrange-Relaxationen nicht so einfach und/oder sie sind im Hinblick auf den erforderlichen Rechenaufwand weniger erfolgreich anwendbar.

Aus Gründen einer einfacheren Beschreibung gehen wir bei den Heuristiken und bei der mathematischen Formulierung in Kap. 6.6.2.1 von einem vollständigen, ungerichteten Graphen $G = [V,E,c]$ aus, für dessen Kantenbewertungen die *Dreiecksungleichung* $c_{ik} \leq c_{ij} + c_{jk}$ für alle Knoten i, j und k gilt. Zwischen jedem Knotenpaar i und k des Graphen soll also eine Kante existieren, deren Bewertung c_{ik} gleich der kürzesten Entfernung zwischen i und k ist.

Besitzt ein zunächst gegebener ungerichteter Graph G' diese Eigenschaft nicht, so kann man ihn durch Hinzufügen von Kanten vervollständigen und z.B. mit dem Tripel-Algorithmus die gewünschten Kantenbewertungen ermitteln.

Im Rahmen einer effizienten Implementierung zur Anwendung auf praktische Probleme kann es jedoch sinnvoll sein, keine Vervollständigung des Graphen vorzunehmen, sondern die Entfernungsbestimmung für jeden Knoten auf vergleichsweise wenige "benachbarte" Knoten zu beschränken.

6.6.1 Heuristiken

Wie bereits erwähnt, gibt es zahlreiche heuristische Verfahren zur Lösung von TSPen. Zu nennen sind Eröffnungsverfahren, wie wir sie im folgenden zunächst beschreiben. Hinzu kommen Verbesserungsverfahren, wie sie in Kap. 6.6.1.2 zu finden sind. Über die dort enthaltenen *r*-optimalen Verfahren hinaus sei neben Verfahren, die auf den Prinzipien des Tabu Search, genetischer Algorithmen und des Simulated Annealing basieren, v.a. die Vorgehensweise von Lin und Kernighan (1973) genannt. Wir beschreiben in Kap. 6.6.1.3 eine Variante des Simulated Annealing unter Verwendung von 2-opt. Besonders gute Ergebnisse lassen sich mit genetischen Algorithmen erzielen, bei denen einzelne Lösungen mit dem Algorithmus von Lin und Kernighan verbessert werden; vgl. z.B. Pesch (1994) oder Kolen und Pesch (1994).

6.6.1.1 Deterministische Eröffnungsverfahren

Unter den in der Literatur beschriebenen Eröffnungsverfahren sind v.a. das Verfahren des besten (oder nächsten) Nachfolgers sowie dasjenige der sukzessiven Einbeziehung zu nennen.

Das **Verfahren des besten** (oder **nächsten) Nachfolgers** beginnt die Bildung einer Rundreise mit einem beliebigen Knoten $t_0 \in V$. In der 1. Iteration fügt man dieser Rundreise denjenigen Knoten t_1 hinzu, der von t_0 die geringste Entfernung hat. Allgemein fügt man in Iteration i (= 1,...,n−1) der Rundreise stets denjenigen noch nicht in ihr befindlichen Knoten t_i hinzu, der zu Knoten t_{i-1} die geringste Entfernung besitzt. t_i wird Nachfolger von t_{i-1}.

Für den vollständigen ungerichteten Graphen mit der in Tab. 6.1 angegebenen Kostenmatrix liefert das Verfahren, beginnend mit $t_0 = 1$, die Rundreise r = [1,3,5,6,4,2,1] mit der Länge c(r) = 20.

Bemerkung 6.2: Das Verfahren zählt, wie der Kruskal-Algorithmus zur Bestimmung minimaler spannender Bäume in Kap. 3.3.1, zu den Greedy-Algorithmen, die in jeder Iteration stets die augenblicklich günstigste Alternative auswählen. Im Gegensatz zu diesem liefert das Verfahren des besten Nachfolgers jedoch i.a. suboptimale Lösungen.

	1	2	3	4	5	6
1	∞	4	3	4	4	6
2	4	∞	2	6	3	5
3	3	2	∞	4	1	3
4	4	6	4	∞	5	4
5	4	3	1	5	∞	2
6	6	5	3	4	2	∞

Tab. 6.1

	1	2	3	4	5	6
1			3	4	4	
2			2	6	3	
6			3	4	2	
min			2	4	2	

Tab. 6.2

Das **Verfahren der sukzessiven Einbeziehung** beginnt mit zwei beliebigen Knoten t_0 und t_1 aus V und dem Kreis $r = [t_0, t_1, t_0]$. In jeder Iteration i (=2,...,n−1) fügt man der Rundreise genau einen der noch nicht in ihr enthaltenen Knoten t_i hinzu. Man fügt ihn so (dh. an der Stelle) in den Kreis r ein, daß die Länge von r sich dadurch möglichst wenig erhöht.

Eine mögliche Vorgehensweise besteht darin, mit zwei weit voneinander entfernten Knoten t_0 und t_1 zu starten. In jeder Iteration i wählt man dann denjenigen Knoten t_i zur Einbeziehung in die Rundreise, dessen kleinste Entfernung zu einem der Knoten von r am größten ist. Durch diese Art der Auswahl einzubeziehender Knoten wird die wesentliche Struktur der zu entwickelnden Rundreise schon in einem sehr frühen Stadium des Verfahrens festgelegt. Die erhaltenen Lösungen sind i.a. besser als bei anderen Auswahlmöglichkeiten.

Wir wenden auch dieses Verfahren auf das **Beispiel** in Tab. 6.1 an.

Wir beginnen mit den Knoten $t_0 = 1$, $t_1 = 6$ und der Rundreise r = [1,6,1] mit c(r) = 12.

Iteration i=2: Wir beziehen den Knoten $t_2 = 2$ ein (nach obigen Regeln wäre auch Knoten 4 möglich). Wir bilden den Kreis r = [1,2,6,1] mit der Länge c(r) = 15; der Kreis [1,6,2,1] besitzt dieselbe Länge.

Iteration i=3: Wir beziehen den Knoten $t_3 = 4$ ein, weil er die größte kürzeste Entfernung zu den Knoten im aktuellen Kreis r besitzt (siehe Tab. 6.2). Wir berechnen diejenige Stelle von r, an der Knoten 4 am günstigsten einzufügen ist. Zu diesem Zweck werden die folgenden Längenänderungen verglichen:

$c_{14} + c_{42} - c_{12} = 6$ (wenn Knoten 4 zwischen Knoten 1 und 2 eingefügt wird)
$c_{24} + c_{46} - c_{26} = 5$ (wenn Knoten 4 zwischen Knoten 2 und 6 eingefügt wird)
$c_{64} + c_{41} - c_{61} = 2$ (wenn Knoten 4 zwischen Knoten 6 und 1 eingefügt wird)

Das Verfahren wird mit r = [1,2,6,4,1] mit der Länge c(r) = 17 fortgesetzt.

In *Iteration i=4* beziehen wir den Knoten $t_4 = 3$ ein (nach obigen Regeln wäre auch Knoten 5 möglich). Die Länge der Kette r bleibt unverändert, wenn wir den Knoten 3 zwischen den Knoten 2 und 6 einfügen. Das Verfahren wird mit r = [1,2,3,6,4,1] mit der Länge c(r) = 17 fortgesetzt.

In *Iteration i=5* beziehen wir den Knoten $t_5 = 5$ ein und erhalten damit die Rundreise r = [1,2,3,5,6,4,1] mit der Länge c(r) = 17.

6.6.1.2 Deterministische Verbesserungsverfahren

Hier sind v.a. die sogenannten ***r*-optimalen Verfahren** zu nennen. Sie gehen von einer zulässigen Lösung (Rundreise) aus und versuchen, diese durch Vertauschung von *r* in ihr befindlichen Kanten gegen *r* andere Kanten zu verbessern.

Demzufolge prüft ein **2-optimales Verfahren** systematisch alle Vertauschungsmöglichkeiten von jeweils 2 Kanten einer gegebenen Rundreise gegen 2 andere. Kann die Länge der gegebenen Rundreise durch eine Vertauschung zweier Kanten verringert werden, so nimmt man die Vertauschung vor und beginnt erneut mit der Überprüfung. Das Verfahren bricht ab, wenn bei der letzten Überprüfung aller paarweisen Vertauschungsmöglichkeiten keine Verbesserung mehr erzielt werden konnte.

Das Verfahren 2-opt läßt sich algorithmisch wie folgt beschreiben:

2-opt

Voraussetzung: Die Kostenmatrix $C = (c_{ij})$ eines ungerichteten, vollständigen, schlichten, bewerteten Graphen G mit n Knoten. Eine zulässige Rundreise $[t_1,...,t_n,t_{n+1} = t_1]$. Der einfacheren Darstellung halber wird Knoten 1 zugleich als (n+1)-ter Knoten interpretiert; entsprechend ist ein mit t_{n+1} bezeichneter Knoten identisch mit t_1.

Iteration μ (= 1,2,...):

for i := 1 **to** n−2 **do**
begin
  for j := i+2 **to** n **do**
  begin berechne $\Delta := c_{t_i t_j} + c_{t_{i+1} t_{j+1}} - c_{t_i t_{i+1}} - c_{t_j t_{j+1}}$;
    falls $\Delta < 0$, bilde eine neue Rundreise $[t_1,...,t_n,t_1] :=$
    $[t_1,...,t_i,t_j,t_{j-1},...,t_{i+1},t_{j+1},...,t_n,t_1]$ und gehe zu Iteration $\mu + 1$
  end
end;

Ergebnis: Eine 2-optimale Rundreise.

* * * * *

Abb. 6.7 zeigt *allgemein* die durch 2-opt vorgenommenen Überprüfungen. Für i = 2 und j = 5 wird dabei der Austausch der Kanten [2,3] und [5,6] gegen die Kanten [2,5] und [6,3] untersucht.

Abb. 6.8 zeigt die mit dem Verfahren des besten Nachfolgers für unser obiges Beispiel erzielte Rundreise r = [1,3,5,6,4,2,1] mit der Länge c(r) = 20. Durch Austausch der Kanten [1,3] und [2,4] gegen die Kanten [1,4] und [2,3] erhält man die mit dem Verfahren der sukzessiven Einbeziehung ermittelte Rundreise r = [1,4,6,5,3,2,1] mit der Länge c(r) = 17.

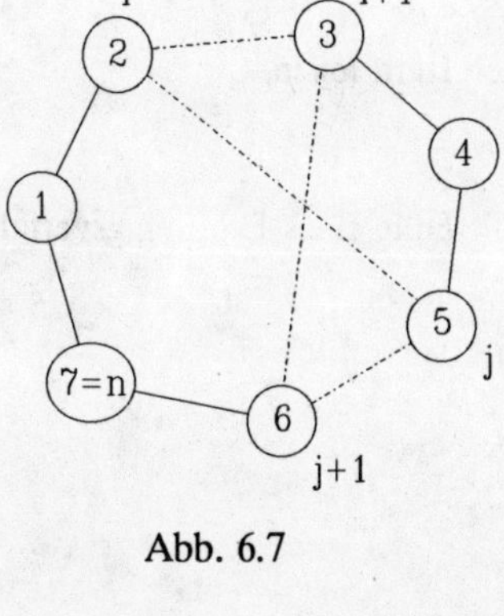

Abb. 6.7

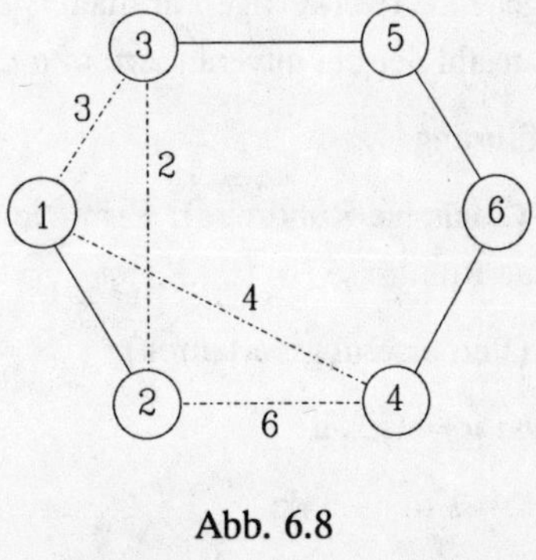

Abb. 6.8

V.a. mit einem 3-optimalen Verfahren (3-opt) erhält man in der Regel gute Lösungen. Hinsichtlich des Rechenaufwandes empfiehlt es sich, vor dessen Anwendung zunächst 2-opt einzusetzen. 3-opt findet auch alle paarweisen Verbesserungsmöglichkeiten; es benötigt aber pro Iteration Rechenaufwand der Ordnung n^3, während 2-opt mit Aufwand der Ordnung n^2 auskommt. Vgl. zu einer algorithmischen Beschreibung von 3-opt z.B. Domschke (1996, Kap. 3).

6.6.1.3 Ein stochastisches Verfahren

Zur Gruppe der stochastischen Heuristiken zählen u.a. solche Verfahren, die sich des Prinzips des *Simulated Annealing* (der simulierten Abkühlung) bedienen. Dieses im OR relativ neue Verfahrensprinzip wurde in den letzten 15 Jahren erfolgreich zur Lösung zahlreicher komplexer Optimierungsprobleme angewendet. Verfahren, die damit arbeiten, lassen sich wie folgt skizzieren:

Beginnend mit einer (häufig zufällig bestimmten) Anfangslösung, wird ein Verbesserungsverfahren (z.B. 2-opt) durchgeführt. Im Unterschied zu deterministischen Verbesserungsverfahren läßt man dabei jedoch auch vorübergehende Verschlechterungen des Zielfunktionswertes zu. Die Entscheidung darüber, ob eine Verschlechterung in Kauf genommen wird, erfolgt stochastisch; die Wahrscheinlichkeit dafür ist abhängig vom Ausmaß Δ der Verschlechterung. Außerdem wird diese Wahrscheinlichkeit im Laufe des Verfahrens nach und nach reduziert, das System wird durch sukzessive Reduktion des Temperaturparameters α "abgekühlt".

Im folgenden beschreiben wir eine mögliche Variante eines 2-optimalen Verfahrens mit Simulated Annealing.

```
2-opt mit Simulated Annealing
```

Voraussetzung: Die Kostenmatrix $C = (c_{ij})$ eines ungerichteten, vollständigen, schlichten, bewerteten Graphen G mit n Knoten. Der einfacheren Darstellung halber wird Knoten 1 zugleich als (n+1)-ter Knoten interpretiert; entsprechend ist ein mit t_{n+1} bezeichneter Knoten identisch mit t_1.
Speicherplatz für eine zulässige und die aktuell beste Rundreise r und r* sowie deren Längen c(r) und c(r*).
Vorzugebende reellwertige Parameter $\alpha > 0$ und $0 < \beta < 1$;
it := Anzahl der bei unverändertem α durchzuführenden Iterationen.

Durchführung:

Teil 1 (Zulässige Rundreise): Ermittle zufällig oder mit Hilfe eines Eröffnungsverfahrens eine zulässige Rundreise $r = [t_1,...,t_n,t_{n+1} = t_1]$.

Teil 2 (Verbesserungsverfahren):

Iteration μ = 1,..., it:

for i := 1 **to** n−2 **do**

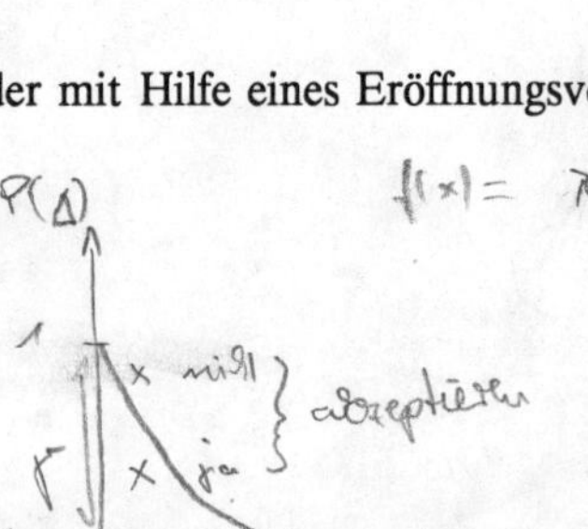

begin
 for $j := i+2$ **to** n **do**
 begin berechne $\Delta := c_{t_i t_j} + c_{t_{i+1} t_{j+1}} - c_{t_i t_{i+1}} - c_{t_j t_{j+1}}$;
  if $\Delta > 0$ **then**
  begin berechne $P(\Delta, \alpha) := \exp(-\Delta/\alpha)$ und eine im Intervall [0,1) gleichverteilte
   Zufallszahl γ;[1]
   if $\gamma \geq P(\Delta, \alpha)$ **then goto** M1
  end;
  bilde eine neue Rundreise $r = [t_1,...,t_n,t_1] := [t_1,...,t_i,t_j,t_{j-1},...,t_{i+1},t_{j+1},...,t_n,t_1]$;
  falls $c(r) < c(r^*)$, setze $r^* := r$ sowie $c(r^*) := c(r)$;
  gehe zu Iteration $\mu + 1$;
M1: **end;**
 end;[2]

Setze $\alpha := \alpha \cdot \beta$ und beginne erneut mit Iteration $\mu = 1$.

Abbruch: Ein mögliches Abbruchkriterium ist: Beende das Verfahren, wenn in den letzten it Iterationen keine neue Rundreise gebildet wurde.

Ergebnis: r^* mit der Länge $c(r^*)$ ist die beste gefundene Rundreise.

* * * * *

Bemerkung 6.3: Es gilt $P(\Delta, \alpha) = \exp(-\Delta/\alpha) = e^{-\Delta/\alpha}$. $P(\Delta, \alpha)$ ist die Wahrscheinlichkeit dafür, daß eine Verschlechterung des Zielfunktionswertes um Δ in Kauf genommen wird. Ferner gilt $\lim_{\Delta \to 0} P(\Delta, \alpha) = 1$ und $\lim_{\Delta \to \infty} P(\Delta, \alpha) = 0$.

Entscheidend für das numerische Verhalten von Simulated Annealing ist die Wahl der Parameter α, β und it.

Wählt man α, gemessen an den Zielfunktionskoeffizienten c_{ij}, groß (z.B. $\alpha = \max\{c_{ij} \mid$ für alle $i,j\} - \min\{c_{ij} \mid$ für alle $i,j\}$), so ist anfangs die Wahrscheinlichkeit $P(\Delta, \alpha)$ für die Akzeptanz einer Verschlechterung der Lösung ebenfalls groß. Wählt man α dagegen klein, so werden Lösungsverschlechterungen mit kleiner Wahrscheinlichkeit in Kauf genommen.

Bei $\Delta = 1$ ist z.B. für $\alpha = 2$ die Wahrscheinlichkeit für die Akzeptanz einer Verschlechterung $P(\Delta, \alpha) = e^{-1/2} = 0.61$; für $\alpha = 1$ erhält man $P(\Delta, \alpha) = e^{-1} = 0.37$ usw.

Je kleiner β gewählt wird, umso schneller reduziert sich die Wahrscheinlichkeit für die Akzeptanz schlechterer Lösungen.

Neben α und β hat die Anzahl it der bei unverändertem α durchzuführenden Iterationen großen Einfluß auf das Lösungsverhalten. Unter Umständen ist es günstig, bei jeder Erhöhung von α auch it mit einem Parameter $\rho > 1$ zu multiplizieren.

---

[1] Vgl. hierzu Kap. 10.4.2.

[2] Die Marke könnte auch am Ende der j-Schleife stehen, so daß nicht erneut mit $i = 1$ begonnen würde.

Aufgrund der vielfältigen Möglichkeiten der Vorgabe von Parametern ist es schwierig, besonders günstige Parameterkombinationen zu finden, die bei geringer Rechenzeit zu guten Lösungen führen. Überlegungen hierzu findet man u.a. bei Rossier et al. (1986) sowie Aarts und Korst (1989).

Unabhängig von der Wahl der Parameter empfiehlt es sich, mehrere Startlösungen (Rundreisen) zu erzeugen und mit Simulated Annealing zu verbessern.

6.6.2 Ein Branch-and-Bound-Verfahren für TSPe in ungerichteten Graphen

Wie bereits zu Beginn von Kap. 6.6 erwähnt, sind für TSPe zahlreiche exakte Verfahren entwickelt worden. Zu nennen sind v.a. Schnittebenenverfahren sowie B&B-Verfahren.[3] Je nachdem, ob man Probleme in gerichteten Graphen (asymmetrische TSPe) oder in ungerichteten Graphen (symmetrische TSPe) betrachtet, beinhalten die Verfahren unterschiedliche Vorgehensweisen. Bei B&B-Verfahren für asymmetrische TSPe verwendet man zumeist das lineare Zuordnungsproblem als Relaxation; siehe hierzu Domschke (1996). Bei B&B-Verfahren für symmetrische TSPe werden v.a. die 1-Baum-Relaxation und eine darauf aufbauende Lagrange-Relaxation erfolgreich eingesetzt. Eine mögliche Vorgehensweise dieser Art wollen wir im folgenden betrachten. Im Vordergrund steht dabei die Art der Relaxierung; danach folgt eine knappe Darstellung der übrigen Komponenten eines B&B-Verfahrens.

6.6.2.1 Die Lagrange-Relaxation und Lösungsmöglichkeiten

Wir beginnen mit einer mathematischen Formulierung eines symmetrischen TSPs.

Wir gehen von einem vollständigen, ungerichteten Graphen $G = [V,E,c]$ aus und überlegen uns, daß jede Rundreise von G zugleich ein 1-Baum von G ist (vgl. hierzu Def. 3.11). Umgekehrt ist jedoch nicht jeder 1-Baum zugleich eine Rundreise. Gegenüber einem 1-Baum wird bei der Rundreise zusätzlich gefordert, daß der Grad *jedes* Knotens (dh. die Anzahl der in der Rundreise mit jedem Knoten inzidenten Kanten) gleich 2 ist.

Zur mathematischen Formulierung des symmetrischen TSPs verwenden wir Variable x_{ij} mit $i < j$ und folgender Bedeutung:

$$x_{ij} = \begin{cases} 1 & \text{falls nach Knoten i unmittelbar Knoten j aufgesucht wird oder umgekehrt} \\ 0 & \text{sonst} \end{cases}$$

Berücksichtigt man, daß $\mathbf{x}$ einen 1-Baum bildet, so läßt sich die Bedeutung der x_{ij} auch wie folgt interpretieren:

$$x_{ij} = \begin{cases} 1 & \text{falls die Kante [i, j] im 1-Baum enthalten ist} \\ 0 & \text{sonst} \end{cases}$$

Damit erhalten wir folgende Formulierung:

---

[3] Zu Schnittebenenverfahren vgl. z.B. Grötschel und Pulleyblank (1986) sowie Fleischmann (1988). Einen umfassenden Überblick über beide Verfahrenstypen findet man in Lawler et al. (1985).

$$\text{Minimiere } F(\mathbf{x}) = \sum_{i=1}^{n-1} \sum_{j=i+1}^{n} c_{ij}\, x_{ij} \tag{6.14}$$

unter den Nebenbedingungen

$$\mathbf{x} \text{ ist ein 1-Baum} \tag{6.15}$$

$$\sum_{h=1}^{i-1} x_{hi} + \sum_{j=i+1}^{n} x_{ij} = 2 \qquad \text{für } i = 1,\ldots,n \tag{6.16}$$

Eine Lagrange-Relaxation des Problems erhalten wir nun dadurch, daß wir (6.16) aus dem Nebenbedingungssystem entfernen und für jeden Knoten i (jede Bedingung aus (6.16)) den folgenden Ausdruck zur Zielfunktion F(**x**) addieren:

$$u_i \left(\sum_{h=1}^{i-1} x_{hi} + \sum_{j=i+1}^{n} x_{ij} - 2 \right) \qquad \text{mit } u_i \in \mathbb{R}$$

Die u_i dienen als *Lagrange-Multiplikatoren* (siehe dazu auch Kap. 8.4). Wir bezeichnen sie auch als **Knotenvariablen** oder **Knotengewichte** und den Vektor $\mathbf{u} = (u_1,\ldots,u_n)$ als **Knotengewichtsvektor.** u_i *gewichtet* die Abweichung jedes Knotengrades g_i von dem für Rundreisen erforderlichen Wert 2.

Für vorgegebene Knotengewichte u_i lautet damit das **Lagrange-Problem:**

$$\text{Minimiere } FL(\mathbf{x}) = \sum_{i=1}^{n-1} \sum_{j=i+1}^{n} c_{ij}\, x_{ij} + \sum_{i=1}^{n} u_i \left(\sum_{h=1}^{i-1} x_{hi} + \sum_{j=i+1}^{n} x_{ij} - 2 \right) \tag{6.17}$$

unter der Nebenbedingung

$$\mathbf{x} \text{ ist ein 1-Baum} \tag{6.18}$$

Dies ist eine Relaxation des symmetrischen TSPs; denn die Menge seiner zulässigen Lösungen besteht, wie beim 1-Baum-Problem, aus der Menge aller 1-Bäume des gegebenen Graphen G, und diese Menge enthält sämtliche Rundreisen.

Es bleibt lediglich die Frage, ob Min FL(**x**) stets kleiner oder gleich der Länge einer kürzesten Rundreise von G ist, so daß Min FL(**x**) als untere Schranke dieser Länge dienen kann:
Da für jede Rundreise der zweite Summand von (6.17) den Wert 0 besitzt und der erste Summand mit F(**x**) aus (6.14) identisch ist, ist die Länge der kürzesten Rundreise von G eine obere Schranke von Min FL(**x**). Folglich gilt stets: Min FL(**x**) $\le$ Min F(**x**).

Bei vorgegebenen u_i läßt sich das Lagrange-Problem (6.17) – (6.18) als **1-Baum-Problem** (dh. als Problem der Bestimmung eines minimalen 1-Baumes; siehe Kap. 3.3.2) darstellen und lösen. Wir erkennen dies, indem wir die Zielfunktion umformen zu:

$$\text{Minimiere } FL(\mathbf{x}) = \sum_{i=1}^{n-1} \sum_{j=i+1}^{n} (c_{ij} + u_i + u_j)\, x_{ij} - 2 \sum_{i=1}^{n} u_i \tag{6.19}$$

Das 1-Baum-Problem ist zu lösen für den Graphen G mit den Kantenbewertungen

$$c'_{ij} := c_{ij} + u_i + u_j .$$

Subtrahieren wir vom Wert des minimalen 1-Baumes zweimal die Summe der u_i, so erhalten wir Min FL(**x**). Ist **u** = **0**, so ist ein minimaler 1-Baum für den Ausgangsgraphen (ohne modifizierte Kantenbewertungen) zu bestimmen.

Von mehreren Autoren wurden sogenannte **Ascent**- (**Anstiegs**- oder **Subgradienten**-) **Methoden** entwickelt. Sie dienen der Bestimmung von Knotengewichtsvektoren **u**, die – im Rahmen unseres Lagrange-Problems (6.17) – (6.18) verwendet – möglichst gute (dh. hohe) untere Schranken für die Länge der kürzesten Rundreise liefern sollen. Hat man einen Vektor **u** gefunden, so daß der zugehörige minimale 1-Baum eine Rundreise darstellt, so ist dies eine optimale Lösung für das Ausgangsproblem.

Das durch Ascent-Methoden zu lösende Problem können wir in folgender Form schreiben:

$$\text{Maximiere } \Phi(\mathbf{u}) = -2 \sum_{i=1}^{n} u_i + \min\{ \sum_{i=1}^{n-1} \sum_{j=i+1}^{n} (c_{ij} + u_i + u_j)\, x_{ij}\} \tag{6.20}$$

unter der Nebenbedingung

$$\mathbf{x} \text{ ist ein 1-Baum} \tag{6.21}$$

Das Maximum von $\Phi(\mathbf{u})$ kann höchstens gleich der Länge der kürzesten Rundreise sein, dh. es gilt

$$\text{Max } \Phi(\mathbf{u}) \leq \text{Min } F(\mathbf{x}).$$

Anders ausgedrückt: Max $\Phi(\mathbf{u})$ stellt die größte untere Schranke für die Länge der kürzesten Rundreise dar, die mit Hilfe unserer Lagrange-Relaxation erhältlich ist.

Leider gibt es Probleme, für die Max $\Phi(\mathbf{u}) <$ Min $F(\mathbf{x})$ ist. Außerdem ist Φ keine lineare, sondern eine stückweise lineare, konkave Funktion von **u**, so daß Max $\Phi(\mathbf{u})$ schwer zu bestimmen ist. Die im folgenden beschriebene Methode kann daher – für sich genommen – TSPe in der Regel nicht vollständig lösen. Sie dient aber zumindest im Rahmen von B&B-Verfahren zur Berechnung guter unterer Schranken $\underline{F}_\mu$ für Probleme P_μ.

Ascent-Methoden sind Iterationsverfahren zur Lösung nichtlinearer Optimierungsprobleme, die nicht nur im Rahmen der Lösung von TSPen Bedeutung erlangt haben. Wir verzichten auf eine allgemein gehaltene Darstellung dieser Vorgehensweise und verweisen diesbezüglich auf die Literatur zur nichtlinearen Optimierung (siehe z.B. Rockafellar (1970) oder Held et al. (1974)). Wir beschränken uns vielmehr auf die Darstellung einer Ascent-Methode für unser spezielles Problem (6.20) – (6.21).

Ausgehend von einem Knotengewichtsvektor $\mathbf{u}^0$ (z.B. $\mathbf{u}^0 = \mathbf{0}$), werden im Laufe des Verfahrens neue Vektoren $\mathbf{u}^1, \mathbf{u}^2, \ldots$ ermittelt. Zur Beschreibung der Transformationsgleichung für die Überführung von $\mathbf{u}^j$ nach $\mathbf{u}^{j+1}$ verwenden wir folgende Bezeichnungen:

$T(\mathbf{u}^j)$ minimaler 1-Baum, den wir bei Vorgabe von $\mathbf{u}^j$ durch Lösung des Problems (6.17) – (6.18) erhalten g(T) Vektor der Knotengrade $g_1,...,g_n$ des 1-Baumes T; wir schreiben auch $g_i(T)$ für i = 1,...,n

g(T) – 2 Vektor der in jeder Komponente um 2 verminderten Knotengrade

δ_j nichtnegativer Skalar, der nach unten angegebenen Regeln berechnet wird

Die Transformationsgleichung zur Berechnung von $\mathbf{u}^{j+1}$ lautet:

$$\mathbf{u}^{j+1} := \mathbf{u}^j + \delta_j \cdot (g(T(\mathbf{u}^j)) - 2) \qquad \text{für } j = 0, 1, 2, ... \tag{6.22}$$

Das Konvergenzverhalten von $\Phi(\mathbf{u})$ gegen das Maximum Φ^* hängt wesentlich von der Wahl der δ_j ab. Eine Arbeit von Poljak zitierend, geben Held et al. (1974, S. 67) an, daß $\Phi(\mathbf{u})$ gegen Φ^* konvergiert, wenn lediglich die Voraussetzungen $\delta_j \to 0$ und $\sum_{j=0}^{\infty} \delta_j = \infty$ erfüllt sind.

Die für unser Problem (6.20) – (6.21) im Rahmen der Lösung des TSPs vorgeschlagenen Ascent-Methoden wählen (bzw. berechnen) δ_j zumeist wie folgt:

$$\delta_j = \gamma \cdot \frac{\bar{F} - \Phi(\mathbf{u}^j)}{\sum_{i=1}^{n} (g_i(T) - 2)^2} \tag{6.23}$$

Dabei ist $\bar{F}$ die Länge der bisher kürzesten Rundreise des betrachteten Problems. γ ist eine Konstante mit $0 \le \gamma \le 2$. Held et al. (1974, S. 68) empfehlen, mit $\gamma = 2$ zu beginnen und den Wert über 2n Iterationen unverändert zu lassen. Danach sollten sukzessive γ und die Zahl der Iterationen, für die γ unverändert bleibt, halbiert werden. Mit der geschilderten Berechnung der δ_j wird zwar gegen die Forderung $\Sigma_j \delta_j = \infty$ verstoßen; praktische Erfahrungen zeigen jedoch, daß $\Phi(\mathbf{u})$ in der Regel dennoch gegen Φ^* konvergiert.

Wir beschreiben nun die Ascent-Methode von Smith und Thompson (1977, S. 481 ff.). Ihr Ablauf kann vom Anwender durch vorzugebende Parameter (γ, Toleranzen α, β, τ sowie Iterationszahlen it und itmin) noch in vielen Details beeinflußt werden. Durch die Verwendung von Wertzuweisungen können wir auf den Iterationsindex j bei $\mathbf{u}^j$ und δ_j verzichten.

Ascent-Methode von Smith und Thompson

Voraussetzung: Ein zusammenhängender, bewerteter, ungerichteter Graph G = [V, E, c] mit n Knoten; eine obere Schranke $\bar{F}$ für die Länge einer kürzesten Rundreise von G; ein Knotengewichtsvektor **u** mit vorgegebenen Anfangswerten; Vektor **u*** für die Knotengewichte, der zum aktuellen minimalen 1-Baum T^* mit maximalem Wert $\Phi(\mathbf{u}^*)$ führte; untere Schranke $\underline{F} = \Phi(\mathbf{u}^*)$; vorgegebene Werte für die Parameter γ, α, β, τ, it und itmin.

Start: Iterationszähler j := 0.

Iteration:

j := j+1;

berechne den minimalen 1-Baum T(**u**) sowie den Wert Φ(**u**), der sich durch T ergibt;

falls Φ(**u**) > $\underline{F}$, setze **u*** := **u** und $\underline{F}$:= Φ(**u**);

bilde $\delta := \gamma \cdot \dfrac{\bar{F} - \Phi(\mathbf{u})}{\sum_{i=1}^{n} (g_i(T) - 2)^2}$ und berechne einen neuen Vektor **u** mit den Komponenten

$u_i := u_i + \delta \cdot (g_i(T) - 2)$ für i = 2,...,n;

falls j = it, setze $\gamma := \gamma/2$, it := max {it/2, itmin} und j := 0;

gehe zur nächsten Iteration.

Abbruch: Das Verfahren bricht ab, sobald einer der folgenden Fälle eintritt:

(1) Es ist $\delta < \alpha$;

(2) T(**u***) ist eine Rundreise;

(3) $\bar{F} - \underline{F} \le \tau$;

(4) it = itmin, und innerhalb von 4 × itmin Iterationen erfolgte keine Erhöhung von $\underline{F}$ um mindestens β.

Ergebnis: Eine kürzeste Rundreise von G (Fall 2) oder eine untere Schranke für eine kürzeste Rundreise.

* * * * *

In numerischen Untersuchungen von Smith und Thompson (1977) stellten sich folgende Parameterwerte als besonders empfehlenswert heraus:

$\gamma = 2$; $\alpha = 0.01$; $\beta = 0.1$; itmin = $\left\lfloor \frac{n}{8} \right\rfloor$ (größte ganze Zahl ≤ n/8)

$$\tau = \begin{cases} 0.999 & \text{bei ganzzahligen Kantenbewertungen} \\ 0 & \text{sonst} \end{cases}$$

$$\text{it} = \begin{cases} n & \text{falls im Rahmen eines B\&B-Verfahrens } \underline{F}_0 \text{ zu ermitteln ist} \\ \text{itmin} & \text{sonst} \end{cases}$$

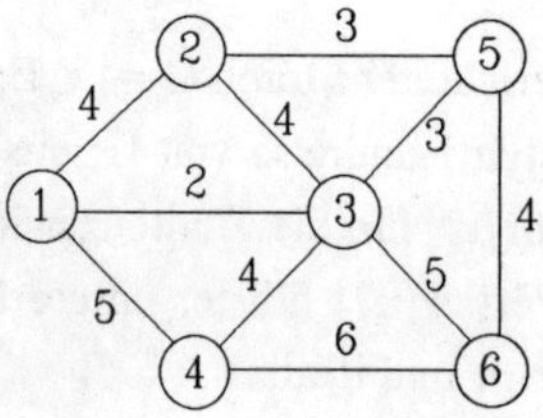

Abb. 6.9

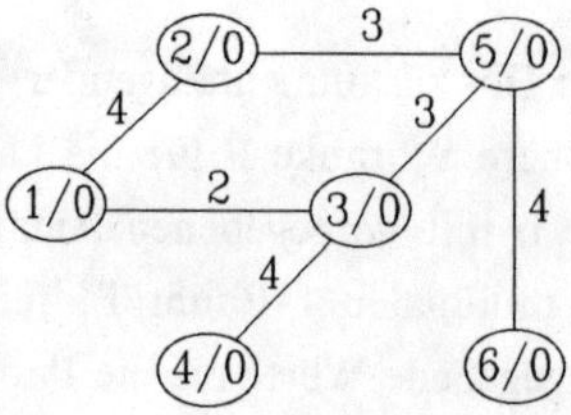

Abb. 6.10: i/u_i = Knotennr. / Knotengewicht

Beispiel: Wir wenden eine vereinfachte Version der Ascent-Methode mit $\delta = 1$ auf den Graphen aus Abb. 3.7, der in Abb. 6.9 nochmals dargestellt ist, an.

In Iteration j = 1 erhalten wir bei $\mathbf{u} = \mathbf{0}$ den in Abb. 6.10 angegebenen 1-Baum mit $\Phi(\mathbf{u}) = 20$. Der neue Knotengewichtsvektor ist $\mathbf{u} = (0,0,1,-1,1,-1)$.

Ausgangspunkt der Iteration j = 2 ist der in Abb. 6.11 angegebene Graph mit dem neuen Knotengewichtsvektor und den veränderten Kantenbewertungen c'_{ij}. Einer der beiden minimalen 1-Bäume dieses Graphen ist eine optimale Rundreise mit der Länge c(r) = 23. Sie ist mit den ursprünglichen Kantenbewertungen in Abb. 6.12 wiedergegeben.

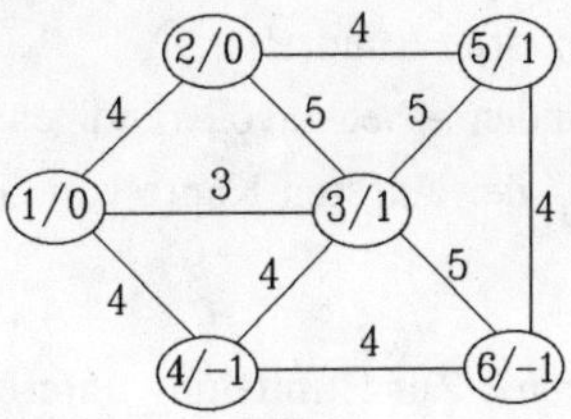

Abb. 6.11

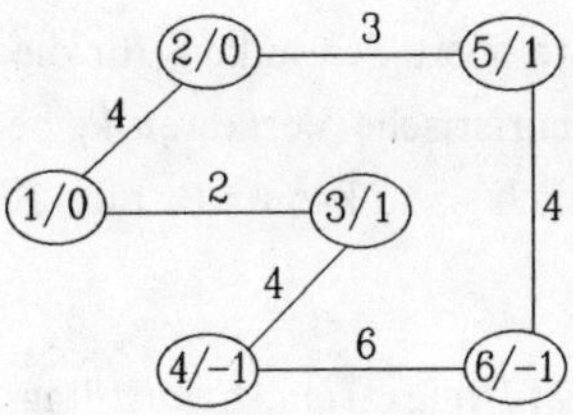

Abb. 6.12

Wie oben bereits angedeutet und aus den Abbruchbedingungen ersichtlich, führt die Ausführung einer solchen Ascent-Methode nicht immer zu einer Rundreise. Das gerade betrachtete Problem muß dann verzweigt werden. Wir schildern daher im folgenden die wichtigsten Komponenten eines B&B-Verfahrens, das zur Berechnung unterer Schranken die Ascent-Methode enthält.

6.6.2.2 Das Branch & Bound-Verfahren

Zu lösen sei ein *symmetrisches* TSP für einen bewerteten, schlichten, zusammenhängenden, *ungerichteten* Graphen G = [V,E,c] mit n Knoten. Die Knoten seien von 1 bis n numeriert. Vollständigkeit von G setzen wir nicht voraus. Der Graph kann damit so beschaffen sein, daß er keine Rundreise besitzt (das Verfahren endet dann mit $\bar{F} = \infty$). Wir fordern jedoch, daß der Grad jedes Knotens von G größer oder gleich 2 ist.

Eine mögliche mathematische Formulierung des symmetrischen TSPs (für einen vollständigen Graphen) ist (6.14) – (6.16). Wenn wir im folgenden von Variablen x_{ij} sprechen, so gehen wir davon aus, daß für *jede Kante* [i,j] des Graphen G genau *eine Variable* x_{ij} vorgesehen ist.

Der folgende Algorithmus ist ein B&B-Verfahren mit der LIFO-Regel zur Auswahl von Problemen aus der Kandidatenliste. Wie in Kap. 6.5.1 allgemein für B&B-Verfahren angegeben, bezeichnen wir das zu lösende TSP als P_0; die im Laufe des Verzweigungsprozesses entstehenden Teilprobleme von P_0 nennen wir P_1, P_2, ...

In P_0 sind alle Variablen x_{ij} noch **freie Variablen**; dh. sie dürfen in einer zulässigen Lösung des

Problems die Werte 0 oder 1 annehmen. In $P_1, P_2, ...$ gibt es dagegen bestimmte Variablen x_{hk}, deren Wert jeweils zu 0 oder 1 **fixiert** ist.

Statt von einer **zu 0** bzw. **zu 1 fixierten** Variablen x_{ij} sprechen wir im folgenden häufig von einer **verbotenen** bzw. einer **einbezogenen** Kante [i, j].

Wir behandeln nun die einzelnen Komponenten des Algorithmus (vgl. auch das Flußdiagramm in Abb. 6.6).

Komponente [1]: Durch Einsatz eines heuristischen Verfahrens (oder einer Kombination von heuristischen Verfahren) wird eine Rundreise für das zu lösende TSP ermittelt. Ihre Länge liefert eine erste obere Schranke $\overline{F}$ für die Länge einer kürzesten Rundreise.
Wird durch heuristische Verfahren keine Rundreise gefunden – bei unvollständigen Graphen G ist das möglich –, so kann z.B. mit $\overline{F} := n \times$ (Länge c_{ij} der längsten Kante von G) gestartet werden.

Komponente [2] *(Relaxation, Ermittlung unterer Schranken):* Zur Ermittlung unterer Schranken $\underline{F}_\nu$ für die Probleme P_ν ($\nu = 0,1,...$) wird die oben beschriebene Ascent-Methode verwendet. Dabei sind im Rahmen des Verzweigungsprozesses und der logischen Tests (siehe unten) vorgenommmene Variablenfixierungen geeignet zu berücksichtigen; dh. einbezogene (verbotene) Kanten müssen (dürfen nicht) im minimalen 1-Baum enthalten sein.

Komponente [3] *(Ausloten eines Problems):* Aufgrund unserer Annahmen über den gegebenen Graphen G sowie aufgrund der Verzweigungsregel treten nur die Fälle a) und b) des Auslotens auf. Fall a) tritt ein, sobald bei Durchführung der Ascent-Methode für ein Problem P_ν eine untere Schranke $\underline{F}_\nu \geq \overline{F}$ ermittelt wird; die Ascent-Methode kann dann sofort (also vor Erreichen eines ihrer Abbruchkriterien) beendet werden.

Komponente [4] *(Auswahl von Problemen):* Ein trotz vollständiger Durchführung der Ascent-Methode nicht auslotbares Problem befindet sich in der Kandidatenliste.
Als Regel zur Auswahl von Problemen aus der Kandidatenliste verwenden wir wie Smith und Thompson (1977) die LIFO-Regel. Unter allen in der Liste befindlichen Problemen wird also das zuletzt in sie aufgenommene Problem P_μ als erstes ausgewählt, um (weiter) verzweigt zu werden. Vor dem (weiteren) Verzweigen von P_μ wird jedoch geprüft, ob das Problem nachträglich auslotbar ist; dh. es wird festgestellt, ob $\overline{F}$ seit dem Ablegen von P_μ in der Kandidatenliste so verringert werden konnte, daß nunmehr $\underline{F}_\mu \geq \overline{F}$ gilt. In diesem Fall kann P_μ unverzweigt aus der Liste entfernt werden.

Komponente [5] *(Verzweigungsprozeß):* Ein nicht auslotbares Problem P_μ wird verzweigt. Betrachte hierzu denjenigen 1-Baum T(**u***), der für P_μ im Rahmen der Ascent-Methode die maximale untere Schranke $\underline{F}_\mu$ geliefert hat. Suche einen beliebigen Knoten t, der in T den Grad $g_t \geq 3$ besitzt. Ermittle diejenigen zwei Kanten [h,t] und [k,t] des Baumes T, die unter allen *mit t inzidenten und noch freien* Kanten [i,t] von T die höchsten Bewertungen

$c'_{it} := c_{it} + u^*_i + u^*_t$ besitzen. Es gelte $c'_{ht} \geq c'_{kt}$. Durch Fixierung dieser beiden Kanten wird P_μ wie folgt in zwei oder drei Teilprobleme P_{μ_1}, P_{μ_2} und evtl. P_{μ_3} zerlegt.

P_{μ_1}: Fixiere x_{ht} zu 0; dh. verbiete die Kante [h,t].

P_{μ_2}: Fixiere x_{ht} zu 1 und x_{kt} zu 0; dh. [h,t] wird einbezogen und [k,t] verboten. Sind damit insgesamt zwei mit t inzidente Kanten einbezogen, so verbiete alle übrigen mit t inzidenten Kanten. In diesem Falle wird P_μ nur in P_{μ_1} und P_{μ_2} verzweigt.

P_{μ_3}: (Dieses Teilproblem wird nur dann gebildet, wenn in P_{μ_2} unter allen mit Knoten t inzidenten Kanten lediglich [h,t] einbezogen ist):
Fixiere x_{ht} und x_{kt} zu 1; dh. beziehe [h,t] und [k,t] ein. Alle übrigen mit t inzidenten Kanten werden verboten.

Verbotene Kanten [j,t] erhalten die Kostenbewertung $c_{jt} = c'_{jt} = \infty$. Einbezogene Kanten werden geeignet markiert und bei jeder 1-Baum-Bestimmung als "Äste" des Baumes verwendet.

Logische Tests: Über unsere aus didaktischen Gründen möglichst einfach gehaltene allgemeine Beschreibung von B&B-Verfahren in Kap. 6.5.3 hinaus, ist es beim TSP in ungerichteten Graphen (wie auch bei vielen anderen Problemen) sinnvoll, auf ein Problem P_ν vor dem Ablegen in die Kandidatenliste logische Tests anzuwenden. Diese führen unter Umständen zu einer Schrankenerhöhung und zum Ausloten des Problems P_ν.

Für viele der nach obigen Verzweigungsregeln gebildeten Teilprobleme P_ν $(\nu = 1,2,...)$ lassen sich zusätzlich ein oder mehrere bisher noch freie Kanten fixieren (verbieten oder einbeziehen). Dies gilt vor allem dann, wenn der dem TSP zugrundeliegende Graph planar (in der Ebene ohne Überschneidung von Kanten zeichenbar) ist; wenn also jeder Knoten mit wenigen anderen Knoten inzident ist.

Eine Kante [i,j] kann *verboten* werden, wenn eine der folgenden Bedingungen erfüllt ist:

(1) Die Knoten i und j sind *Endknoten* einer aus mindestens zwei und höchstens n−2, ausschließlich *einbezogenen* Kanten bestehenden Kette k. Die Kante [i,j] würde zusammen mit k einen "Kurzzyklus" bilden.

(2) Der Knoten i und (oder) der Knoten j sind (ist) mit zwei einbezogenen Kanten inzident.

Eine Kante [i,j] kann unter der folgenden Bedingung *einbezogen* werden: Knoten i und (oder) Knoten j sind (ist) außer mit [i,j] nur mit einer weiteren, nicht verbotenen Kante inzident.

6.7 Das mehrperiodige Knapsack-Problem

Das mehrfach restringierte Knapsack-Problem ist eine Verallgemeinerung des in Kap. 1.2.2.2 beschriebenen (und in Kap. 7.3.2 zur Verdeutlichung der Vorgehensweise der diskreten, deterministischen, dynamischen Optimierung verwendeten) einfach restringierte Knapsack-Problems.

Eine wichtige ökonomische Bedeutung hat das mehrfach restringierte Knapsack-Problem im Bereich der **Investitionsprogrammplanung**. Hierbei geht es darum, aus einer Anzahl n möglicher Projekte (Investitionsmöglichkeiten) mit gegebenen Kapitalwerten c_j einige so auszuwählen, daß die Summe der Kapitalwerte maximiert wird. Der Planungshorizont umfaßt T Perioden. Zur Finanzierung des Investitionsprogramms steht in jeder Periode des Planungszeitraumes ein gewisses Budget b_t zur Verfügung. a_{jt} sind die bei Projekt j in Periode t anfallenden Nettozahlungen. Für jedes Projekt wird zum Zeitpunkt t = 0 entschieden, ob es durchgeführt wird oder nicht.[4] Im Hinblick auf diese Anwendung wird dieses Problem zumeist als *mehrperiodiges* Knapsack-Problem bezeichnet.

Formal läßt sich eine derartige Problemstellung unter Verwendung von Binärvariablen

$$x_j = \begin{cases} 1 & \text{Projekt j wird durchgeführt} \\ 0 & \text{sonst} \end{cases}$$

folgendermaßen formulieren:

$$\text{Maximiere } F(\mathbf{x}) = \sum_{j=1}^{n} c_j x_j \tag{6.24}$$

unter den Nebenbedingungen

$$\sum_{j=1}^{n} a_{jt} x_j \le b_t \qquad \text{für } t = 1,\ldots,T \tag{6.25}$$

$$x_j \in \{0,1\} \qquad \text{für } j = 1,\ldots,n \tag{6.26}$$

(6.24) - (6.26) beschreibt ein sehr *allgemeines, binäres Optimierungsproblem*. Aus diesem Grunde sind leistungsfähige Verfahren zu seiner Lösung von besonders großem Interesse.

Wir skizzieren nun die prinzipielle Vorgehensweise eines von Gavish und Pirkul (1985) entwickelten exakten Verfahrens. Dieses Verfahren ist ein (weiteres) Beispiel dafür, wie man durch geeignete Lagrange-Relaxation zu effizienten Verfahren gelangen kann. Darüber hinaus basiert es auf der wiederholten Generierung und Lösung (einperiodiger) Knapsack-Probleme – eine Problemstellung, für die es äußerst leistungsfähige Verfahren gibt. Das mehrperiodige Knapsack-Problem ist damit (wie das TSP) ein Beispiel für den im Operations Research konsequent beschrittenen Weg, durch die effiziente Lösung "unrealistischer" (Teil-) Probleme

[4] Eine genauere Darstellung der Prämissen des Problems findet man z.B. bei Blohm und Lüder (1995, S. 299 f.). Komplexere Probleme dieses Typs werden bei Kruschwitz (1993, S. 169 ff.) behandelt.

einer erfolgreichen, analytischen Lösung vergleichsweise realistischer Probleme näher zu kommen.

Eine Lagrange-Relaxation von (6.24) – (6.26) entsteht dadurch, daß man nur die Einhaltung einer einzigen Restriktion (6.25) strikt fordert und die restlichen dieser Nebenbedingungen (leicht modifiziert) mit in die Zielfunktion aufnimmt.

Wir bezeichnen die einzige (aktive) Budgetrestriktion bzw. Periode mit τ und mit $M_\tau := \{1,...,\tau-1,\tau+1,...,T\}$ die Menge der restlichen Periodenindizes. Formen wir die übrigen Restriktionen von (6.25) um zu

$$b_t - \sum_{j=1}^{n} a_{jt}\, x_j \geq 0 \qquad \text{für alle } t \in M_\tau,$$

multiplizieren jede dieser T−1 Nebenbedingungen mit der korrespondierenden Dualvariablen u_t (Lagrange-Multiplikator) und summieren über alle $t \in M_\tau$ auf, so erhalten wir:

$$\text{Maximiere } FL(\mathbf{x}) = \sum_{j=1}^{n} c_j x_j + \sum_{t \in M_\tau} u_t \Big(b_t - \sum_{j=1}^{n} a_{jt}\, x_j\Big) \tag{6.27}$$

unter den Nebenbedingungen

$$\sum_{j=1}^{n} a_{j\tau}\, x_j \leq b_\tau \tag{6.28}$$

$$x_j \in \{0,1\} \qquad \text{für } j = 1,...,n \tag{6.29}$$

Einfache Umformungen liefern die **Lagrange-Relaxation:**

$$\text{Maximiere } FL(\mathbf{x}) = \sum_{j=1}^{n} \Big(c_j - \sum_{t \in M_\tau} u_t\, a_{jt}\Big) x_j + \sum_{t \in M_\tau} u_t\, b_t \tag{6.27'}$$

unter den Nebenbedingungen (6.28) – (6.29).

Diese Umformungen haben zweierlei **Konsequenzen:**

- Bei gegebenen Dualvariablen u_t mit $t \in M_\tau$ ist (6.27) – (6.29) ein *(einperiodiges) Knapsack-Problem,* für das es besonders leistungsfähige Algorithmen gibt (vgl. z.B. Martello und Toth (1990) sowie Kap. 7.3.2; siehe zur Lösung einperiodiger Knapsack-Probleme auch Aufg. 6.7 und 6.8 in Domschke et al. (1995)).
- Das Relaxieren von (6.25) hat zur Folge, daß die strikte Einhaltung von $|M_\tau|$ Restriktionen nicht mehr gewährleistet ist. Bei definitionsgemäß positiven Dualvariablen u_t wird allerdings die Verletzung einer derartigen Restriktion in der Zielfunktion (6.27) "bestraft". (6.27) – (6.29) liefert infolge des Relaxierens eine *obere Schranke* $\bar{F}$ für den optimalen Zielfunktionswert F^* von (6.24) – (6.26).

Offensichtlich hängt das Maximum der Zielfunktion (6.27) von der *Wahl geeigneter Dualvariablen* u_t ab. Zu ihrer Bestimmung schlagen Gavish und Pirkul (1985) ein Subgradientenverfahren vor.

Bemerkung 6.4: Gavish und Pirkul (1985) haben ein Branch-and-Bound-Verfahren mit obiger Lagrange-Relaxation u.a. mit der Vorgehensweise von Branch-and-Bound mit LP-Relaxation verglichen und seine Überlegenheit gezeigt. Besonders leistungsfähig ist ihre Methode für Probleme mit bis zu 5 Perioden; es können dann Datensätze mit mehreren hundert Projekten in wenigen Sekunden Rechenzeit optimal gelöst werden. Mit steigender Periodenzahl nimmt jedoch der Rechenaufwand erheblich zu, und man ist dann auf Heuristiken angewiesen. Für beliebiges Verhältnis von n und T liefert eine Variante des Simulated Annealing in vernachlässigbar geringer Rechenzeit sehr gute Näherungslösungen; vgl. Drexl (1988).

Literatur zu Kapitel 6

Aarts und Korst (1989);
Bachem (1980);
Backhaus et al. (1994);
Blohm und Lüder (1995);
Brucker (1975), (1981);
Domschke (1996);
Domschke und Drexl (1995);
Domschke et al. (1995) – *Übungsbuch*;
Domschke et al. (1993);
Drexl (1988), (1990 b), (1991);
Fleischmann (1988), (1990);
Garey und Johnson (1979);
Gavish und Pirkul (1985);
Geoffrion (1974);
Glover (1989), (1990);
Goldberg (1989);
Grötschel und Pulleyblank (1986);
Held und Karp (1970);
Held et al. (1974);
Hillier und Lieberman (1988);
Inderfurth (1982);
Kistner und Steven (1993);
Kolen und Pesch (1994);
Kruschwitz (1993);
Lawler et al. (1985);
Lin und Kernighan (1973);
Martello und Toth (1990);
Meyer und Hansen (1985);
Müller-Merbach (1973), (1981);
Neumann und Morlock (1993);
Opitz (1980);
Papadimitriou und Steiglitz (1982);
Parker und Rardin (1988);
Pesch (1994);
Reese (1980);
Reeves (1993);
Rockafellar (1970);
Rossier et al. (1986);
Salkin (1975);
Scholl (1995);
Schwefel (1977);
Seelbach (1975);
Smith und Thompson (1977);
Späth (1977);
Streim (1975);
Tempelmeier (1995);
Voß (1994);
Wäscher (1982);
de Werra und Hertz (1989);
Zäpfel (1989);
Zanakis et al. (1989).

Kapitel 7: Dynamische Optimierung

Die dynamische Optimierung (**DO**) bietet Lösungsmöglichkeiten für Entscheidungsprobleme, bei denen eine *Folge* voneinander abhängiger Entscheidungen getroffen werden kann, um für das Gesamtproblem ein Optimum zu erzielen. Das Besondere an der DO liegt also in der sequentiellen Lösung eines in mehrere Stufen (bzw. Perioden) aufgeteilten Entscheidungsprozesses, wobei auf jeder Stufe jeweils nur die dort existierenden Entscheidungsalternativen betrachtet werden. Da diese Stufen bei vielen Anwendungen nichts mit (Zeit-) Perioden zu tun haben, wäre die allgemein verwendete Bezeichnung *dynamische* Optimierung besser durch *Stufen-Optimierung* oder *sequentielle Optimierung* zu ersetzen.

Für den Anwender ist die DO ein weitaus schwieriger zu handhabendes Teilgebiet des OR als etwa die lineare Optimierung. Gründe hierfür liegen sowohl (1) in der geeigneten Modellierung von Optimierungsproblemen als auch (2) in der erforderlichen Gestaltung des Lösungsverfahrens.

Zu (1): Man kann eine allgemeine Form angeben, in der Optimierungsprobleme modellierbar sein müssen, wenn man sie mit DO lösen möchte (siehe Kap. 7.1.1). Für manche Probleme ist die Modellierung allerdings schwierig, so daß es einiger Übung und Erfahrung bedarf, ein korrektes Modell zu entwickeln.

Zu (2): Im Gegensatz etwa zum Simplex-Algorithmus für lineare Optimierungsprobleme gibt es keinen Algorithmus der DO, der (umgesetzt in ein Computer-Programm) alle in der allgemeinen Form modellierten Probleme zu lösen gestattet. Man kann ein allgemeines *Lösungsprinzip der DO* angeben (siehe Kap. 7.2.1), die Umsetzung in ein Lösungsverfahren ist aber problemspezifisch durchzuführen.

Aus den genannten Gründen empfehlen wir dem Leser, sich anhand verschiedener Probleme, wie wir sie in Kap. 7 sowie in Domschke et al. (1995) beschreiben, grundsätzlich mit der Modellierung und der Verfahrensgestaltung vertraut zu machen. Diese Vorgehensweisen sollten dann auch auf andere Problemstellungen übertragbar sein.

7.1 Mit dynamischer Optimierung lösbare Probleme

7.1.1 Allgemeine Form von dynamischen Optimierungsmodellen

Wir beschreiben die mathematische Form, in der Optimierungsprobleme darstellbar sein müssen, wenn man sie mit DO lösen möchte. Diese Form wird durch die Art der Variablen und Nebenbedingungen, vor allem aber durch die Art der Zielfunktion charakterisiert. Wir beschränken uns zunächst auf Probleme mit einer zu minimierenden Zielfunktion (**Minimierungsprobleme**). Eine Übertragung auf Maximierungsprobleme ist auch hier leicht möglich.

Die allgemeine Form eines Modells der DO mit zu minimierender Zielfunktion lautet:[1]

$$\text{Minimiere } F(x_1,...,x_n) = \sum_{k=1}^{n} f_k(z_{k-1},x_k) \tag{7.1}$$

unter den Nebenbedingungen

$$z_k = t_k(z_{k-1},x_k) \quad \text{für } k = 1,...,n \tag{7.2}$$

$$z_0 = \mathfrak{a},\ z_n = \mathfrak{b} \tag{7.3}$$

$$z_k \in Z_k \quad \text{für } k = 1,...,n-1 \tag{7.4}$$

$$x_k \in X_k(z_{k-1}) \quad \text{für } k = 1,...,n \tag{7.5}$$

Die verwendeten Bezeichnungen besitzen folgende Bedeutung:

n Anzahl der **Stufen** bzw. **Perioden**, in die der Entscheidungsprozeß zerlegt werden kann

z_k **Zustandsvariable** zur Wiedergabe des Zustands, in dem sich das betrachtete Problem oder System in Stufe/Periode k befindet

Z_k **Zustandsmenge** oder **-bereich**: Menge aller Zustände, in denen sich das Problem oder System in Stufe/Periode k befinden kann

$z_0 = \mathfrak{a}$ vorgegebener Anfangszustand (in Stufe 0, am Ende von Periode 0 oder zu Beginn von Periode 1)

$z_n = \mathfrak{b}$ vorgegebener Endzustand (am Ende von Stufe/Periode n)[2]

x_k **Entscheidungsvariable** des Modells; Entscheidung in Stufe/Periode k

$X_k(z_{k-1})$ **Entscheidungsmenge** oder **-bereich**: Menge aller Entscheidungen, aus denen in Stufe/Periode k, vom Zustand z_{k-1} ausgehend, gewählt werden kann

$t_k(z_{k-1},x_k)$ **Transformationsfunktion**: Sie beschreibt, in welchen Zustand z_k das System in Stufe/Periode k übergeht, wenn es sich am Ende von Stufe/Periode k–1 im Zustand z_{k-1} befindet und die Entscheidung x_k getroffen wird.[3]

$f_k(z_{k-1},x_k)$ **Stufen**- bzw. **periodenbezogene Zielfunktion**: Sie beschreibt den Einfluß auf den Zielfunktionswert, den die Entscheidung x_k im Zustand z_{k-1} besitzt.
Die Schreibweise bringt zum Ausdruck, daß f_k lediglich von z_{k-1} und x_k, nicht aber z.B. von "früheren" Zuständen, die das System einmal angenommen hat, oder von "späteren" Zuständen, die es einmal annehmen wird, abhängt. Dies ist eine wichtige Eigenschaft, die alle mit DO lösbaren Probleme besitzen müssen

[1] Wir beschränken uns auf additive Verknüpfungen der stufenbezogenen Zielfunktion. Daneben sind mit DO vor allem auch multiplikativ verknüpfte Zielfunktionen behandelbar; vgl. hierzu z.B. Hillier und Lieberman (1988, S. 327 ff.).

[2] Oft sind auch mehrere Endzustände möglich. Man kann jedoch stets (analog zur Vorgehensweise in Kap. 5) eine fiktive Endstufe mit einem zugehörigen Zustand einführen.

[3] Für zwei unmittelbar aufeinander folgende Zustände gibt es in der Regel genau eine Entscheidung, durch die die Zustände ineinander übergehen. Ausnahmen hiervon bilden v.a. stochastische Probleme der DO; siehe hierzu unser Beispiel in Kap. 7.4.

(siehe auch Kap. 7.2.1). In der Warteschlangentheorie bezeichnet man sie als *Markov-Eigenschaft*; vgl. Kap. 9.3.1.

7.1.2 Ein Bestellmengenproblem

Wir betrachten ein einfaches Bestellmengenproblem,[4] anhand dessen sich die Vorgehensweise der DO anschaulich beschreiben läßt. Hierbei sind die Stufen, in die der Lösungsprozeß unterteilt werden kann, (Zeit-) Perioden.

Die Einkaufsabteilung einer Unternehmung muß für vier aufeinanderfolgende Perioden eine bestimmte, in jeder Periode gleiche Menge eines Rohstoffes bereitstellen, damit das Produktionsprogramm erstellt werden kann. Die Einkaufspreise des Rohstoffes unterliegen Saisonschwankungen, sie seien aber für jede Periode bekannt. Tab. 7.1 enthält die Preise q_k und die für alle Perioden identischen Bedarfe b_k.

Periode k	1	2	3	4
Preis q_k	7	9	12	10
Bedarf b_k	1	1	1	1

Tab. 7.1

Der Lieferant kann (bei vernachlässigbarer Lieferzeit) in einer Periode maximal den Bedarf für zwei Perioden liefern. Die Lagerkapazität ist ebenfalls auf den Bedarf zweier Perioden beschränkt. Zu Beginn der Periode 1 ist das Lager leer ($z_0 = 0$); am Ende der vierten Periode soll der Bestand wieder auf 0 abgesunken sein ($z_4 = 0$). Auf die Erfassung von Kosten der Lagerung verzichten wir der Einfachheit halber.

Welche Mengen sind zu den verschiedenen Zeitpunkten einzukaufen, so daß möglichst geringe (Beschaffungs-) Kosten entstehen?

Wir wollen für dieses zunächst verbal beschriebene Problem ein mathematisches Modell formulieren. Dazu verwenden wir die in (7.1) – (7.5) eingeführten *Variablen* und *Mengenbezeichnungen:*

z_k Lagerbestand am Ende der Periode k

Z_k Menge möglicher Lagerzustände (Lagermengen) am Ende von Periode k. Die Nebenbedingungen führen bei genauer Analyse zu folgender Beschränkung der Zustandsmengen (siehe Abb. 7.1): $Z_0 = \{0\}$, $Z_1 = \{0,1\}$, $Z_2 = \{0,1,2\}$, $Z_3 = \{0,1\}$ und $Z_4 = \{0\}$

x_k Zu Beginn der Periode k einzukaufende (und zum selben Zeitpunkt bereits verfügbare) ME des Rohstoffes. Der Bedarf b_k wird ebenfalls zu Beginn der Periode unmittelbar aus der eintreffenden Lieferung x_k oder vom Lagerbestand gedeckt.

---

4 Es handelt sich um eine Variante des Problems von Wagner und Whitin (1958), zu dessen Lösung besonders effiziente Verfahren der DO entwickelt wurden; vgl. hierzu insbesondere Federgruen und Tzur (1991), Wagelmans et al. (1992) sowie Domschke et al. (1993, Kap. 3). Ein ähnliches Problem wird in Fleischmann (1990) als Teilproblem der simultanen Losgrößen- und Ablaufplanung wiederholt gebildet und mit DO gelöst.

$X_k(z_{k-1})$ Mögliche Bestellmengen für Periode k. Durch die Nebenbedingungen werden die X_k im wesentlichen wie folgt beschränkt:

$X_1 = \{0,1,2\}$ und $X_k(z_{k-1}) = \{x_k \mid 0 \le x_k \le 2 - z_{k-1} + b_k\}$ für $k = 2,3,4$

Befindet sich das Lager zu Beginn von Periode $k = 2,3,4$ im Zustand z_{k-1}, so ist aufgrund von Liefer- und Lagerbeschränkungen die Menge der zulässigen Entscheidungen (= Bestellungen) wie angegeben beschränkt. Die X_k werden zusätzlich dadurch begrenzt, daß das Lager am Ende der Periode 4 leer sein soll (siehe Abb. 7.1).

Die periodenabhängigen Kostenfunktionen sind $f_k = q_k \cdot x_k$; die Transformationsfunktionen lauten $z_k = z_{k-1} + x_k - b_k$ (für $k = 1,...,4$).

In die Transformationsfunktionen geht auch der Bedarf b_k ein. Eine solche Größe bezeichnet man in der DO als **Störgröße**. Der Grund hierfür wird aus Punkt b) in Kap. 7.1.3 ersichtlich.

Das Bestellmengenmodell können wir damit mathematisch (korrekt, aber mit Redundanzen in (7.8) und (7.9) – siehe Bem. 7.1) wie folgt formulieren:

$$\text{Minimiere } F(x_1,...,x_4) = \sum_{k=1}^{4} q_k\, x_k \tag{7.6}$$

unter den Nebenbedingungen

$$z_k = z_{k-1} + x_k - b_k \qquad \text{für } k = 1,...,4 \tag{7.7}$$

$$z_k \begin{cases} = 0 & \text{für } k = 0 \\ \in \{0,1,2\} & \text{für } k = 1,2,3 \\ = 0 & \text{für } k = 4 \end{cases} \tag{7.8}$$

$$x_k \in \{0,1,2\} \qquad \text{für } k = 1,...,4 \tag{7.9}$$

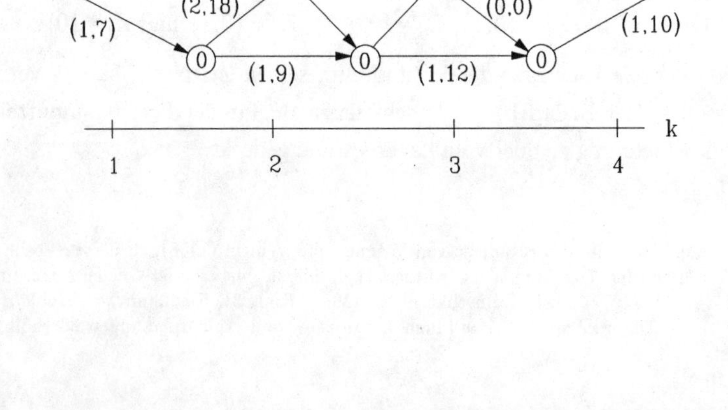

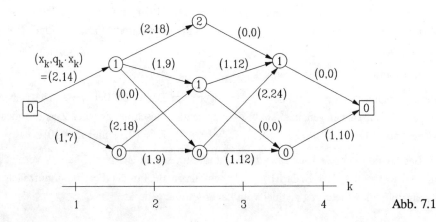

Abb. 7.1

7.1.3 Klassifizierung und graphische Darstellung von dynamischen Optimierungsmodellen

Modelle der DO lassen sich vor allem hinsichtlich folgender Gesichtspunkte klassifizieren:

a) Zeitabstände der Perioden (Stufen)

b) Informationsgrad über die Störgrößen b_k

c) Ein- oder Mehrwertigkeit der Zustands- und Entscheidungsvariablen

d) Endlichkeit oder Unendlichkeit der Mengen Z_k bzw. X_k möglicher Zustände bzw. Entscheidungen

Zu a): Man unterscheidet diskrete und kontinuierliche Modelle. Ein **diskretes** Modell liegt vor, wenn Entscheidungen bzw. Zustandsänderungen zu diskreten Zeitpunkten (bzw. in diskreten Stufen oder Schritten) erfolgen; andernfalls spricht man von **kontinuierlichen** Modellen. Bei den durch kontinuierliche Modelle abgebildeten Systemen sind durch fortwährendes Entscheiden (= *Steuern*) Zustandsänderungen möglich. Mit derartigen Fragestellungen beschäftigt sich die *Kontrolltheorie*; vgl. hierzu etwa Feichtinger und Hartl (1986).

Zu b): Wie allgemein bei Entscheidungsmodellen unterscheidet man zwischen deterministischen und stochastischen Modellen. Bei **deterministischen** Modellen geht man davon aus, daß jede Störgröße b_k nur genau einen Wert annehmen kann. Bei **stochastischen** Modellen wird unterstellt, daß die Störgrößen Zufallsvariablen sind und damit verschiedene Werte mit bekannten Wahrscheinlichkeiten annehmen können.

Zu c): Anders als im obigen Beispiel, können die Zustands- und die Entscheidungsvariablen Vektoren sein; z.B. in Bestellmengenmodellen mit mehreren Produkten.

Zu d): Die Mengen Z_k bzw. X_k möglicher Zustände bzw. Entscheidungen können endlich sein, wie in obigem Beispiel, oder unendlich (siehe das Beispiel in Kap. 7.3.3).

Das in Kap. 7.1.2 beschriebene Bestellmengenmodell gehört zur Klasse der *diskreten, deterministischen DO-Modelle* mit endlichen Zustands- und Entscheidungsmengen. Derartige Modelle lassen sich anschaulich durch einen schlichten gerichteten Graphen G (einen Digraphen) darstellen.

Abb. 7.1 zeigt den entsprechenden Graphen G für unser obiges Beispiel. Die Darstellung spiegelt folgende *Gegebenheiten des Modells* wider:

- Die Knotenmenge des Graphen ist $V = (\{\mathfrak{a}\} = Z_0) \cup Z_1 \cup ... \cup (Z_4 = \{\mathfrak{b}\})$.[5] Jeder Knoten $z_k \in Z_k$ entspricht einem *Zustand*, den das betrachtete System (in unserem Fall das System Lager) in Periode/Stufe $k = 0,...,4$ annehmen kann.

[5] Die Knotenmenge des Graphen entspricht der (disjunkten) Vereinigung aller Zustände der einzelnen Stufen. Wie Abb. 7.1 zu entnehmen ist, müssen also z.B. die Zustände $\{0\}$ (Lager leer) bzw. $\{1\}$ (Lagerbestand gleich 1) fünfmal bzw. dreimal in V enthalten sein.

- Der Graph enthält nur Pfeile (z_{k-1}, z_k) mit $z_{k-1} \in Z_{k-1}$ und $z_k \in Z_k$ für $k = 1,...,n$. Ein Pfeil (z_{k-1}, z_k) veranschaulicht den durch eine *Entscheidung* $x_k \in X_k$ und eine *Störgröße* b_k hervorgerufenen Übergang des Systems von einem Zustand $z_{k-1} \in Z_{k-1}$ in einen Zustand $z_k \in Z_k$. Dieser Übergang läßt sich durch eine *Transformationsfunktion* $z_k = t_k(z_{k-1}, x_k)$ abbilden. In unserem Beispiel gilt $z_k = z_{k-1} + x_k - b_k$. Da b_k eine Konstante und keine Variable ist, wird b_k bei der allgemeinen Formulierung $z_k = t_k(z_{k-1}, x_k)$ üblicherweise nicht mit angegeben.
- Jeder Übergang von $z_{k-1} \in Z_{k-1}$ nach $z_k \in Z_k$ beeinflußt die (zu minimierende) Zielfunktion. Mit jedem Übergang (z_{k-1}, z_k) von einem Zustand z_{k-1} in einen Zustand z_k sind periodenbezogene Kosten verbunden, deren Höhe durch die Funktion $f_k(z_{k-1}, x_k)$ bestimmt wird.
- Als bekannt voraussetzen kann man einen Anfangszustand $z_0 = \mathfrak{a}$ und einen Endzustand $z_n = \mathfrak{b}$ (eine Quelle bzw. eine Senke des Graphen).

Gesucht ist eine Folge (= Sequenz) von Entscheidungen, die das System unter Minimierung der gegebenen Zielfunktion von seinem Anfangs- in den vorgegebenen Endzustand überführt. In unserem Beispiel sind die Beschaffungskosten zu minimieren.

Bemerkung 7.1: Vergleicht man den Graphen in Abb. 7.1 mit unserer Modellformulierung (7.6) – (7.9), so wird deutlich, daß die Modellformulierung Alternativen enthält ($z_1 = z_3 = 2$ sowie einige x_k-Werte), die aufgrund des Zusammenwirkens aller Nebenbedingungen nicht angenommen werden können. Je restriktiver die Z_k und X_k von vorneherein gefaßt werden, umso geringer ist später der Rechenaufwand. Umgekehrt erfordern auch die Bestimmung und der Ausschluß letztlich nicht möglicher Zustände und Entscheidungen Rechenaufwand. Siehe zu dieser Problematik auch das Beispiel in Kap. 7.3.2.

7.2 Das Lösungsprinzip der dynamischen Optimierung

Wir beschreiben das Lösungsprinzip der dynamischen Optimierung für *diskrete, deterministische Modelle*. Wie in Kap. 7.3 dargestellt, läßt es sich auf andere Modelltypen übertragen. Wir gehen wiederum davon aus, daß ein *Minimierungsproblem* zu lösen ist.

7.2.1 Grundlagen und Lösungsprinzip

Definition 7.1: Eine Folge $(x_h, x_{h+1}, ..., x_k)$ von Entscheidungen, die ein System von einem Zustand $z_{h-1} \in Z_{h-1}$ in einen Zustand $z_k \in Z_k$ überführt, bezeichnet man als eine **Politik**. Entsprechend nennen wir eine Folge $(x_h^*, x_{h+1}^*, ..., x_k^*)$ von Entscheidungen, die ein System unter Minimierung der Zielfunktion von einem Zustand $z_{h-1} \in Z_{h-1}$ in einen Zustand $z_k \in Z_k$ überführt, eine **optimale Politik**.

Aufgrund der in einem DO-Modell vorliegenden Gegebenheiten (v.a. der Funktionen $f_k(z_{k-1}, x_k)$) gilt nun der folgende Satz.

Satz 7.1 *(Bellman'sches Optimalitätsprinzip):* Sei $(x_1^*,\dots,x_{j-1}^*,x_j^*,\dots,x_n^*)$ eine optimale Politik, die das System vom Anfangszustand $z_0 = \mathfrak{a}$ in den Endzustand $z_n = \mathfrak{b}$ überführt. Sei ferner z_{j-1}^* der Zustand, den das System dabei in Stufe/Periode j–1 annimmt. Dann gilt:

a) $(x_j^*,\dots,x_n^*)$ ist eine optimale (Teil-) Politik, die das System vom Zustand z_{j-1}^* in Stufe/Periode j–1 in den vorgegebenen Endzustand überführt.

b) $(x_1^*,\dots,x_{j-1}^*)$ ist eine optimale (Teil-) Politik, die das System vom vorgegebenen Anfangszustand in den Zustand z_{j-1}^* in Stufe/Periode j–1 überführt.

Diesen auf den Begründer der DO (vgl. Bellman (1957)) zurückgehenden Satz macht sich die DO zunutze, wenn sie entweder durch *Vorwärts-* oder durch *Rückwärtsrekursion* eine optimale (Gesamt-) Politik bestimmt.

Bevor wir die Rückwärtsrekursion ausführlich beschreiben, definieren wir in

Definition 7.2: Gegeben sei ein DO-Modell der Form (7.1) – (7.5) mit dem Anfangszustand $z_0 = \mathfrak{a}$ und dem Endzustand $z_n = \mathfrak{b}$.

a) Eine optimale Politik hierfür zu bestimmen, bezeichnen wir als **Problem $P_0(z_0 = \mathfrak{a})$**. Entsprechend nennen wir die Aufgabe, eine optimale Politik zu bestimmen, die einen Zustand $z_{k-1} \in Z_{k-1}$ in den Endzustand $\mathfrak{b}$ überführt, als **Problem $P_{k-1}(z_{k-1})$**.

b) Den optimalen Zielfunktionswert eines Problems $P_k(z_k)$ bezeichnen wir mit $F_k^*(z_k)$.

Dynamische Optimierung in Form der Rückwärtsrekursion

Voraussetzung: Daten eines Minimierungsproblems $P_0(z_0 = \mathfrak{a})$.

Start: Bestimme für jedes der Probleme $P_{n-1}(z_{n-1})$ mit $z_{n-1} \in Z_{n-1}$ die (in diesem Startschritt einzige) Politik x_n, die z_{n-1} in $\mathfrak{b}$ überführt.

Damit erhält man zugleich $F_{n-1}^*(z_{n-1}) = f_n(z_{n-1},x_n)$ für alle $z_{n-1} \in Z_{n-1}$.

Iteration k = n–1, n–2, ..., 1:

Bestimme für jedes der Probleme $P_{k-1}(z_{k-1})$ mit $z_{k-1} \in Z_{k-1}$ eine optimale Politik, die z_{k-1} in $\mathfrak{b}$ überführt, sowie den zugehörigen optimalen Zielfunktionswert $F_{k-1}^*(z_{k-1})$. Dies geschieht mit Hilfe der rekursiven Funktionalgleichung:

$$F_{k-1}^*(z_{k-1}) = \min_{x_k \in X_k(z_{k-1})} \{ f_k(z_{k-1},x_k) + F_k^*(z_k = t_k(z_{k-1},x_k)) \} \tag{7.10}$$

Abbruch und Ergebnis: Nach Abschluß von Iteration 1 sind eine optimale Politik für das Gesamtproblem $P_0(z_0 = \mathfrak{a})$ und deren Zielfunktionswert berechnet. Diese optimale Politik hat man sich entweder im Laufe der Rückwärtsrekursion geeignet abgespeichert (vgl. etwa Kap. 7.3.1), oder man muß sie in einer sich anschließenden Vorwärtsrechnung explizit ermitteln (siehe das Beispiel in Kap. 7.2.2).

* * * * *

Bemerkung 7.2: Die Gleichung (7.10) nennt man *Bellman'sche Funktionalgleichung*. Wie man der Formel entnehmen kann, sind in Iteration k für jedes Problem $P_{k-1}(z_{k-1})$ lediglich $|X_k(z_{k-1})|$ verschiedene Entscheidungen (oder "Wege") miteinander zu vergleichen; denn für alle nachfolgenden Probleme P_k liegen die optimalen Politiken bereits fest.
Bei einem Maximierungsproblem ist die Funktionalgleichung (7.10) zu ersetzen durch:

$$F^*_{k-1}(z_{k-1}) = \max_{x_k \in X_k(z_{k-1})} \{ f_k(z_{k-1}, x_k) + F^*_k(z_k = t_k(z_{k-1}, x_k)) \} \tag{7.10'}$$

Bemerkung 7.3: Die DO in Form der Vorwärtsrekursion bestimmt in der Reihenfolge k = 1, 2,..., n jeweils eine optimale Politik und deren Zielfunktionswert, die vom Anfangszustand $z_0 = a$ zu jedem Zustand $z_k \in Z_k$ führt.

7.2.2 Beispiel

Wir wenden die oben beschriebene Vorgehensweise der DO auf unser Bestellmengenproblem in Kap. 7.1.2 an. Es ist dabei nützlich, die Rechnung für jede Stufe in einer Tabelle zu veranschaulichen; siehe Tab. 7.2. In den Tabellen sind jeweils die besten der von einem Zustand z_k ausgehenden Entscheidungen und die sich dabei ergebenden Zielfunktionswerte mit einem Stern versehen. Man vergleiche die jeweiligen Ergebnisse auch anhand des Graphen in Abb. 7.2.

Es ist n = 4 und $z_0 = z_4 = 0$.

z_3	x_4	z_4	$F_3(z_3)$
1	0*	0	0*
0	1*	0	10*

(a) k = 4

z_2	x_3	z_3	$f_3(z_2,x_3)$	$F^*_3(z_3)$	$F_2(z_2)$
2	0*	1	0	0	0*
1	1	1	12	0	12
	0*	0	0	10	10*
0	2	1	24	0	24
	1*	0	12	10	22*

(b) k = 3

z_1	x_2	z_2	$f_2(z_1,x_2)$	$F^*_2(z_2)$	$F_1(z_1)$
1	2*	2	18	0	18*
	1	1	9	10	19
	0	0	0	22	22
0	2*	1	18	10	28*
	1	0	9	22	31

(c) k = 2

z_0	x_1	z_1	$f_1(z_0,x_1)$	$F^*_1(z_1)$	$F_0(z_0)$
0	2*	1	14	18	32*
	1	0	7	28	35

(d) k = 1

Tab. 7.2

Die optimale Politik für das gesamte Problem $P_0(z_0 = 0)$ läßt sich aus Tab. 7.2, beginnend in (d), zurückverfolgen (in einer "Vorwärtsrechnung" ermitteln). Es gilt:[6]

$x_1^* = 2$, daraus folgt $z_1 = 1$; $x_2^*(z_1 = 1) = 2$, daraus folgt $z_2 = 2$;

$x_3^*(z_2 = 2) = 0$, daraus folgt $z_3 = 1$; $x_4^*(z_3 = 1) = 0$, daraus folgt $z_4 = b = 0$.

Die Gesamtkosten der optimalen Politik ($x_1^* = x_2^* = 2$, $x_3^* = x_4^* = 0$) sind 32.

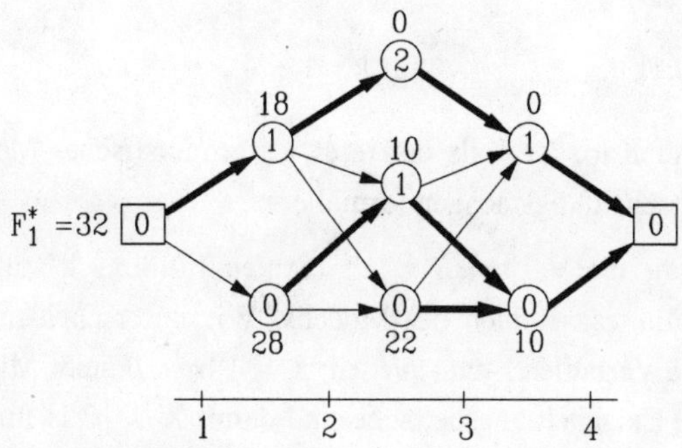

Abb. 7.2

In Abb. 7.2 ist die optimale Politik durch einen fett gezeichneten Weg von der Quelle zur Senke des Graphen kenntlich gemacht. Ebenfalls fett gezeichnet sind die optimalen Politiken sämtlicher übrigen im Laufe des Lösungsprozesses betrachteten Teilprobleme $P_{k-1}(z_{k-1})$.

7.3 Weitere deterministische, diskrete Probleme

7.3.1 Bestimmung kürzester Wege

Betrachtet man Abb. 7.1 und 7.2, so sieht man, daß mit DO auch kürzeste Entfernungen und Wege von einem Knoten a zu einem oder allen Knoten in *topologisch sortierbaren Graphen* ermittelt werden können. Besitzt der gegebene Graph G mehrere Quellen und/oder Senken, so kann man ihn durch eine fiktive Quelle q (mit zu den ursprünglichen Quellen führenden Pfeilen mit Bewertung 0) und/oder eine Senke s (mit aus den ursprünglichen Senken einmündenden Pfeilen mit Bewertung 0) erweitern. (Fiktive) Quelle bzw. Senke repräsentieren den (vorgegebenen) Anfangs- bzw. Endzustand. Ein Knoten i des so entstandenen Graphen G' befindet sich auf Stufe k, wenn der von q nach i führende Weg mit den meisten Pfeilen genau k Pfeile enthält.

Nach Durchführung der Rückwärtsrekursion kann man sich hier eine "Vorwärtsrechnung" zur Ermittlung des gefundenen kürzesten Weges dadurch ersparen, daß man ein Feld R[1..n] mitführt. Analog zu unseren Ausführungen in Kap. 3 gibt hier R[i] den unmittelbaren Nachfolger von Knoten i in dem gefundenen kürzesten Weg von Knoten i zur Senke s an.

6 Die funktionale Schreibweise x(z) bringt die Zustandsabhängigkeit (Bedingtheit) der Entscheidungen zum Ausdruck.

7.3.2 Das Knapsack-Problem

Im folgenden betrachten wir das in Kap. 1.2.2.2 beschriebene Knapsack-Problem:

Maximiere $F(\mathbf{x}) = 3x_1 + 4x_2 + 2x_3 + 3x_4$

unter den Nebenbedingungen

$$3x_1 + 2x_2 + 4x_3 + x_4 \leq 9$$

$$x_k \in \{0,1\} \qquad \text{für } k = 1,\dots,4$$

Es läßt sich wie unser Beispiel in Kap. 7.1.2 als diskretes, deterministisches Modell der DO mit endlichen Zustands- und Entscheidungsmengen formulieren.

Gegenüber Kap. 1.2.2.2 haben wir die Variablen x mit (Stufen-) Indizes k statt mit j versehen. Die x_k sind die *Entscheidungsvariablen* des Modells. Wir unterscheiden somit n = 4 Stufen. Auf Stufe k wird über die Variable x_k entschieden; $x_k = 1$ bzw. 0 heißt Mitnahme bzw. Nichtmitnahme des Gutes k. Die Entscheidungsbereiche sind damit $X_k \subseteq \{0,1\}$ für alle k.

Die erste Entscheidung wird für x_4, die zweite für x_3 usw. getroffen.

Als *Zustand* interpretieren wir jeweils die noch verfügbaren Gewichtseinheiten (*Restkapazität* des Rucksacks). Somit ist $z_0 = 9$. Die in den Stufen 1 bis 4 möglichen Zustandsmengen sind:[7]

$Z_1 = \{6,9\}$, falls $x_1 = 1$ bzw. $= 0$ gewählt wird,

$Z_2 = \{4,6,7,9\}$, $Z_3 = \{0,2,3,4,5,6,7,9\}$, $Z_4 = \{0,\dots,9\}$.

Wie das Beispiel zeigt, kann es sehr aufwendig sein, die möglichen Zustandsmengen Z_k *exakt* zu ermitteln. In diesem Fall haben wir sie durch Betrachtung aller Kombinationsmöglichkeiten, von x_1 bis x_4 fortschreitend, bestimmt. Oft ist es jedoch möglich (und ausreichend), mit Obermengen dieser Z_k zu arbeiten. Daher beschränken wir uns darauf, mit folgenden Zustandsmengen zu rechnen:

$Z_1 = \{6,\dots,9\}$, $Z_2 = \{4,\dots,9\}$, $Z_3 = Z_4 = \{0,\dots,9\}$.

Die Zahlen 6, 4 bzw. 0 entsprechen den auf Stufe 2, 3 bzw. 4 auf jeden Fall noch verfügbaren Gewichtseinheiten.

Bezeichnen wir mit g_k das Gewicht des Gutes k, so lassen sich die *Transformationsfunktionen* $z_k = t_k(z_{k-1}, x_k)$ wie folgt formulieren: $z_k = z_{k-1} - g_k x_k$ für $k = 1,\dots,4$.

Da es sich bei dem zu lösenden Problem um ein Maximierungsproblem handelt, nennen wir die $f_k(z_{k-1}, x_k)$ stufenabhängige *Nutzenfunktionen*. Bezeichnen wir mit ν_k den Nutzen, den das Gut k bringt, so gilt: $f_k(z_{k-1}, x_k) = \nu_k x_k$ für $k = 1,\dots,4$.

Der Lösungsgang für das Problem wird aus Tab. 7.3 ersichtlich.

---

7 Diese Stufen werden im Rahmen der Rückwärtsrekursion in der Reihenfolge 4, 3, 2 und 1 behandelt.

Zur Erläuterung: Für die Entscheidung über x_4 in (a) existieren wegen $g_4 = 1$ zwei alternative Zustandsbereiche $\subseteq Z_3$, nämlich die Restkapazität {0} (dann ist nur die Entscheidung $x_4 = 0$ möglich) oder {1..9} (dann sind beide Entscheidungen zulässig). In der zweiten Spalte sind die optimalen Entscheidungen, in der fünften Spalte die zugehörigen Zielfunktionswerte $F_3(z_3)$ mit einem Stern versehen. Die dritte Spalte enthält die Restkapazitäten z_4. In der vierten Spalte ist mit $f_4(z_3,x_4)$ jeweils die Veränderung des Zielfunktionswertes angegeben.

Für die Wahl von x_3 geht man von $Z_2 = \{4..9\}$ aus. Nur im Falle $z_2 = 4$ kann man durch Festlegung von $x_3 = 1$ den Zustand $z_3 = 0$ erreichen. In allen anderen Fällen gelangt man unabhängig von der Wahl von x_3 in den Zustandsbereich {1..9} für Z_3.

Die optimale Politik ist ($x_1^* = x_2^* = 1$, $x_3^* = 0$, $x_4^* = 1$). Sie erbringt einen Nutzen von 10.

$z_3 \in$	x_4	$z_4 \in$	$f_4(z_3,x_4)$	$F_3(z_3)$
{0}	0*	{0}	0	0*
{1..9}	0	{1..9}	0	0
	1*	{0..8}	3	3*

(a) k = 4

$z_2 \in$	x_3	$z_3 \in$	$f_3(z_2,x_3)$	$F_3^*(z_3)$	$F_2(z_2)$
{4}	0*	{4}	0	3	3*
	1	{0}	2	0	2
{5..9}	0	{5..9}	0	3	3
	1*	{1..5}	2	3	5*

(b) k = 3

$z_1 \in$	x_2	$z_2 \in$	$f_2(z_1,x_2)$	$F_2^*(z_2)$	$F_1(z_1)$
{6}	0	{6}	0	5	5
	1*	{4}	4	3	7*
{7..9}	0	{7..9}	0	5	5
	1*	{5..7}	4	5	9*

(c) k = 2

$z_0 \in$	x_1	$z_1 \in$	$f_1(z_0,x_1)$	$F_1^*(z_1)$	$F_0(z_0)$
{9}	0	{9}	0	9	9
	1*	{6}	3	7	10*

(d) k = 1

Tab. 7.3

Bemerkung 7.4: Im Gegensatz zur allgemeinen Formulierung eines DO-Modells in Kap. 7.1.1 besitzt das Knapsack-Problem keinen eindeutigen Endzustand (dh. die Restkapazität des Rucksacks ist von vorneherein nicht bekannt). Wie man sich überlegen kann, ist die Einführung eines fiktiven Endzustands zwar grundsätzlich möglich, aber aufwendig. Die zunächst naheliegende Anwendung einer Vorwärtsrekursion bringt ebenfalls keine Vorteile.

7.3.3 Ein Problem mit unendlichen Zustands- und Entscheidungsmengen

Ein Unternehmer verfügt über 1000 GE. Ferner kann er für den gesamten Planungszeitraum einen Kredit K_1 in Höhe von maximal 500 GE zum Zinssatz von 8% und einen Kredit K_2 in Höhe von maximal 1000 GE zum Zinssatz von 10% aufnehmen.
Dem Unternehmer stehen zwei Investitionsmöglichkeiten mit folgenden Gewinnen (Einzahlungsüberschüssen) in Abhängigkeit vom eingesetzten Kapital y_1 bzw. y_2 zur Verfügung:

$$\text{I.}\quad g_1(y_1) = \begin{cases} 0.2\, y_1 - 50 & \text{falls } y_1 > 0 \\ 0 & \text{sonst} \end{cases}$$

$$\text{II.}\quad g_2(y_2) = 2\sqrt{y_2}$$

Wieviel Eigenkapital hat der Unternehmer einzusetzen und wieviel Fremdkapital muß er aufnehmen, damit er den größtmöglichen Gewinn erzielt? Ein negativer Kassenbestand ist nicht erlaubt.

Zur Lösung des Problems formulieren wir ein Modell der DO entsprechend (7.1) – (7.5) mit folgenden Variablen sowie Zustands- und Entscheidungsbereichen:

a) Wir unterscheiden $n = 4$ Stufen. Auf jeder Stufe wird über genau eine "Investitionsmöglichkeit" entschieden; eine Kreditaufnahme wird als Investitionsmöglichkeit mit negativer Auszahlung und negativem Ertrag (Zinszahlung) interpretiert.
Wir vereinbaren:
Stufe 1: Entscheidung über Kredit 1; $|x_1|$ gibt die Höhe des aufgenommenen Kredits an.
Stufe 2: Entscheidung über Kredit 2; $|x_2|$ gibt die Höhe des aufgenommenen Kredits an.
Stufe 3: Entscheidung über Investition I in Höhe von x_3 GE.
Stufe 4: Entscheidung über Investition II in Höhe von x_4 GE.

b) Die Zustandsbereiche $Z_1,...,Z_4$ geben die möglichen Kassenbestände der einzelnen Stufen nach der Ausführung einer Entscheidung an. Es gilt ferner $Z_0 := \{z_0 = 1000\}$.

c) Die Entscheidungsbereiche $X_k(z_{k-1})$ sind durch den Kassenbestand sowie durch die vorgegebenen Kreditschranken begrenzt.

d) Die Transformationsfunktionen sind $z_k = t_k(z_{k-1}, x_k) = z_{k-1} - x_k$.

e) Die stufenbezogenen Zielfunktionen sind:

$f_1(z_0,x_1) = 0.08\, x_1$, $f_2(z_1,x_2) = 0.1\, x_2$ und $f_4(z_3,x_4) = 2\sqrt{x_4}$ sowie

$$f_3(z_2,x_3) = \begin{cases} 0.2\, x_3 - 50 & \text{falls } x_3 > 0 \\ 0 & \text{sonst} \end{cases}$$

Somit ist das folgende Modell zu lösen:

Maximiere $F(x_1,...,x_4) = \sum_{k=1}^{4} f_k(z_{k-1},x_k)$

unter den Nebenbedingungen

$$z_k = z_{k-1} - x_k \qquad \text{für } k = 1,...,4$$

$$z_0 = 1000$$

$$z_k \geq 0 \qquad \text{für } k = 1,...,4$$

$$x_1 \in X_1 = [-500;0];\; x_2 \in X_2 = [-1000;0]$$

$$x_3 \in X_3 = [0,z_2];\; x_4 \in X_4 = [0,z_3]$$ [8]

Wir erhalten folgenden Lösungsgang:

Stufe 4:

$$F_3^*(z_3) = \max_{x_4 \in X_4(z_3)} 2\sqrt{x_4} = \max_{x_4 \in [0,z_3]} 2\sqrt{x_4}$$

F_3 erreicht sein Maximum im Punkt $x_4^* = z_3$; der Gewinn ist in diesem Punkt $F_3^*(z_3) = 2\sqrt{z_3}$.

Stufe 3:

$$F_2^*(z_2) = \max_{x_3 \in X_3(z_2)} \{ f_3(z_2,x_3) + F_3^*(z_3 = z_2 - x_3) \} = \max_{x_3 \in [0,z_2]} \{ f_3(z_2,x_3) + 2\sqrt{z_2 - x_3} \}$$

$$= \max \{ 2\sqrt{z_2},\; \max_{x_3 \in (0,z_2]} \{ 0{,}2\, x_3 - 50 + 2\sqrt{z_2 - x_3} \} \}$$

Für den Fall $x_3 > 0$ (zweiter Term) erhält man das Optimum der Funktion durch Bilden der ersten Ableitung nach x_3 und Nullsetzen. Dies ergibt $x_3^* = z_2 - 25$. Da die zweite Ableitung negativ ist, handelt es sich um ein Maximum. Wegen $z_2 \geq z_0 = 1000$ liefert der zweite Term der Funktion das Maximum. Durch Einsetzen von $x_3^* = z_2 - 25$ in diesen Ausdruck erhält man schließlich $F_2^*(z_2) = 0.2\, z_2 - 45$.

Stufe 2:

$$F_1^*(z_1) = \max_{x_2 \in X_2(z_1)} \{ f_2(z_1,x_2) + F_2^*(z_2) \} = \max_{x_2 \in [-1000;0]} \{ 0.1\, x_2 + 0.2\,(z_1 - x_2) - 45 \}$$

$$= \max_{x_2 \in [-1000;0]} \{ -0.1\, x_2 + 0.2\, z_1 - 45 \} = 0.2\, z_1 + 55 \qquad (\text{für } x_2^* = -1000)$$

8 An dieser Stelle wäre wegen aller übrigen Nebenbedingungen auch $x_3, x_4 \geq 0$ ausreichend.

Stufe 1:

$$F_0^*(z_0) = \max_{x_1 \in X_1(z_0)} \{ f_1(z_0,x_1) + F_1^*(z_1) \} = \max_{x_1 \in [-500;0]} \{0.08\, x_1 + 0.2\,(z_0 - x_1) + 55\}$$

$$= \max_{x_1 \in [-500;0]} \{-0.12\, x_1 + 0.2\, z_0 + 55\} = 60 + 200 + 55 = 315 \quad (\text{für } x_1^* = -500)$$

Die optimale Politik umfaßt somit die Entscheidungen $x_1^* = -500$ und $x_2^* = -1000$. Damit ist $z_2 = 2500$, so daß $x_3^* = z_2 - 25 = 2475$ GE bzw. $x_4^* = 25$ GE investiert werden. Der maximale Gewinn beträgt 315 GE.

7.4 Ein stochastisches, diskretes Problem

Wir betrachten erneut unser Bestellmengenmodell aus Kap. 7.1.2. Wir beschränken es jedoch auf 3 Perioden und nehmen an, daß der Bedarf b_k jeder Periode k gleich 1 mit der *Wahrscheinlichkeit* $p_1 = 0.6$ und gleich 0 mit der *Wahrscheinlichkeit* $p_0 = 0.4$ ist. Lagerbestand und Liefermenge sind wie bisher auf zwei ME beschränkt.

Wir unterstellen ferner, daß bei für die Produktion nicht ausreichendem Bestand Fehlmengenkosten in Höhe von 20 GE entstehen. Eine am Ende des Planungszeitraumes vorhandene Restmenge sei nicht verwertbar.

Die wesentlichen Daten des Modells sind in Tab. 7.4 nochmals angegeben.

Periode k	1		2		3	
Preis q_k	7		9		12	
Bedarf b_k	1	0	1	0	1	0
Wahrscheinl.	0.6	0.4	0.6	0.4	0.6	0.4

Tab. 7.4

Wie bei stochastischen Modellen der DO üblich, wollen wir für unser obiges Problem eine Politik bestimmen, die den *Kostenerwartungswert* (hier Erwartungswert aus Beschaffungs- und Fehlmengenkosten) minimiert.

Das zu betrachtende Problem können wir anhand des Graphen G in Abb. 7.3 veranschaulichen.[9] Da die entstehenden Kosten nicht allein von Entscheidungen, sondern auch vom Zufall (dem stochastischen Bedarf) abhängig sind, enthält der Graph zwei Arten von Knoten. Zustandsknoten, in denen eine Entscheidung zu treffen ist, nennt man deterministisch; sie sind in Abb. 7.3 als Rechtecke dargestellt. Die in Form von Rauten veranschaulichten Knoten nennt man stochastisch; die von ihnen ausgehenden Pfeile entsprechen einer zufallsabhängigen Nachfrage.

[9] In Abb. 7.3 wurden einige Pfeile für Entscheidungen weggelassen, für die von vorneherein erkennbar ist, daß sie zu keiner optimalen Lösung führen können. Beispiel: Ausgehend von Zustand $z_2 = 1$ kann die Entscheidung $x_3 = 1$ nicht zum Optimum führen, da mindestens eine ME am Ende des Planungszeitraumes ungenutzt bliebe.

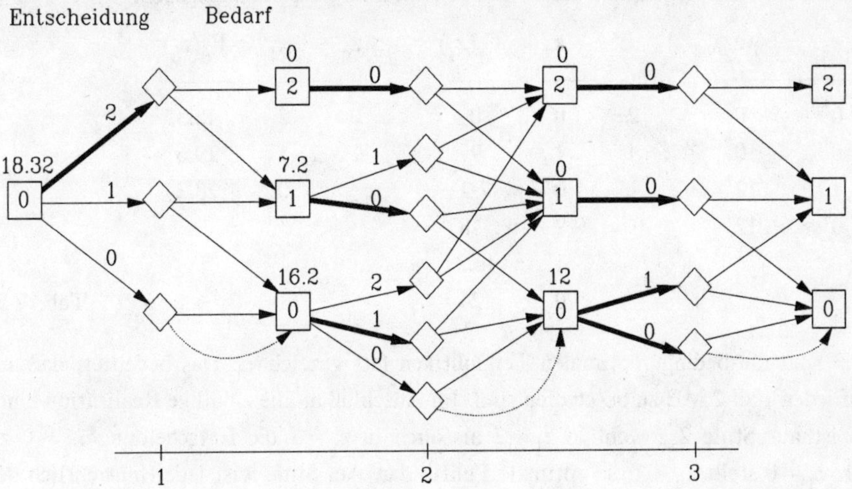

Abb. 7.3

Ausgehend von einem Zustand z_{k-1} gelangen wir durch eine Entscheidung x_k eindeutig in einen stochastischen Knoten. Von dort erreichen wir über die zufallsabhängige Nachfrage b_k (mit dem Wert 0 oder 1) einen von zwei möglichen deterministischen Zustandsknoten z_k. Von jedem stochastischen Knoten gehen zwei Pfeile aus. Der obere Pfeil symbolisiert den mit der Wahrscheinlichkeit von $p_0 = 0.4$ auftretenden Bedarf $b_k = 0$, der untere Pfeil kennzeichnet den mit der Wahrscheinlichkeit von $p_1 = 0.6$ anfallenden Bedarf $b_k = 1$.

In jeder Stufe $k = 1,...,3$ kann man von jedem Zustand z_{k-1} durch eine Entscheidung x_k in höchstens zwei Folgezustände

$$z_k = t_k(z_{k-1}, x_k, b_k) = z_{k-1} + x_k - b_k$$

gelangen. Mit diesen Übergängen (Transformationsfunktionen) sind die deterministischen Beschaffungskosten $q_k x_k$ und die folgenden zufallsabhängigen Fehlmengenkosten verbunden:

$$f_k(z_{k-1}, x_k, b_k) = \begin{cases} 20 & \text{falls } z_{k-1} = x_k = 0 \text{ und } b_k = 1 \\ 0 & \text{sonst} \end{cases}$$

Im Laufe der Rückwärtsrekursion der DO berechnen wir für jeden Entscheidungsknoten z_{k-1} den minimalen Kostenerwartungswert $F^*_{k-1}(z_{k-1})$ gemäß der *Bellman'schen Funktionalgleichung*:

$$F^*_{k-1}(z_{k-1}) = \min_{x_k \in X_k(z_{k-1})} \{ q_k x_k + \sum_{i=0}^{1} p_i [f_k(z_{k-1}, x_k, i) + F^*_k(t_k(z_{k-1}, x_k, i))] \} \qquad (7.11)$$

In Tab. 7.5 ist der Lösungsgang für das obige Problem im Detail wiedergegeben.

z_2	x_3	$F_2(z_2)$	z_1	x_2	$F_1(z_1)$	z_0	x_1	$F_0(z_0)$
2	0^*	0^*	2	0^*	0^*	0	2^*	18.32^*
1	0^*	0^*	1	1	9		1	19.6
0	1^*	12^*		0^*	7.2^*		0	28.2
	0^*	12^*	0	2	18			
				1^*	16.2^*			
				0	24			

Tab. 7.5

In Abb. 7.3 sind die bedingt optimalen Teilpolitiken fett gezeichnet. Das bedeutet, daß auf Stufe 1 auf jeden Fall 2 ME zu beschaffen sind. Im Anschluß an die zufällige Realisation einer Nachfrage ist auf Stufe 2 sowohl in $z_1 = 2$ als auch in $z_1 = 1$ die Entscheidung $x_2 = 0$ zu treffen. Für $z_1 = 0$ stellt $x_2 = 1$ die optimale Politik dar. Auf Stufe 3 ist jede (hinsichtlich der Nebenbedingungen ökonomisch sinnvolle) bedingte Entscheidung optimal. Wegen $x_1 = 2$ wird der Zustand $z_1 = 0$ nicht erreicht. An den Zustandsknoten sind die im Laufe der Rückwärtsrechnung ermittelten minimalen Kostenerwartungswerte angegeben.

Literatur zu Kapitel 7

Bellman (1957);
Domschke et al. (1993);
Feichtinger und Hartl (1986);
Hadley (1969);
Neumann (1977);
Wagelmans et al. (1992);
Domschke et al. (1995) – *Übungsbuch*;
Federgruen und Tzur (1991);
Fleischmann (1990);
Hillier und Lieberman (1988);
Schneeweiß (1974);
Wagner und Whitin (1958).

Kapitel 8: Nichtlineare Optimierung

8.1 Einführung

8.1.1 Allgemeine Form nichtlinearer Optimierungsprobleme

Wir gehen aus von der allgemeinen Formulierung eines Optimierungsproblems in Kap. 1.2. Sie lautet:

Maximiere (oder Minimiere) $z = F(\mathbf{x})$ (1.1)

unter den Nebenbedingungen

$$g_i(\mathbf{x}) \left\{ \begin{matrix} \geq \\ = \\ \leq \end{matrix} \right\} 0 \qquad \text{für } i = 1,...,m \tag{1.2}$$

$$\mathbf{x} \in \mathbb{R}^n_+ \quad \text{oder} \quad \mathbf{x} \in \mathbb{Z}^n_+ \quad \text{oder} \quad \mathbf{x} \in \mathrm{B}^n \tag{1.3}$$

Im Gegensatz zu linearen Problemen (Kap. 2) besitzen **nichtlineare Optimierungsprobleme** eine **nichtlineare Zielfunktion** und/oder **mindestens eine nichtlineare Nebenbedingung** des Typs (1.2).

Im Unterschied zu ganzzahligen und kombinatorischen Problemen (Kap. 6), bei denen ganzzahlige oder binäre Variablen vorkommen, geht man bei der nichtlinearen Optimierung in der Regel von (nichtnegativen) **reellwertigen Variablen** aus.

Wie wir bereits in Kap. 2.3 ausgeführt haben, läßt sich eine zu minimierende Zielfunktion $z = F(\mathbf{x})$ durch die zu maximierende Zielfunktion $-z = -F(\mathbf{x})$ ersetzen (und umgekehrt). Wir konzentrieren daher unsere weiteren Ausführungen auf **Maximierungsprobleme.**

Ebenso haben wir bereits in Kap. 2.3 erläutert, daß sich jede $\geq$- Restriktion durch Multiplikation mit -1 in eine **$\leq$- Restriktion** transformieren läßt. Darüber hinaus kann jede Gleichung durch zwei $\leq$- Restriktionen ersetzt werden.

Zur Vereinfachung der Schreibweise enthalten die Funktionen g_i die in der linearen Optimierung explizit auf der rechten Seite ausgewiesenen Konstanten b_i; aus $f_i(\mathbf{x}) \leq b_i$ wird also $g_i(\mathbf{x}) := f_i(\mathbf{x}) - b_i \leq 0$.

Aus den genannten Gründen können wir bei unseren weiteren Ausführungen von folgender **Formulierung eines nichtlinearen Optimierungsproblems** ausgehen:

Maximiere $z = F(\mathbf{x})$ (8.1)

unter den Nebenbedingungen

$$g_i(\mathbf{x}) \leq 0 \qquad \text{für } i = 1,...,m \tag{8.2}$$

$$x_j \geq 0 \qquad \text{für } j = 1,...,n \tag{8.3}$$

Gelegentlich benutzen wir auch die zu (8.1) - (8.3) äquivalente Vektorschreibweise:

$$\left.\begin{array}{l} \text{Maximiere } z = F(\mathbf{x}) \\ \text{unter den Nebenbedingungen} \\ \qquad \mathbf{g}(\mathbf{x}) \le \mathbf{0} \\ \qquad \mathbf{x} \ge \mathbf{0} \end{array}\right\} \tag{8.4}$$

Bei der *linearen Optimierung* haben wir vorausgesetzt, daß sowohl die Zielfunktion $F(\mathbf{x})$ als auch die Funktionen $g_i(\mathbf{x})$ der Nebenbedingungen linear sind. Wir haben den Simplex-Algorithmus beschrieben, der grundsätzlich alle linearen Probleme mit reellwertigen Variablen zu lösen gestattet.

Wie wir sehen werden, existiert kein (dem Simplex-Algorithmus vergleichbares) universelles Verfahren zur Lösung nichtlinearer Optimierungsprobleme.

8.1.2 Beispiele für nichtlineare Optimierungsprobleme

Wir beschreiben drei Beispiele mit wachsendem Schwierigkeitsgrad. Sie dienen in den folgenden Kapiteln zur Veranschaulichung von Lösungsverfahren.

Beispiel 1: Wir gehen von einem linearen Modell der Produktionsprogrammplanung aus, wie wir es in Kap. 1.2.2.2 formuliert und anhand eines Zahlenbeispiels in Kap. 2.4.1.2 betrachtet haben. Zu maximieren ist die Summe der Deckungsbeiträge zweier Produkte unter Beachtung linearer Kapazitätsrestriktionen. Dabei wird vorausgesetzt, daß der Deckungsbeitrag $d_i = p_i - k_i$ jedes Produktes i vorgegeben und von der Absatzmenge x_i unabhängig ist.

Im folgenden nehmen wir jedoch (bei konstanten variablen Kosten $k_i = 2$) an, daß der Preis jedes Produktes eine Funktion seiner Absatzmenge ist, wie das im Falle eines Angebotsmonopolisten unterstellt wird. Die *Preis-Absatz-Funktion* beider Produkte i = 1, 2 sei

$$p_i(x_i) = 7 - x_i .$$

Der gesamte Deckungsbeitrag des Produktes i ist dann:

$$D(x_i) = p_i(x_i) \cdot x_i - k_i x_i = (7 - x_i)\, x_i - 2x_i = 5x_i - x_i^2$$

Gehen wir von denselben linearen Nebenbedingungen wie in Kap. 2.4.1.2 aus, so erhalten wir das folgende nichtlineare Optimierungsproblem:

$$\text{Maximiere } F(x_1,x_2) = 5x_1 - x_1^2 + 5x_2 - x_2^2 \tag{8.5}$$

unter den Nebenbedingungen

$$[g_1(\mathbf{x}) :=] \qquad x_1 + 2x_2 - 8 \le 0 \tag{8.6}$$

$$[g_2(\mathbf{x}) :=] \qquad 3x_1 + x_2 - 9 \le 0 \tag{8.7}$$

$$x_1, x_2 \ge 0 \tag{8.8}$$

Die Nebenbedingungen (8.6) und (8.7) sind zur Verdeutlichung der in (8.2) verwendeten Schreibweise in der dort gewählten Form angegeben.

Abb. 8.1 veranschaulicht das Problem. Der optimale Zielfunktionswert von (8.5) ohne Nebenbedingungen wird im Punkt (2.5, 2.5) angenommen. Die in der Abb. 8.1 enthaltenen konzentrischen Kreise um diesen Punkt stellen Linien gleicher Zielfunktionswerte (Iso-Deckungsbeitragslinien) und ebenso Linien gleicher Abweichung vom Zielfunktionswert des unrestringierten Optimums dar. Auf dem äußeren Kreis beträgt die Abweichung vom Optimum 10.

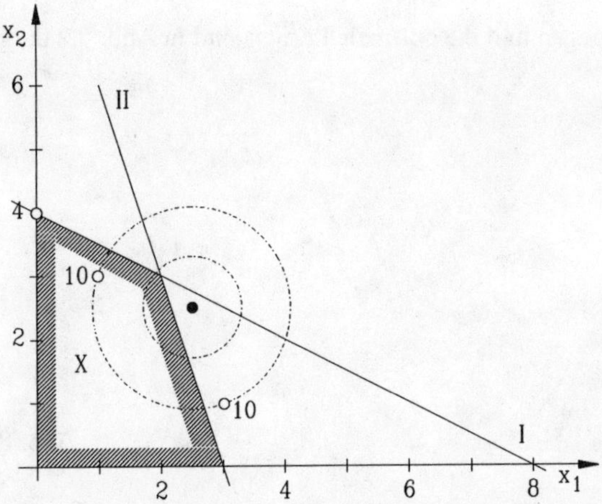

Abb. 8.1

Beispiel 2: Wir verallgemeinern Beispiel 1 hinsichtlich der Zielfunktion.

Hat man substitutive Güter vorliegen, so sind die Preise jeweils Funktionen beider Absatzmengen. Der Einfachheit halber unterstellen wir folgende Preis-Absatz-Funktionen:

$p_1(x_1) = 7 - x_1$ (wie oben) und $p_2(x_1,x_2) = 7 - (1 + \frac{1}{5}x_1)\,x_2$

Mit variablen Kosten $k_i = 2$ erhalten wir nunmehr als Zielfunktion:

$$\text{Maximiere } F(x_1,x_2) = 5x_1 - x_1^2 + 5x_2 - x_2^2 - \tfrac{1}{5}x_1x_2^2 \qquad (8.9)$$

Auf die Lösung des nichtlinearen Optimierungsproblems mit der Zielfunktion (8.9) und den Nebenbedingungen (8.6) – (8.8) gehen wir in Kap. 8.6.1 ein.

Beispiel 3: Die bisherigen Beispiele besitzen jeweils eine nichtlineare Zielfunktion und lineare Nebenbedingungen. So wird z.B. in (8.6) und (8.7) eine linear-limitationale Input-Output-Beziehung (Leontief-Produktionsfunktion) unterstellt. Beachten wir jedoch, daß bei der Fertigung zweier verschiedener Produkte auf einer Maschine u.U. Rüstzeiten und anlaufbedingt eine erhöhte Kapazitätsbeanspruchung entstehen, so könnte die Abbildung der Beziehungen (8.6) und (8.7) durch nichtlineare Funktionen, wie in (8.11) und (8.12) angegeben, realistisch sein. Zusammen mit der linearen Zielfunktion aus Kap. 2.4.1.2 und Nichtnegativitätsbedingungen erhielte man dann folgendes Optimierungsproblem:

Maximiere $F(x_1,x_2) = 6x_1 + 4x_2$ (8.10)

unter den Nebenbedingungen

$$\frac{x_1^2}{25} + \frac{x_2^2}{20.25} \leq 1 \quad (\Leftrightarrow \; 20.25\, x_1^2 + 25\, x_2^2 \leq 506.25) \tag{8.11}$$

$$\frac{x_1^2}{100} + \frac{x_2^2}{16} \leq 1 \quad (\Leftrightarrow \; 16\, x_1^2 + 100\, x_2^2 \leq 1600) \tag{8.12}$$

$$x_1, x_2 \geq 0 \tag{8.13}$$

Die Menge der zulässigen Lösungen und die optimale Lösung sind in Abb. 8.2 dargestellt.

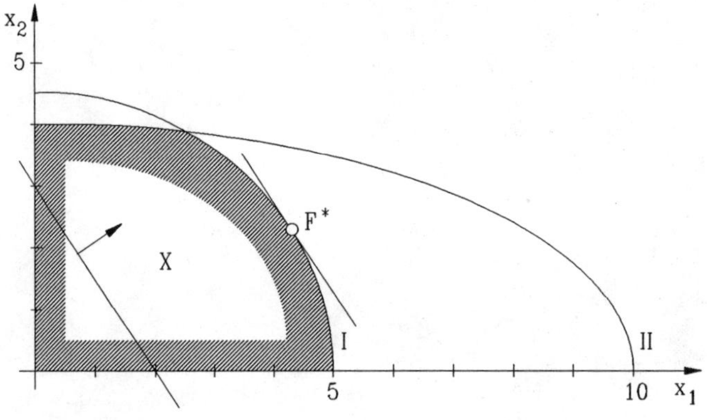

Abb. 8.2

Weitere Beispiele für nichtlineare Optimierungsprobleme sind:

- Transportprobleme mit nichtlinearen Kostenfunktionen; siehe z.B. Domschke (1996).
- Losgrößen- oder Bestellmengenprobleme unter Berücksichtigung von Kapazitätsrestriktionen im Fertigungs- oder im Lagerbereich; siehe z.B. Domschke et al. (1993, Kap. 3).

8.1.3 Typen nichtlinearer Optimierungsprobleme

Wie oben bereits erwähnt, gibt es kein universelles Verfahren, das alle nichtlinearen Optimierungsprobleme zu lösen gestattet. Vielmehr wurden für zahlreiche verschiedene Problemtypen spezielle Verfahren entwickelt. Wir nennen im folgenden verschiedene Problemtypen in der Reihenfolge, in der wir sie anschließend näher behandeln.

Wir beginnen in Kap. 8.2 mit Definitionen. Darüber hinaus gehen wir auf Problemstellungen ohne Nebenbedingungen ein, die ausschließlich durch Differentiation gelöst werden können.

In Kap. 8.3 folgen Probleme mit einer bzw. mehreren Variablen ohne Nebenbedingungen, die nicht ohne weiteres durch Differentiation lösbar sind. Wir beschreiben jeweils ein Lösungsverfahren.

In Kap. 8.4 behandeln wir allgemeine nichtlineare Optimierungsprobleme mit Nebenbedingungen. Wir beschäftigen uns mit der Charakterisierung von Maximalstellen (u.a. anhand des Kuhn-Tucker-Theorems) und skizzieren Prinzipien zur Lösung allgemeiner nichtlinearer Optimierungsprobleme.

Die weiteren Kapitel sind restringierten Problemen mit speziellen Eigenschaften gewidmet.

In Kap. 8.5 beschäftigen wir uns mit der quadratischen Optimierung. In diesem Teilgebiet der nichtlinearen Optimierung werden Probleme betrachtet, die sich von linearen Optimierungsproblemen nur durch die Zielfunktion unterscheiden. Diese enthält neben linearen Termen $c_j x_j$ auch quadratische Ausdrücke $c_{jj} x_j^2$ und/oder $c_{ij} x_i x_j$ für einige oder alle $i \neq j$.

In Kap. 8.6 folgen allgemeine konvexe Optimierungsprobleme (siehe Bem. 8.3) und geeignete Lösungsverfahren.

Im abschließenden Kap. 8.7 betrachten wir Probleme, die durch stückweise Linearisierung der nichtlinearen Zielfunktion und/oder Nebenbedingungen in lineare Probleme (mit Binär- und/ oder Ganzzahligkeitsbedingungen) transformiert und mit Methoden, wie sie in Kap. 6 beschrieben wurden, gelöst werden können.

8.2 Grundlagen und Definitionen

Wie bei der linearen Optimierung in Kap. 2 bezeichnen wir die **Menge der zulässigen Lösungen** eines Problems (bzw. Modells) mit X; die **Menge der optimalen Lösungen** analog mit X^*. Ist $X = \mathbb{R}^n$, so nennen wir das Problem **unbeschränkt** oder **unrestringiert.**

Während X bei linearen Optimierungsproblemen eine konvexe Menge, genauer ein konvexes Polyeder, ist, besitzt X in nichtlinearen Optimierungsproblemen diese Eigenschaft häufig nicht.

Für die folgenden Ausführungen benötigen wir bislang nicht verwendete Begriffe, die sich auf Eigenschaften der Zielfunktion F beziehen.

Definition 8.1: Sei $X \subseteq \mathbb{R}^n$ die Menge der zulässigen Lösungen eines (nichtlinearen) Optimierungsproblems.

a) Ein Punkt $\hat{\mathbf{x}} \in X$ heißt **globale Maximalstelle** der Funktion $F: X \to \mathbb{R}$, falls $F(\mathbf{x}) \leq F(\hat{\mathbf{x}})$ für alle $\mathbf{x} \in X$ gilt. $F(\hat{\mathbf{x}})$ bezeichnet man als **globales Maximum.**

b) Ein Punkt $\bar{\mathbf{x}} \in X$ heißt **lokale Maximalstelle** der Funktion $F: X \to \mathbb{R}$, falls ein $\epsilon > 0$ existiert, so daß $F(\mathbf{x}) \leq F(\bar{\mathbf{x}})$ für alle $\mathbf{x} \in U_\epsilon(\bar{\mathbf{x}}) \cap X$, wobei $U_\epsilon(\bar{\mathbf{x}}) = \{\mathbf{x} \in \mathbb{R}^n \text{ mit } \|\mathbf{x}-\bar{\mathbf{x}}\| < \epsilon\}$ die offene ϵ-Umgebung von $\bar{\mathbf{x}}$ ist.[1] $F(\bar{\mathbf{x}})$ bezeichnet man als **lokales Maximum.**

---

1 $\|.\|$ bezeichnet eine beliebige Norm im $\mathbb{R}^n$. Wir verwenden im folgenden stets die sogenannte Tschebyscheff- oder Maximum-Norm $\|\mathbf{x}\| = \|\mathbf{x}\|_\infty = \max\{|x_1|,\ldots,|x_n|\}$. $\|\mathbf{x}-\mathbf{y}\|$ ist ein Maß für den Abstand der Punkte (Vektoren) **x** und **y** voneinander. Vgl. z.B. Opitz (1989, S. 189 ff.).

Bemerkung 8.1: Ein **globales** bzw. **lokales Minimum** läßt sich analog definieren mit $F(\mathbf{x}) \geq F(\hat{\mathbf{x}})$ in a) bzw. $F(\mathbf{x}) \geq F(\bar{\mathbf{x}})$ in b).

Die Bestimmung lokaler und globaler Maxima (bzw. Minima) ist dem Leser zumindest für unrestringierte Probleme mit zweimal stetig differenzierbaren Funktionen F(x) einer Variablen x geläufig.

Satz 8.1: Sei $F: X \to \mathbb{R}$ eine auf einer offenen Menge $X \subseteq \mathbb{R}$ definierte, zweimal stetig differenzierbare Funktion.

a) $F'(\bar{x}) = 0$ ist eine *notwendige* Bedingung dafür, daß F an der Stelle $\bar{x}$ ein lokales Maximum oder Minimum besitzt.

b) $F'(\bar{x}) = 0$ und $F''(\bar{x}) < 0$ (bzw. > 0) sind *notwendige und hinreichende* Bedingungen dafür, daß F an der Stelle $\bar{x}$ ein lokales Maximum (bzw. Minimum) besitzt.

Wir erweitern nun die Aussagen von Satz 8.1 auf unrestringierte Probleme mit einer zweimal stetig differenzierbaren Funktionen $F(\mathbf{x})$ mehrerer Variablen $\mathbf{x} = (x_1,...,x_n)$.[2] Dazu benötigen wir die folgenden Definitionen.

Definition 8.2: Sei $F: X \to \mathbb{R}$ eine auf einer offenen Menge $X \subseteq \mathbb{R}^n$ definierte, zweimal stetig differenzierbare Funktion.

a) Den Vektor $\nabla F(\mathbf{x}) := \begin{bmatrix} \frac{\partial F(\mathbf{x})}{\partial x_1} \\ \vdots \\ \frac{\partial F(\mathbf{x})}{\partial x_n} \end{bmatrix}$ der partiellen Ableitungen $\frac{\partial F(\mathbf{x})}{\partial x_i}$ an der Stelle $\mathbf{x} \in X$

bezeichnet man als **Gradient** von F; er gibt in jedem Punkt **x** die Richtung des steilsten Anstiegs der Funktion an.

b) Die quadratische Matrix $H(\mathbf{x}) = \begin{bmatrix} \frac{\partial F^2(\mathbf{x})}{\partial x_1^2} & \frac{\partial F^2(\mathbf{x})}{\partial x_1 \partial x_2} & \cdots & \frac{\partial F^2(\mathbf{x})}{\partial x_1 \partial x_n} \\ \frac{\partial F^2(\mathbf{x})}{\partial x_2 \partial x_1} & \frac{\partial F^2(\mathbf{x})}{\partial x_2^2} & \cdots & \frac{\partial F^2(\mathbf{x})}{\partial x_2 \partial x_n} \\ \vdots & \vdots & & \vdots \\ \frac{\partial F^2(\mathbf{x})}{\partial x_n \partial x_1} & \frac{\partial F^2(\mathbf{x})}{\partial x_n \partial x_2} & \cdots & \frac{\partial F^2(\mathbf{x})}{\partial x_n^2} \end{bmatrix}$ der zweiten

partiellen Ableitungen an der Stelle $\mathbf{x} \in X$ nennt man **Hesse-Matrix**.

Wegen $\frac{\partial F^2(\mathbf{x})}{\partial x_i \partial x_j} = \frac{\partial F^2(\mathbf{x})}{\partial x_j \partial x_i}$ ist die Hesse-Matrix symmetrisch.

---

2 In der Regel bezeichnen wir mit $\mathbf{x}$ einen Spalten- und mit $\mathbf{x}^T$ einen Zeilenvektor. Wir verzichten jedoch auf die Verwendung des Transponiertzeichens, sofern dadurch das Verständnis nicht beeinträchtigt wird.

Beispiele:

1) Die Zielfunktion $F(x_1,x_2) = 5x_1 - x_1^2 + 5x_2 - x_2^2$, siehe (8.5), besitzt den Gradienten

$$\nabla F(\mathbf{x}) = \begin{bmatrix} 5-2x_1 \\ 5-2x_2 \end{bmatrix} \text{ und die Hesse-Matrix } H(\mathbf{x}) = \begin{bmatrix} -2 & 0 \\ 0 & -2 \end{bmatrix}.$$

2) Für die Zielfunktion $F(x_1,x_2) = 5x_1 - x_1^2 + 5x_2 - x_2^2 - \frac{1}{5}x_1x_2^2$, siehe (8.9), gilt

$$\nabla F(\mathbf{x}) = \begin{bmatrix} 5-2x_1-\frac{1}{5}x_2^2 \\ 5-2x_2-\frac{2}{5}x_1x_2 \end{bmatrix} \quad \text{und} \quad H(\mathbf{x}) = \begin{bmatrix} -2 & -\frac{2}{5}x_2 \\ -\frac{2}{5}x_2 & -2-\frac{2}{5}x_1 \end{bmatrix}.$$

Im folgenden benötigen wir die Begriffe "positiv semidefinit" und "positiv definit", die wir allgemein für quadratische, symmetrische Matrizen definieren; vgl. zu den folgenden Ausführungen v.a. Künzi et al. (1979, S. 29 ff.).

Definition 8.3: Eine quadratische, symmetrische $n \times n$-Matrix C heißt **positiv semidefinit**, wenn $\mathbf{x}^T C\,\mathbf{x} \geq 0$ für alle $\mathbf{x} \in \mathbb{R}^n$ gilt.

Sie heißt **positiv definit**, wenn $\mathbf{x}^T C\,\mathbf{x} > 0$ für alle $\mathbf{x} \neq \mathbf{0}$ gilt.

Die Eigenschaft der positiven (Semi-) Definitheit läßt sich gelegentlich leicht konstatieren (z.B. im Falle einer Diagonalmatrix mit ausschließlich positiven Diagonalelementen, dh. mit $c_{ii} > 0$ und $c_{ij} = 0$ sonst); häufig ist man jedoch zu ihrem Nachweis auf Berechnungen z.B. unter Ausnutzung des folgenden Satzes angewiesen.

Satz 8.2: Eine quadratische, symmetrische Matrix C ist genau dann positiv semidefinit, wenn alle Eigenwerte von C nichtnegativ sind.

Bemerkung 8.2: Die folgenden Bedingungen sind notwendig, aber noch nicht hinreichend dafür, daß eine symmetrische Matrix C positiv semidefinit ist; siehe hierzu auch Neumann (1975 a, S. 229 ff.):

a) Alle Diagonalelemente sind nichtnegativ; dh. $c_{ii} \geq 0$.

b) Alle Hauptabschnittsdeterminanten (dh. alle Determinanten von symmetrischen Teilmatrizen aus einem linken oberen Quadrat von C)

$$C_1 = |\,c_{11}\,|, \quad C_2 = \begin{vmatrix} c_{11} & c_{12} \\ c_{21} & c_{22} \end{vmatrix} = c_{11}c_{22} - c_{12}c_{21}, \;\ldots\;, \quad C_n = |\,C\,|$$

sind nichtnegativ.

Satz 8.3: Sei $F: X \to \mathbb{R}$ eine zweimal stetig differenzierbare Funktion *mehrerer* Variablen $\mathbf{x} = (x_1,...,x_n) \in X$ mit $X \subseteq \mathbb{R}^n$ und offen.

a) $\nabla F(\bar{\mathbf{x}}) = \mathbf{0}$ ist eine *notwendige* Bedingung dafür, daß F an der Stelle $\bar{\mathbf{x}}$ ein lokales Maximum oder Minimum besitzt.

b) $\nabla F(\bar{\mathbf{x}}) = \mathbf{0}$ und $-H(\bar{\mathbf{x}})$ (bzw. $H(\bar{\mathbf{x}})$) ist positiv definit sind *notwendige* und *hinreichende* Bedingungen dafür, daß F an der Stelle $\bar{\mathbf{x}}$ ein lokales Maximum (bzw. Minimum) besitzt.

Beispiel: Die Funktion $F(x_1,x_2) = 5x_1 - x_1^2 + 5x_2 - x_2^2$ besitzt im Punkt $\bar{\mathbf{x}} = (2.5, 2.5)$ ein lokales (und - wie wir mit Hilfe von Satz 8.4 und 8.9 feststellen können - zugleich globales) Maximum; denn $\nabla F(2.5, 2.5) = \mathbf{0}$, und $-H(\mathbf{x}) = \begin{bmatrix} 2 & 0 \\ 0 & 2 \end{bmatrix}$ ist für alle $\mathbf{x} \in X$ positiv definit.

Definition 8.4:

a) Eine über einer konvexen Menge X definierte Funktion F heißt **konkav**, wenn für je zwei Punkte $\mathbf{x}_1 \in X$ und $\mathbf{x}_2 \in X$ sowie für alle $\mathbf{x} = \lambda \mathbf{x}_1 + (1-\lambda)\mathbf{x}_2$ mit $0 \le \lambda \le 1$ gilt:

$$F(\mathbf{x}) \ge \lambda F(\mathbf{x}_1) + (1-\lambda) F(\mathbf{x}_2)$$

Sie heißt **streng konkav**, wenn gilt: $F(\mathbf{x}) > \lambda F(\mathbf{x}_1) + (1-\lambda) F(\mathbf{x}_2)$

Sie heißt **quasikonkav**, wenn gilt: $F(\mathbf{x}) \ge \min\{F(\mathbf{x}_1), F(\mathbf{x}_2)\}$

b) Eine über einer konvexen Menge X definierte Funktion F heißt **konvex**, wenn für je zwei Punkte $\mathbf{x}_1 \in X$ und $\mathbf{x}_2 \in X$ sowie für alle $\mathbf{x} = \lambda \mathbf{x}_1 + (1-\lambda)\mathbf{x}_2$ mit $0 \le \lambda \le 1$ gilt:

$$F(\mathbf{x}) \le \lambda F(\mathbf{x}_1) + (1-\lambda) F(\mathbf{x}_2)$$

Sie heißt **streng konvex**, wenn gilt: $F(\mathbf{x}) < \lambda F(\mathbf{x}_1) + (1-\lambda) F(\mathbf{x}_2)$

Sie heißt **quasikonvex**, wenn gilt: $F(\mathbf{x}) \le \max\{F(\mathbf{x}_1), F(\mathbf{x}_2)\}$

Die Abbildungen 8.3 bis 8.6 sollen die Begriffe noch einmal graphisch veranschaulichen.

Die Funktion F in Abb. 8.3 hat auf $X = \mathbb{R}$ zwei lokale Maximalstellen in $x = a$ und $x = b$, wobei sich in b zugleich ein globales Maximum befindet. Die Funktion ist auf X weder konkav noch konvex sowie weder quasikonkav noch quasikonvex.

Die Funktion F in Abb. 8.4 hat auf X eine lokale Minimalstelle in $x = a$ und eine lokale Maximalstelle in $x = b$, die beide (gemäß Satz 8.4) zugleich globale Extrema sind. F ist eine konkave Funktion.

In Abb. 8.5 ist eine quasikonkave (weder konvexe, noch konkave) Funktion F mit einem lokalen und globalen Maximum an der Stelle a dargestellt.

Abb. 8.6 zeigt eine konkave Funktion $F(x_1,x_2)$ zweier Variablen mit einem globalen Maximum an der Stelle (a,b).

Der folgende Satz läßt sich leicht beweisen.

Satz 8.4: Sei $F: X \to \mathbb{R}$ eine auf einer konvexen Menge $X \subseteq \mathbb{R}^n$ definierte konkave Funktion.

a) Ein lokales Maximum $F(\hat{\mathbf{x}})$ ist zugleich globales Maximum von F auf X.

b) Ist F zweimal stetig differenzierbar, so stellt $\nabla F(\bar{\mathbf{x}}) = \mathbf{0}$ eine *notwendige* und zugleich *hinreichende* Bedingung für ein globales Maximum dar. Analoges gilt für Funktionen mit einer Variablen x bezüglich F'(x); siehe auch die Sätze 8.1 und 8.3.

Der Satz 8.4 ist deshalb von großer Bedeutung, weil wir bei jedem die Voraussetzungen des Satzes erfüllenden Maximierungsproblem sicher sein können, daß wir mit Methoden, die lokale Maxima approximieren oder exakt berechnen, zugleich Verfahren haben, die die globalen Maxima auffinden.

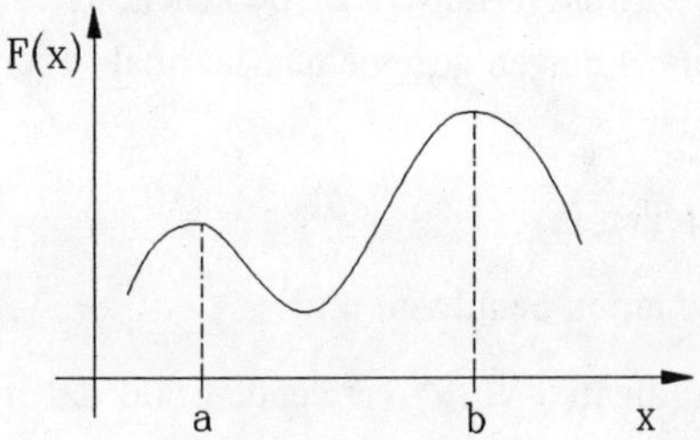

Abb. 8.3 mit $X = \mathbb{R}$

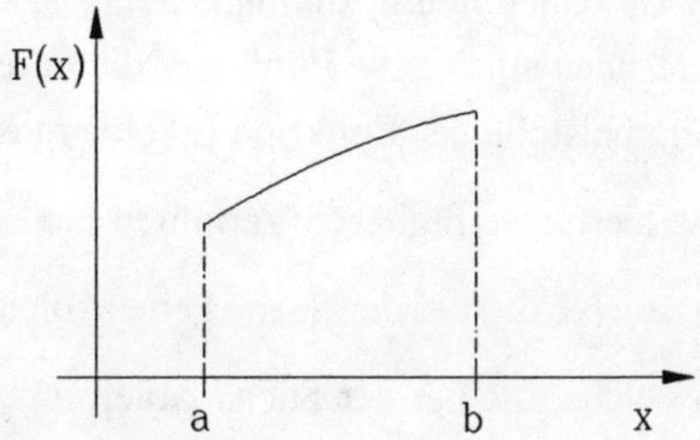

Abb. 8.4 mit $X = \{x \in \mathbb{R} \mid a \leq x \leq b\}$

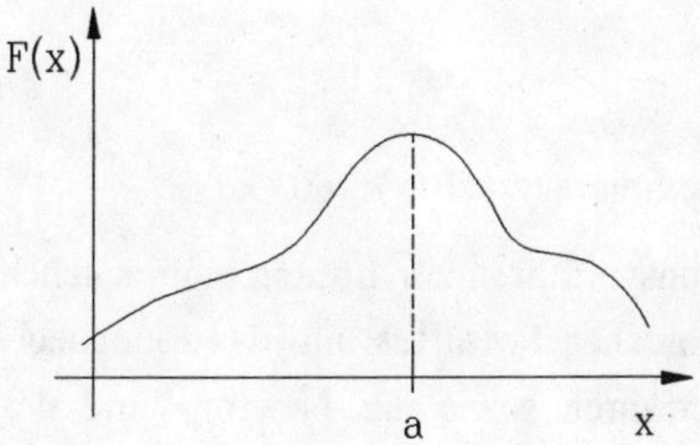

Abb. 8.5 mit $X = \mathbb{R}$

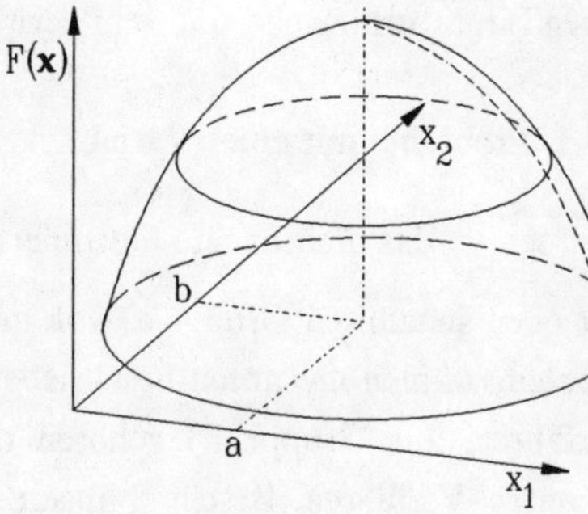

Abb. 8.6 mit $X = \mathbb{R}^2$

Bemerkung 8.3: In der Literatur ist es üblich, von **konvexer Optimierung** zu sprechen, wenn ein Problem mit konvexer Zielfunktion F zu minimieren oder ein Problem mit konkaver Zielfunktion zu maximieren ist. Die Menge X der zulässigen Lösungen wird dabei jeweils als konvex vorausgesetzt.

Daß es sinnvoll ist, konkave Maximierungsprobleme unter *konvexer Optimierung* zu subsummieren, ergibt sich aus folgender Überlegung: Ist eine Funktion $F : X \to \mathbb{R}$ konkav, so ist die Funktion $-F$ konvex und umgekehrt.

8.3 Optimierungsprobleme ohne Nebenbedingungen

Die Behandlung von unrestringierten Optimierungsproblemen verdient deshalb einen hohen Stellenwert, weil diese in vielen Verfahren zur Lösung komplexerer Probleme als Teilprobleme auftreten.

Im vorigen Kapitel haben wir Sätze und Vorgehensweisen zur Lösung unrestringierter Probleme bei zweimal stetig differenzierbaren Funktionen formuliert; aus zwei Gründen sollen im folgenden weitere Vorgehensweisen dafür behandelt werden:

1. Es ist nicht in jedem Falle leicht, die Nullstellen einer Ableitung $F'(x)$ oder eines Gradienten $\nabla F(\mathbf{x})$ analytisch zu berechnen (z.B. Nullstellen eines Polynoms vom Grade ≥ 3).
2. In ökonomischen Anwendungen treten häufig nichtdifferenzierbare Funktionen auf.

Es ist daher häufig unumgänglich, sich numerischer Iterationsverfahren zu bedienen. Diese berechnen sukzessive Punkte $\mathbf{x}$, die unter gewissen Voraussetzungen gegen eine Maximal- oder Minimalstelle der Funktion F konvergieren.

Die hierfür verfügbaren Verfahren lassen sich grob unterteilen in

a) solche, die bei der Suche keine Ableitungen bzw. Gradienten benutzen, und

b) solche, die bei der Suche Ableitungen $F'(x)$ bzw. Gradienten $\nabla F(\mathbf{x})$ verwenden und daher die Differenzierbarkeit der Zielfunktion F voraussetzen.

Im folgenden betrachten wir zunächst unrestringierte Probleme mit einer, danach mit n Variablen. Wir nennen numerische Iterationsverfahren der beiden verschiedenen Gruppen, geben Literaturhinweise und schildern beispielhaft jeweils ein Verfahren.

8.3.1 Probleme mit einer Variablen

Zu lösen sei das nichtlineare Optimierungsproblem: Maximiere $z = F(x)$ mit $x \in \mathbb{R}$.

Zur oben genannten Gruppe a) von numerischen Iterationsverfahren zur Lösung eines solchen Problems zählen die unten beschriebene Methode des goldenen Schnittes und das Fibonacci-Verfahren, zur Gruppe b) gehören das binäre Suchverfahren sowie das Newton- und das Sekanten-Verfahren. Beschreibungen hierfür findet man in Bazaraa und Shetty (1979, S. 252 ff.); siehe auch Künzi et al. (1979, S. 189 f.), Krabs (1983, S. 41 ff.) sowie Eiselt et al. (1987, S. 513 ff.).

Wir beschreiben nun die *Methode des goldenen Schnittes*. Dabei setzen wir voraus, daß F eine konkave oder zumindest quasikonkave Funktion ist. Wegen Satz 8.4 können wir bei einer konkaven Funktion sicher sein, daß jedes lokale Maximum zugleich ein globales Maximum ist. Die in Kap. 8.2 vorausgesetzte Differenzierbarkeit muß hier nicht gegeben sein.

Ausgegangen wird von einem Intervall $[a_1,b_1]$, in dem sich eine globale Maximalstelle $\hat{x}$ befinden muß. Von Iteration zu Iteration wird das Intervall verkleinert, so daß man sich bis auf einen beliebig kleinen Abstand einer Maximalstelle der Funktion nähern kann.

Methode des goldenen Schnittes

Voraussetzung: Eine konkave oder zumindest quasikonkave Funktion $F: \mathbb{R} \to \mathbb{R}$; ferner ein Anfangsintervall $[a_1,b_1]$, in dem die (bzw. eine) Maximalstelle von F liegt; ein Parameter $\epsilon > 0$ als Abbruchschranke und $\alpha := 0.618$.

Start: Berechne $\lambda_1 := a_1 + (1-\alpha)(b_1 - a_1)$ und $\mu_1 := a_1 + \alpha(b_1 - a_1)$ sowie $F(\lambda_1)$ und $F(\mu_1)$.

Iteration k (= 1,2,...):

Schritt 1: Falls $b_k - a_k < \epsilon$, Abbruch des Verfahrens;

Schritt 2:

a) Falls $F(\lambda_k) < F(\mu_k)$, setze $a_{k+1} := \lambda_k$; $b_{k+1} := b_k$; $\lambda_{k+1} := \mu_k$;

$\mu_{k+1} := a_{k+1} + \alpha(b_{k+1} - a_{k+1})$; $F(\lambda_{k+1}) := F(\mu_k)$ und berechne $F(\mu_{k+1})$.

b) Falls $F(\lambda_k) \geq F(\mu_k)$, setze $a_{k+1} := a_k$; $b_{k+1} := \mu_k$; $\mu_{k+1} := \lambda_k$;

$\lambda_{k+1} := a_{k+1} + (1-\alpha)(b_{k+1} - a_{k+1})$; $F(\mu_{k+1}) := F(\lambda_k)$ und berechne $F(\lambda_{k+1})$.

Gehe zur nächsten Iteration.

Ergebnis: Die (bzw. eine) Maximalstelle $\hat{x}$ liegt im Intervall $[a_k, b_k]$; man verwende den größten bekannten Wert aus diesem Intervall als Näherung für das Maximum.

* * * * *

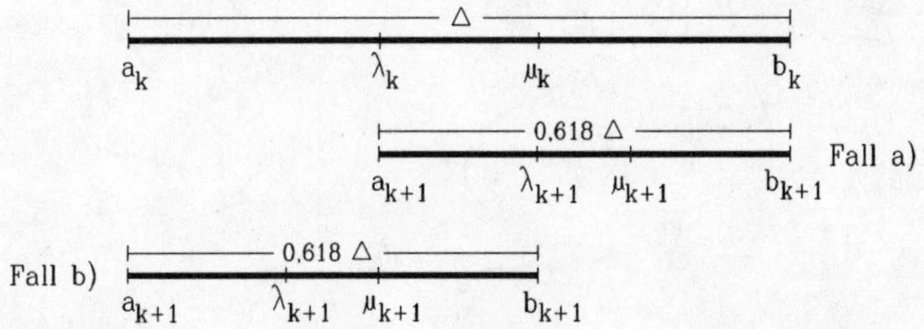

Abb. 8.7

Der Übergang von einem Intervall $[a_k, b_k]$ zu einem Intervall $[a_{k+1}, b_{k+1}]$ soll graphisch anhand von Abb. 8.7 veranschaulicht werden.

Von einem Ausgangsintervall der Länge Δ wird stets ein Teil δ so abgeschnitten, daß gilt:

$$\delta/(\Delta - \delta) = (\Delta - \delta)/\Delta$$

Diese Gleichung ist nur für $\Delta - \delta = \frac{1}{2}(\sqrt{5} - 1)\Delta \approx 0.618\,\Delta$ erfüllt.[3]

8.3.2 Probleme mit mehreren Variablen

Wir betrachten nun das nichtlineare Optimierungsproblem: Maximiere $z = F(\mathbf{x})$ mit $\mathbf{x} \in \mathbb{R}^n$

Auch die Verfahren zur Lösung von Problemen mit mehreren Variablen lassen sich in solche mit und ohne Verwendung von Ableitungen (hier Gradienten) unterteilen; siehe z.B. Eiselt et al. (1987, S. 536).

[3] Der goldene Schnitt wird auch als "stetige Teilung" bezeichnet, weil die Verkürzung des zugrunde gelegten Intervalls stets in den gleichen Proportionen erfolgt. Da die stetige Teilung in Natur und Kunst eine gewisse Rolle spielt, wurde für sie von den Mathematikern des 19. Jahrhunderts der Begriff "goldener Schnitt" geprägt. Er läßt sich an vielen Werken der Baukunst, der Bildhauerei und der Malerei nachweisen.

Aus der Vielzahl verfügbarer Methoden, die die Differenzierbarkeit der Zielfunktion voraussetzen und verwenden, beschreiben wir im folgenden eine Grundversion, die als **Methode des steilsten Anstiegs** oder als **Gradientenverfahren** schlechthin bezeichnet wird. Dafür ist es hilfreich, beispielhaft ein Optimierungsproblem graphisch darzustellen und dabei auf die Bedeutung des Gradienten einzugehen.

Wenn man eine stetige Funktion $F: \mathbb{R}^2 \rightarrow \mathbb{R}$ graphisch darstellt, so erhält man eine "Landschaft mit Bergen und Tälern"; siehe Abb. 8.8.

Bei einer (streng) konkaven Funktion erhält man einen "eingipfligen Berg". Die in Abb. 8.9 dargestellte Funktion nimmt im Punkt $(x_1,x_2) = (a,b)$ ihr absolutes Maximum an. Die Abbildung enthält darüber hinaus in der dritten Dimension konzentrische Kreise als Linien gleicher Zielfunktionswerte (Höhenlinien der Zielfunktion). Eine dieser Höhenlinien ist zudem in die (x_1,x_2)-Ebene projiziert.

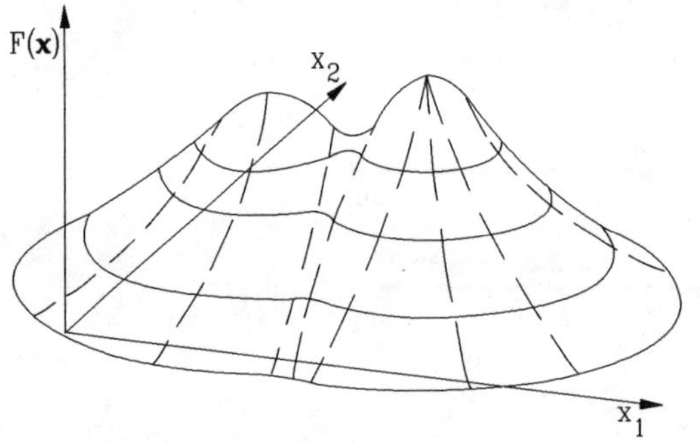

Abb. 8.8

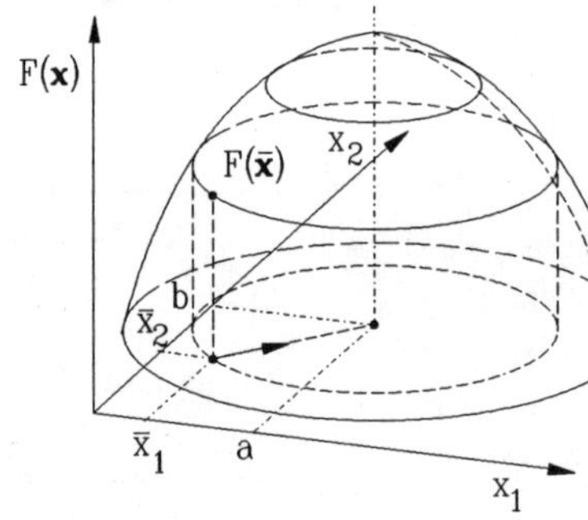

Abb. 8.9

Der Gradient $\nabla F(\bar{x})$ ist nun ein Vektor in der (x_1,x_2)-Ebene, der in die *Richtung des steilsten Anstiegs* der Funktion F im Punkt $\bar{x}$ zeigt und dessen "Länge" ein Maß für die Stärke des Anstiegs ist. Im Falle der Funktion in Abb. 8.9 zeigt jeder Gradient in Richtung der Maximalstelle, so daß man von jedem Punkt aus, dem Gradienten folgend, unmittelbar zum Maximum gelangt. Im allgemeinen sind jedoch Richtungsänderungen nötig. Es empfiehlt sich, jeweils so lange in Richtung des Gradienten zu gehen, bis in der durch ihn vorgegebenen Richtung kein Anstieg mehr möglich ist. Genauso arbeitet das Gradientenverfahren. Um den in der Richtung des Gradienten von $\bar{x}$ aus erreichbaren, bezüglich F höchstmöglichen Punkt zu bestimmen, löst man das eindimensionale Teilproblem

$$\text{Maximiere } H(\lambda) = F(\bar{x} + \lambda \cdot \nabla F(\bar{x})) \quad \text{mit } \lambda \geq 0.$$

λ stellt ein Maß für die zurückzulegende Strecke dar. Man bezeichnet λ auch als *Schrittweite* und demzufolge eine Regel, nach der λ zu bestimmen ist, als Schrittweitenregel. Wir verwenden im folgenden die Maximierungsregel. Eine Diskussion verschiedener Schrittweitenregeln findet man z.B. in Kosmol (1989, S. 83 ff.).

Ein Gradientenverfahren läßt sich nun wie folgt algorithmisch beschreiben.

Gradientenverfahren

Voraussetzung: Eine stetig differenzierbare, konkave Funktion $F: \mathbb{R}^n \to \mathbb{R}$; ein Parameter $\epsilon > 0$ als Abbruchschranke.

Start: Wähle einen (zulässigen) Punkt $\mathbf{x}^{(0)} \in \mathbb{R}^n$.

Iteration k (= 0, 1, ...):

Schritt 1: Berechne den Gradienten $\nabla F(\mathbf{x}^{(k)})$.

Falls $\| \nabla F(\mathbf{x}^{(k)}) \| < \epsilon$, Abbruch des Verfahrens.

Schritt 2: Berechne dasjenige λ^*, für das $H(\lambda) := F(\mathbf{x}^{(k)} + \lambda \cdot \nabla F(\mathbf{x}^{(k)}))$ mit $\lambda \geq 0$ maximal ist;

setze $\mathbf{x}^{(k+1)} := \mathbf{x}^{(k)} + \lambda^* \cdot \nabla F(\mathbf{x}^{(k)})$ und gehe zur Iteration k + 1;

Ergebnis: Falls bei Abbruch gilt:

a) $\nabla F(\mathbf{x}^{(k)}) = \mathbf{0}$, so ist $\mathbf{x}^{(k)}$ eine Maximalstelle von F;

b) $\| \nabla F(\mathbf{x}^{(k)}) \| < \epsilon$, aber $\nabla F(\mathbf{x}^{(k)}) \neq \mathbf{0}$, so ist $\mathbf{x}^{(k)}$ Näherung für eine Maximalstelle von F.

* * * * *

Bemerkung 8.4: Eine Alternative zum oben verwendeten Abbruchkriterium ist:

Abbruch, falls $\| \mathbf{x}^{(k+1)} - \mathbf{x}^{(k)} \| < \epsilon$ gilt.

λ^* kann mit einem Verfahren der eindimensionalen, unrestringierten Optimierung ermittelt werden (in einfachen Fällen durch Differenzieren von H, ansonsten z.B. mit Hilfe der Methode des goldenen Schnittes); vgl. Kap. 8.3.1.

Beispiele: Wir gehen von Beispiel 2 in Kap. 8.1.2 aus und lösen dieses Problem ohne Nebenbedingungen. Wir betrachten also:

$$\text{Maximiere } F(x_1,x_2) = 5x_1 - x_1^2 + 5x_2 - x_2^2 - \tfrac{1}{5} x_1 x_2^2 \tag{8.9}$$

Die partiellen Ableitungen von F sind

$$\frac{\partial F}{\partial x_1} = 5 - 2x_1 - \tfrac{1}{5} x_2^2 \quad \text{und} \quad \frac{\partial F}{\partial x_2} = 5 - 2x_2 - \tfrac{2}{5} x_1 x_2 .$$

Starten wir im Punkt $\mathbf{x}^{(0)} = (0,0)$ mit $F(\mathbf{x}^{(0)}) = 0$, so ergibt sich folgender Lösungsgang:

Iteration 1: Es ist $\nabla F(\mathbf{x}^{(0)}) = (\frac{\partial F(0,0)}{\partial x_1}, \frac{\partial F(0,0)}{\partial x_2}) = (5,5)$.

$H(\lambda) = F((0,0) + \lambda \cdot (5,5)) = 50\lambda - 50\lambda^2 - \frac{1}{5} \cdot 125\lambda^3$

Durch Differenzieren von H und Nullsetzen dieser Funktion erhalten wir $\lambda^* = 0.387$ und gelangen zum Punkt $\mathbf{x}^{(1)} = (1.937, 1.937)$ mit $F(\mathbf{x}^{(1)}) = 10.413$.

Iteration 2: Nun gilt $\frac{\partial F(\mathbf{x}^{(1)})}{\partial x_1} = 0.375$ und $\frac{\partial F(\mathbf{x}^{(1)})}{\partial x_2} = -0.375$.

$H(\lambda) = F((1.937, 1.937) + \lambda \cdot (0.375, -0.375))$.

Durch Differenzieren von H und Nullsetzen dieser Funktion erhalten wir $\lambda^* = 0.5955$ und gelangen zum Punkt $\mathbf{x}^{(2)} = (2.161, 1.714)$ mit $F(\mathbf{x}^{(2)}) = 10.498$.

Iteration 3: Es gilt $\frac{\partial F(\mathbf{x}^{(2)})}{\partial x_1} = 0.091$ und $\frac{\partial F(\mathbf{x}^{(2)})}{\partial x_2} = 0.091$.

Bei Wahl des Parameters $\epsilon = 0.0001$ bricht das Verfahren nach 8 Iterationen mit der Lösung $\mathbf{x} = (2.198, 1.736)$ und dem Zielfunktionswert $F = 10.50028$ ab.

Bemerkung 8.5: Seien $\mathbf{x}^{(0)}, \mathbf{x}^{(1)}, ..., \mathbf{x}^{(n)}$ der zu Beginn vorgegebene bzw. die sukzessive vom Gradientenverfahren ermittelten Punkte. Dann gilt $\nabla F(\mathbf{x}^{(k)})^T \cdot \nabla F(\mathbf{x}^{(k+1)}) = 0$ für $k = 0,...,n-1$. Das heißt, die Gradienten aufeinanderfolgender Iterationen stehen aufeinander senkrecht; siehe auch obiges Beispiel.

Bemerkung 8.6: Das Gradientenverfahren läßt sich modifizieren für die Minimierung einer konvexen Zielfunktion, indem man lediglich die Formel zur Berechnung von $\mathbf{x}^{(k+1)}$ durch $\mathbf{x}^{(k+1)} := \mathbf{x}^{(k)} - \lambda^* \cdot \nabla F(\mathbf{x}^{(k)})$ ersetzt. Ausgehend vom Punkt $\mathbf{x}^{(k)}$, ist $-\nabla F(\mathbf{x}^{(k)})$ die *Richtung des steilsten Abstiegs.*

8.4 Allgemeine restringierte Optimierungsprobleme

Bisher haben wir nur unrestringierte nichtlineare Optimierungsprobleme betrachtet. In praktischen Anwendungen sind jedoch häufig Nebenbedingungen unterschiedlicher Art zu berücksichtigen.

Auch an dieser Stelle wollen wir primär von **Maximierungsproblemen** ausgehen. Wir beginnen unsere Ausführungen mit Sätzen zur Charakterisierung von Maximalstellen und skizzieren in Kap. 8.4.2 einige allgemeine Lösungsprinzipien für restringierte Probleme.

8.4.1 Charakterisierung von Maximalstellen

Gegeben sei das allgemeine restringierte nichtlineare Problem aus Kap. 8.1.1:

Maximiere $z = F(\mathbf{x})$ (8.1)

unter den Nebenbedingungen

$$g_i(\mathbf{x}) \leq 0 \quad \text{für } i = 1,...,m \tag{8.2}$$

$$x_j \geq 0 \quad \text{für } j = 1,...,n \tag{8.3}$$

Wir wollen notwendige und hinreichende Bedingungen für Lösungen eines derartigen Problems formulieren. Dazu definieren wir zunächst die Begriffe "Lagrange-Funktion" und "Sattelpunkt" einer Funktion.

Definition 8.5: Gegeben sei ein Problem (8.1) – (8.3).

Die Funktion $L: \mathbb{R}^{n+m} \to \mathbb{R}$ mit $L(\mathbf{x},\mathbf{u}) = F(\mathbf{x}) - \mathbf{u}^T g(\mathbf{x})$, wobei $\mathbf{x} \in \mathbb{R}^n_+$ und $\mathbf{u} \in \mathbb{R}^m_+$, bezeichnet man als **Lagrange-Funktion** des Problems.

Die zusätzlichen (neuen) Variablen $u_1,...,u_m$ nennt man **Lagrange-Multiplikatoren.**

Bemerkung 8.7: Die Bildung einer Lagrange-Relaxation eines ganzzahligen linearen Optimierungsproblems erfolgte in Kap. 6.6.2.1 ganz analog.
Ein nichtnegativer Lagrange-Multiplikator u_i läßt sich als Strafkostensatz für jede Einheit interpretieren, um die $g_i(\mathbf{x})$ den Wert 0 übersteigt.

Definition 8.6: Ein Vektor $(\hat{\mathbf{x}},\hat{\mathbf{u}})$ des $\mathbb{R}^{n+m}_+$ wird **Sattelpunkt** einer Funktion $L(\mathbf{x},\mathbf{u})$ genannt, wenn für alle $\mathbf{x} \in \mathbb{R}^n_+$ und $\mathbf{u} \in \mathbb{R}^m_+$ gilt: $L(\mathbf{x},\hat{\mathbf{u}}) \le L(\hat{\mathbf{x}},\hat{\mathbf{u}}) \le L(\hat{\mathbf{x}},\mathbf{u})$.

Def. 8.6 wird in Abb. 8.10 graphisch veranschaulicht.

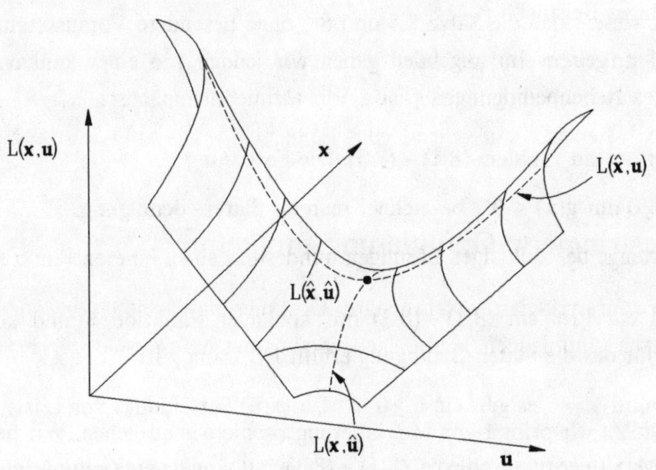

Abb. 8.10

Wie aus der Abbildung für n = m = 1 leicht zu erkennen ist, so gilt auch allgemein:

a) $\hat{\mathbf{x}}$ ist globales Maximum der Funktion $L(\mathbf{x},\hat{\mathbf{u}})$ mit $\mathbf{x} \in \mathbb{R}^n_+$ für festes $\hat{\mathbf{u}} \ge 0$.

b) $\hat{\mathbf{u}}$ ist globales Minimum der Funktion $L(\hat{\mathbf{x}},\mathbf{u})$ mit $\mathbf{u} \in \mathbb{R}^m_+$ für festes $\hat{\mathbf{x}} \ge 0$.

Ausgehend von obigen Definitionen, geben wir im folgenden einige notwendige und hinreichende Bedingungen an, die eine Maximalstelle von (8.1) – (8.3) charakterisieren. Die zugehörigen Beweise sowie weitere Erläuterungen findet man z.B. in Collatz und Wetterling (1971, S. 81 ff.), Krabs (1983, S. 131 ff.), Minoux (1986, S. 142 ff.), Eiselt et al. (1987, S. 537 ff.), Kistner (1993, S. 102 ff.) oder Ecker und Kupferschmid (1988, S. 272 ff.).

Satz 8.5 *(Sattelpunktsatz):*

$(\hat{\mathbf{x}},\hat{\mathbf{u}})$ ist Sattelpunkt von $L(\mathbf{x},\mathbf{u}) \;\Rightarrow\; \hat{\mathbf{x}}$ ist Maximalstelle von (8.1) – (8.3).

Der Sattelpunktsatz liefert also eine hinreichende Bedingung für ein globales Maximum der Funktion F eines Problems (8.1) - (8.3). Der Nachweis der Ungleichungskette in Def. 8.6 ist jedoch im allgemeinen schwierig. Deshalb wollen wir weitere Optimalitätskriterien angeben, die die Identifikation von Sattelpunkten der Lagrange-Funktion L und damit von Maximalstellen der Funktion F ermöglichen.

Satz 8.6 *(zur Charakterisierung eines Sattelpunktes):*

$(\hat{\mathbf{x}},\hat{\mathbf{u}})$ ist Sattelpunkt von $L(\mathbf{x},\mathbf{u}) \Leftrightarrow$

a) $\hat{\mathbf{x}}$ maximiert $L(\mathbf{x},\hat{\mathbf{u}})$ bezüglich $\mathbf{x} \in \mathbb{R}^n_+$

b) $\hat{\mathbf{u}}\, \mathbf{g}(\hat{\mathbf{x}}) = 0$

c) $\mathbf{g}(\hat{\mathbf{x}}) \leq \mathbf{0}$

Die Bedingungen a) bis c) stellen hinreichende Optimalitätsbedingungen dar. b) ist dabei eine Verallgemeinerung des Satzes 2.6 vom komplementären Schlupf, und c) sichert die Zulässigkeit von $\hat{\mathbf{x}}$ bezüglich des Nebenbedingungssystems.

Ferner sei darauf hingewiesen, daß die Sätze 8.5 und 8.6 ohne besondere Voraussetzungen an die Funktionen F und g_i gelten. Im folgenden gehen wir jedoch von einer konkaven Zielfunktion F und konvexen Nebenbedingungen g_i aus. Wir definieren zunächst:

Definition 8.7: Gegeben sei ein Problem (8.1) - (8.3). Die Forderung

"es existiert ein $\mathbf{x} \geq \mathbf{0}$ mit $\mathbf{g}(\mathbf{x}) < \mathbf{0}$" bezeichnet man als **Slater-Bedingung.**

Sie fordert, daß die Menge der zulässigen Lösungen mindestens einen inneren Punkt besitzt.

Satz 8.7: Gegeben sei ein Problem (8.1) - (8.3) mit konkaver Funktion F und konvexen Nebenbedingungen g_i, für das die Slater-Bedingung erfüllt ist. Dann gilt:

$\hat{\mathbf{x}}$ ist Maximalstelle von F $\Rightarrow$ es gibt ein $\hat{\mathbf{u}} \geq 0$ so, daß $(\hat{\mathbf{x}},\hat{\mathbf{u}})$ Sattelpunkt von L ist.

Bemerkung 8.8: Für Maximierungsprobleme (8.1) - (8.3) mit konkaver Zielfunktion F und konvexen Nebenbedingungen g_i, für die zudem die Slater-Bedingung erfüllt ist, folgt aus den Sätzen 8.5 und 8.7:
Hat man einen Sattelpunkt $(\hat{\mathbf{x}},\hat{\mathbf{u}})$ von L, so ist $\hat{\mathbf{x}}$ Maximalstelle von F, *und*
zu jeder Maximalstelle $\hat{\mathbf{x}}$ von F gibt es einen Sattelpunkt $(\hat{\mathbf{x}},\hat{\mathbf{u}})$ von L.

Die bislang gegebenen Charakterisierungen von Maximalstellen sind i.a. sehr unhandlich. Falls die Funktionen F und g_i *stetig differenzierbar* sind, geben die folgenden Kuhn-Tucker-Bedingungen einfacher zu verifizierende Optimalitätskriterien an.

Satz 8.8 *(Kuhn-Tucker-Theorem):* Gegeben sei ein Problem (8.1) - (8.3) mit stetig differenzierbaren Funktionen F und g_i für i = 1,...,m.

a) Bezeichnen wir die ersten Ableitungen von $L(\mathbf{x},\mathbf{u})$ nach $\mathbf{x}$ mit L_x und die nach $\mathbf{u}$ mit L_u, so sind die folgenden Kuhn-Tucker-Bedingungen notwendig dafür, daß $(\hat{\mathbf{x}},\hat{\mathbf{u}})$ ein Sattelpunkt der Lagrange-Funktion L ist. Sie lauten:

1. $L_x(\hat{\mathbf{x}},\hat{\mathbf{u}}) \leq \mathbf{0}$, also $\frac{\partial F(\hat{\mathbf{x}})}{\partial x_j} - \sum_{i=1}^{m} \hat{u}_i \frac{\partial g_i(\hat{\mathbf{x}})}{\partial x_j} \leq 0$ für $j = 1,\ldots,n$

2. $\hat{\mathbf{x}}^T \cdot L_x(\hat{\mathbf{x}},\hat{\mathbf{u}}) = 0$ also $\sum_{j=1}^{n} \hat{x}_j \cdot \left(\frac{\partial F(\hat{\mathbf{x}})}{\partial x_j} - \sum_{i=1}^{m} \hat{u}_i \frac{\partial g_i(\hat{\mathbf{x}})}{\partial x_j} \right) = 0$

3. $L_u(\hat{\mathbf{x}},\hat{\mathbf{u}}) \geq \mathbf{0}$ also $g_i(\hat{\mathbf{x}}) \leq 0$ für $i = 1,\ldots,m$

4. $\hat{\mathbf{u}}^T \cdot L_u(\hat{\mathbf{x}},\hat{\mathbf{u}}) = 0$ also $\sum_{i=1}^{m} \hat{u}_i \cdot g_i(\hat{\mathbf{x}}) = 0$

5. $\hat{\mathbf{x}} \geq \mathbf{0}$ also $\hat{x}_j \geq 0$ für $j = 1,\ldots,n$

6. $\hat{\mathbf{u}} \geq \mathbf{0}$ also $\hat{u}_i \geq 0$ für $i = 1,\ldots,m$

b) Falls über obige Annahmen hinaus die Zielfunktion F konkav ist, alle g_i konvex sind und die Slater-Bedingung erfüllt ist, sind die Kuhn-Tucker-Bedingungen *notwendig und hinreichend* dafür, daß sich in $\hat{\mathbf{x}}$ ein globales Maximum von (8.1) – (8.3) befindet.

Zum Beweis des Satzes siehe z.B. Horst (1979, S. 173).

Bemerkung 8.9: Da in 2. wegen 1. und 5. nur nichtpositive Summanden zu Null addiert werden sollen, muß auch jeder einzelne Summand gleich Null sein; 2. ist somit ersetzbar durch:

2'. $\hat{x}_j \cdot \left(\frac{\partial F(\hat{\mathbf{x}})}{\partial x_j} - \sum_{i=1}^{m} \hat{u}_i \frac{\partial g_i(\hat{\mathbf{x}})}{\partial x_j} \right) = 0$ für $j = 1,\ldots,n$

Analog läßt sich 4. wegen 3. und 6. ersetzen durch:

4'. $\hat{u}_i \cdot g_i(\hat{\mathbf{x}}) = 0$ für $i = 1,\ldots,m$

Im allgemeinen Fall liefern die Kuhn-Tucker-Bedingungen nur Punkte, die als Kandidaten für eine Maximalstelle in Frage kommen. Es bleibt dann (z.B. durch Berechnung der zugehörigen Zielfunktionswerte) nachzuprüfen, in welchem der möglichen Punkte ein globales Maximum angenommen wird.
Nur im Falle einer konkaven Zielfunktion bei konvexen Nebenbedingungen sind die globalen Optima genau die Punkte $\hat{\mathbf{x}}$, für die nichtnegative $\hat{\mathbf{u}}$ existieren, so daß $(\hat{\mathbf{x}},\hat{\mathbf{u}})$ die Kuhn-Tucker-Bedingungen erfüllt. Man vergleiche dazu das folgende Beispiel.

Beispiel: Wir wollen das Beispiel 1 aus Kap. 8.1.2 mit Hilfe einiger Überlegungen und durch Verwendung der Kuhn-Tucker-Bedingungen (nicht aber durch Anwendung eines speziellen numerischen Verfahrens) lösen. Das Problem lautet:

Maximiere $F(x_1,x_2) = 5x_1 - x_1^2 + 5x_2 - x_2^2$ (8.5)

unter den Nebenbedingungen

$[g_1(\mathbf{x}) :=]$ $x_1 + 2x_2 - 8 \leq 0$ (8.6)

$[g_2(\mathbf{x}) :=]$ $3x_1 + x_2 - 9 \leq 0$ (8.7)

$x_1, x_2 \geq 0$ (8.8)

Es handelt sich um ein Problem mit konkaver Zielfunktion; vgl. Kap. 8.5. Die Nebenbedingungen sind konvex. Die Menge X der zulässigen Lösungen ist ein konvexes Polyeder; es besitzt innere Punkte, so daß die Slater-Bedingung erfüllt ist. F und die g_i lassen sich stetig differenzieren. Daher sind die Kuhn-Tucker-Bedingungen für dieses Problem notwendig und hinreichend für ein globales Optimum.

Die Menge X, den in Kap. 8.2 ermittelten Punkt $A = (x_1 = 2.5, x_2 = 2.5)$ des globalen Maximums ohne Nebenbedingungen sowie Linien gleicher Abweichung des Zielfunktionswertes von diesem Punkt zeigt Abb. 8.11. Diese Linien gleicher Abweichung sind konzentrische Kreise mit dem Mittelpunkt A. Die Maximierung der obigen Zielfunktion entspricht der Ermittlung eines Punktes $\mathbf{x} \in X$ so, daß der Radius des Kreises, auf dem $\mathbf{x}$ liegt, minimal ist.

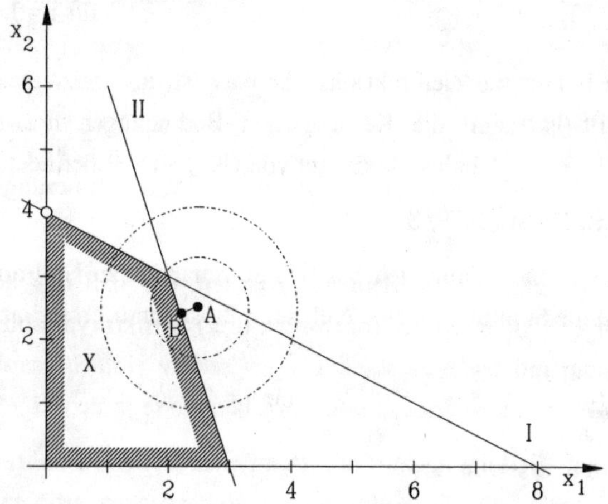

Abb. 8.11

Das Maximum von F über X befindet sich in dem $A \notin X$ nächstgelegenen Punkt $B = (x_1 = 2.2, x_2 = 2.4) \in X$. Er läßt sich ermitteln, indem man die durch A verlaufende Senkrechte auf die Nebenbedingungsgleichung $3x_1 + x_2 = 9$ bildet und den gemeinsamen Schnittpunkt berechnet.

Wir überlegen uns nun, daß in B die Kuhn-Tucker-Bedingungen erfüllt sind. Die Lagrange-Funktion des Problems lautet:

$$L(\mathbf{x},\mathbf{u}) = 5x_1 - x_1^2 + 5x_2 - x_2^2 - u_1(x_1 + 2x_2 - 8) - u_2(3x_1 + x_2 - 9) \tag{8.14}$$

Die Kuhn-Tucker-Bedingungen 1 bis 4 haben für unser Problem folgendes Aussehen:

1. (L_{x_1}): $\quad 5 - 2x_1 - u_1 - 3u_2 \leq 0$ (8.15)

   (L_{x_2}): $\quad 5 - 2x_2 - 2u_1 - u_2 \leq 0$ (8.16)

2'. $(x_1 \cdot L_{x_1})$: $\quad x_1(5 - 2x_1 - u_1 - 3u_2) = 0$ (8.17)

   $(x_2 \cdot L_{x_2})$: $\quad x_2(5 - 2x_2 - 2u_1 - u_2) = 0$ (8.18)

3. (L_{u_1}): $$x_1 + 2x_2 - 8 \leq 0 \tag{8.19}$$

(L_{u_2}): $$3x_1 + x_2 - 9 \leq 0 \tag{8.20}$$

4'. $(u_1 \cdot L_{u_1})$: $$u_1(x_1 + 2x_2 - 8) = 0 \tag{8.21}$$

$(u_2 \cdot L_{u_2})$: $$u_2(3x_1 + x_2 - 9) = 0 \tag{8.22}$$

Im Punkt B = (x_1 = 2.2, x_2 = 2.4) ist $x_1 + 2x_2 - 8 < 0$. Also muß $u_1 = 0$ gelten, wenn (8.21) erfüllt sein soll. Wollen wir ferner (8.17) und (8.18) erfüllen, so müssen beide Klammerausdrücke 0 und somit $u_2 = 0.2$ sein. Da der Vektor ($x_1 = 2.2$, $x_2 = 2.4$, $u_1 = 0$, $u_2 = 0.2$) alle Kuhn-Tucker-Bedingungen (auch 5. und 6.) erfüllt, ist B die optimale Lösung für unser Beispiel.

8.4.2 Überblick über Lösungsverfahren

Wir wollen vier Ansätze zur Lösung restringierter nichtlinearer Optimierungsprobleme skizzieren; siehe hierzu auch Ellinger (1990, S. 210 f.).

1. **Graphische Lösung:** Voraussetzung für die Durchführbarkeit ist, daß das betrachtete Problem, wie im Falle (8.5) – (8.8), nur zwei (höchstens drei) Strukturvariablen besitzt. Ferner sollten die Zielfunktion und die Nebenbedingungen relativ einfach graphisch darstellbar sein. Für praktische Probleme scheidet diese Vorgehensweise in der Regel aus.

2. **Verwendung der Kuhn-Tucker-Bedingungen:** Falls es möglich ist, alle Punkte $(\hat{\mathbf{x}},\hat{\mathbf{u}})$ der Lagrange-Funktion zu bestimmen, die die Kuhn-Tucker-Bedingungen erfüllen, so kann man durch Berechnung der zugehörigen Zielfunktionswerte das Optimum ermitteln; vgl. hierzu v.a. Ecker und Kupferschmid (1988, S. 280).

   Zu der im nächsten Kapitel behandelten quadratischen Optimierung existieren Verfahren, die ähnlich vorgehen.

3. **Methoden der zulässigen Richtungen:** Viele Verfahren zur Lösung allgemeiner nichtlinearer Optimierungsprobleme basieren auf der im folgenden grob skizzierten Vorgehensweise:

   Gegeben sei ein (zulässiger) Startpunkt $\mathbf{x}^{(0)} \in X$.
   Zu Beginn von Iteration k befindet man sich in einem zulässigen Punkt $\mathbf{x}^{(k)}$. Man bestimmt eine zulässige Anstiegsrichtung **h** und schreitet in dieser Richtung so weit fort, daß der Zielfunktionswert maximal erhöht wird und die Zulässigkeit dabei erhalten bleibt. Dadurch gelangt man nach $\mathbf{x}^{(k+1)}$.

   Die in der Literatur vorgeschlagenen Verfahren unterscheiden sich v.a. in der Wahl bzw. der Bestimmung einer geeigneten zulässigen Anstiegsrichtung. In Kap. 8.6.1 beschreiben wir ein solches Verfahren zur Lösung konvexer Optimierungsprobleme.

4. **Hilfsfunktionsverfahren:** Diese Klasse von Verfahren überführt ein Problem der restringierten Optimierung in eine Folge unrestringierter Optimierungsprobleme und löst diese.

Die so ermittelte Folge optimaler Punkte konvergiert (unter bestimmten Voraussetzungen) gegen die gesuchte Maximalstelle. Wir gehen in Kap. 8.6.2 näher auf solche Verfahren ein.

8.5 Quadratische Optimierung

In diesem Teilgebiet der nichtlinearen Optimierung werden Probleme betrachtet, die sich von linearen Optimierungsproblemen nur durch die Zielfunktion F(**x**) unterscheiden. Diese enthält neben linearen Termen $c_j x_j$ auch quadratische Ausdrücke $c_{jj} x_j^2$ und/oder $c_{ij} x_i x_j$ für einige oder alle $i \neq j$.

Wir beschreiben im folgenden Lösungsmöglichkeiten für quadratische Maximierungsprobleme mit konkaver Zielfunktion (bzw. Minimierungsprobleme mit konvexer Zielfunktion); vgl. dazu auch Simmons (1975) sowie Eiselt et al. (1987). Probleme mit nichtkonkaver, quadratischer Zielfunktion sind mit den nachfolgenden Methoden nicht lösbar.

Wir beschäftigen uns zunächst mit Definitionen und Sätzen, die zum Nachweis der Konkavität (bzw. Konvexität) einer Zielfunktion geeignet sind.

8.5.1 Quadratische Form

Wir definieren zunächst die "quadratische Form", durch die sich die quadratischen Anteile einer Zielfunktion F(**x**) ausdrücken lassen.

Definition 8.8: Unter einer **quadratischen Form** versteht man eine Funktion der Art:

$$Q(\mathbf{x}) = \mathbf{x}^T C \, \mathbf{x} \tag{8.23}$$

Dabei ist **x** ein Spaltenvektor (Variablenvektor) der Dimension n; C ist eine symmetrische (n×n)-Matrix mit reellwertigen Koeffizienten c_{ij}.

Daß man die quadratischen Anteile jeder Zielfunktion F(**x**) eines Problems der quadratischen Optimierung in die Form (8.23) überführen kann, überlegt man sich leicht wie folgt:

Zunächst lassen sich die quadratischen Anteile mit reellen Koeffizienten $\tilde{c}_{ij}$ in der Form (8.24) aufschreiben:

$$\begin{aligned} Q(x_1,...,x_n) = \tilde{c}_{11}x_1^2 &+ 2\tilde{c}_{12}x_1x_2 + 2\tilde{c}_{13}x_1x_3 + ... + 2\tilde{c}_{1n}x_1x_n \\ &+ \tilde{c}_{22}x_2^2 \quad + 2\tilde{c}_{23}x_2x_3 + ... + 2\tilde{c}_{2n}x_2x_n \\ &\qquad\qquad + \tilde{c}_{33}x_3^2 \quad + ... + 2\tilde{c}_{3n}x_3x_n \\ &\qquad\qquad\qquad\qquad\qquad \vdots \\ &\qquad\qquad\qquad\qquad\quad + \tilde{c}_{nn}x_n^2 \end{aligned} \tag{8.24}$$

Symmetrisiert man den Ausdruck (aus $\tilde{c}_{ij}$ wird $c_{ij} := c_{ji} := \tilde{c}_{ij}$), so kann man statt (8.24) auch schreiben:

$$\begin{aligned} Q(x_1,\dots,x_n) = {} & x_1 (c_{11}x_1 + c_{12}x_2 + \dots + c_{1n}x_n) \\ & + x_2 (c_{21}x_1 + c_{22}x_2 + \dots + c_{2n}x_n) \\ & \vdots \\ & + x_n (c_{n1}x_1 + c_{n2}x_2 + \dots + c_{nn}x_n) \end{aligned} \tag{8.25}$$

Faßt man die Koeffizienten c_{ij} zu einer symmetrischen $(n \times n)$-Matrix C und die Variablen x_i zu einem reellwertigen (Spalten-) Vektor **x** zusammen, so ist die rechte Seite von (8.25) das Produkt des Zeilenvektors $\mathbf{x}^T$ mit dem Spaltenvektor $C\mathbf{x}$.

Ausgehend von der Schreibweise (8.25), läßt sich jedes quadratische *Maximierungsproblem* mit linearen Nebenbedingungen wie folgt formulieren (die Einführung des Faktors 1/2 vor Q(**x**) liefert handlichere Kuhn-Tucker-Bedingungen; siehe unten):

$$\left.\begin{array}{l} \text{Maximiere } F(\mathbf{x}) = \mathbf{c}^T\mathbf{x} - \frac{1}{2}\mathbf{x}^T C\,\mathbf{x} \\ \text{unter den Nebenbedingungen} \\ \qquad A\,\mathbf{x} \le \mathbf{b} \\ \qquad \mathbf{x} \ge \mathbf{0} \end{array}\right\} \tag{8.26}$$

Bei quadratischen *Minimierungsproblemen* geht man dagegen von der Zielfunktion (8.27) aus.

$$\text{Minimiere } F(\mathbf{x}) = \mathbf{c}^T\mathbf{x} + \frac{1}{2}\mathbf{x}^T C\,\mathbf{x} \tag{8.27}$$

Beispiel: Gegeben sei ein quadratisches Problem mit der Zielfunktion

$$\text{Maximiere } F(\mathbf{x}) = -x_1^2 + 2x_1x_2 + 4x_1x_3 - x_2^2 - 8x_2x_3 - x_3^2.$$

Durch Umformung erhalten wir:

$$\begin{aligned} F(\mathbf{x}) = {} & (-x_1 + x_2 + 2x_3)\,x_1 \\ & + (x_1 - x_2 - 4x_3)\,x_2 \\ & + (2x_1 - 4x_2 - x_3)\,x_3 \end{aligned} \qquad \begin{aligned} F(\mathbf{x}) = -\tfrac{1}{2}\big(& (2x_1 - 2x_2 - 4x_3)\,x_1 \\ & + (-2x_1 + 2x_2 + 8x_3)\,x_2 \\ & + (-4x_1 + 8x_2 + 2x_3)\,x_3\big) \end{aligned}$$

Aus der rechten Formulierung ist die symmetrische Matrix C unmittelbar abzulesen.

Ob eine quadratische Zielfunktion F(**x**) konkav oder konvex ist, hängt allein von der quadratischen Form und damit von den Eigenschaften der Matrix C ab.

Satz 8.9:

a) Eine Funktion $F(\mathbf{x}) = \mathbf{c}^T\mathbf{x} - \frac{1}{2}\mathbf{x}^T C\,\mathbf{x}$ ist genau dann konkav, wenn die symmetrische Matrix C positiv semidefinit ist.

b) Eine Funktion $F(\mathbf{x}) = \mathbf{c}^T\mathbf{x} + \frac{1}{2}\mathbf{x}^T C\,\mathbf{x}$ ist genau dann konvex, wenn die symmetrische Matrix C positiv semidefinit ist.

Bemerkung 8.10: Betrachtet man die Formulierung (8.26), so wird ersichtlich, daß für derartige Maximierungsprobleme mit quadratischer Zielfunktion $H(\mathbf{x}) = -C$ gilt; dh. C ist unmittelbar aus der Hesse-Matrix bestimmbar.

Für die Zielfunktion $F(x_1,x_2) = 5x_1 - x_1^2 + 5x_2 - x_2^2$ aus (8.5) können wir aufgrund von Satz 8.9 schließen, daß sie konkav ist.

8.5.2 Der Algorithmus von Wolfe

Wir beschreiben das Verfahren für quadratische *Maximierungsprobleme* in der Form (8.26) mit *konkaver* Zielfunktion. Es basiert auf den Kuhn-Tucker-Bedingungen. Wie wir aus Satz 8.8 wissen, stellen sie bei konkaver Zielfunktion des Problems notwendige und hinreichende Bedingungen für ein globales Optimum dar.

Bevor wir den Algorithmus von Wolfe genauer beschreiben, betrachten wir die Lagrange-Funktion zu Problem (8.26) und die daraus ableitbaren Kuhn-Tucker-Bedingungen.

Die *Lagrange-Funktion* lautet $L(\mathbf{x},\mathbf{u}) = \mathbf{c}^T\mathbf{x} - \frac{1}{2}\mathbf{x}^T C\,\mathbf{x} - \mathbf{u}^T(A\mathbf{x} - \mathbf{b})$;

dabei sind **c** sowie **x** n-dimensionale und **u** sowie **b** m-dimensionale Vektoren. C bzw. A besitzen die Dimension n × n bzw. m × n.

Ausgehend von der Lagrange-Funktion erhalten wir die folgenden Kuhn-Tucker-Bedingungen (man veranschauliche sich die partiellen Ableitungen anhand eines Beispiels):

1. (L_x): $\mathbf{c} - C\mathbf{x} - A^T\mathbf{u} \le 0$
2. $(\mathbf{x}^T \cdot L_x)$: $\mathbf{x}^T \cdot (\mathbf{c} - C\mathbf{x} - A^T\mathbf{u}) = 0$
3. (L_u): $A\mathbf{x} - \mathbf{b} \le 0$
4. $(\mathbf{u}^T \cdot L_u)$: $\mathbf{u}^T \cdot (A\mathbf{x} - \mathbf{b}) = 0$
5. $\mathbf{x} \ge 0$
6. $\mathbf{u} \ge 0$

Nach Einführung von Schlupfvariablen $\mathbf{y} \in \mathbb{R}_+^n$ in die Bedingungen unter 1. und $\mathbf{v} \in \mathbb{R}_+^m$ in die Bedingungen unter 3. erhält man daraus das folgende *Gleichungssystem*:

1. $C\mathbf{x} + A^T\mathbf{u} - \mathbf{y} = \mathbf{c}$
2. $\mathbf{x}^T\mathbf{y} = 0$ (wegen $\mathbf{y} = -\mathbf{c} + C\mathbf{x} + A^T\mathbf{u}$)
3. $A\mathbf{x} + \mathbf{v} = \mathbf{b}$
4. $\mathbf{u}^T\mathbf{v} = 0$ (wegen $\mathbf{v} = \mathbf{b} - A\mathbf{x}$)

Darüber hinaus gelten für alle Variablen die Nichtnegativitätsbedingungen, also

$$\mathbf{x} \ge 0,\quad \mathbf{u} \ge 0,\quad \mathbf{y} \ge 0,\quad \mathbf{v} \ge 0.$$

Wegen der Nichtnegativitätsbedingungen lassen sich die nichtlinearen Gleichungen 2. und 4. zusammenfassen zu:

5. $\mathbf{x}^T \mathbf{y} + \mathbf{u}^T \mathbf{v} = \mathbf{0}$.

Das zu lösende Problem besteht nun ohne Zielfunktion darin, **x**, **y**, **u** und **v** so zu bestimmen, daß gilt:

$$C\mathbf{x} + A^T\mathbf{u} - \mathbf{y} = \mathbf{c} \tag{8.28}$$

$$A\mathbf{x} + \mathbf{v} = \mathbf{b} \tag{8.29}$$

$$\mathbf{x} \geq \mathbf{0},\ \mathbf{u} \geq \mathbf{0},\ \mathbf{y} \geq \mathbf{0},\ \mathbf{v} \geq \mathbf{0} \tag{8.30}$$

$$\mathbf{x}^T\mathbf{y} + \mathbf{u}^T\mathbf{v} = \mathbf{0} \tag{8.31}$$

(8.28) – (8.30) entspricht dem Nebenbedingungssystem eines linearen Optimierungsproblems, für das man, nach Einführung künstlicher Variablen $\mathbf{z} \geq \mathbf{0}$ in (8.28), mit der M-Methode eine zulässige Lösung bestimmen könnte. Die z_j sind in einer zu bildenden Zielfunktion mit $-M$ zu bewerten, wenn wir das zu lösende Problem als Maximierungsproblem interpretieren (mit $+M$ bei einem Minimierungsproblem).

Man kann aber mit der M-Methode auch für das gesamte System (8.28) – (8.31) eine zulässige Lösung ermitteln, sofern man bei einem potentiellen Basistausch darauf achtet, daß die nichtlinearen *Komplementaritätsrestriktionen* (8.31) nicht verletzt werden. Aufgrund dieser Restriktionen dürfen nie x_j und y_j für ein $j \in \{1,...,n\}$ oder u_i und v_i für ein $i \in \{1,...,m\}$ gemeinsam in der Basis sein (wenn man einmal von degenerierten Basislösungen absieht). Auszuführen ist also eine *M-Methode mit beschränktem Basiseintritt.*

Wir fassen nun die obigen Überlegungen in einer algorithmischen Beschreibung des Verfahrens von Wolfe zusammen.

Algorithmus von Wolfe

Voraussetzung: Daten eines Maximierungsproblems der quadratischen Optimierung mit konkaver Zielfunktion $F(\mathbf{x}) = \mathbf{c}^T\mathbf{x} - \frac{1}{2}\mathbf{x}^T C\,\mathbf{x}$, dh. positiv semidefiniter, symmetrischer Matrix C.

Durchführung:

Schritt 1: Formuliere für das Problem die Kuhn-Tucker-Bedingungen.

Schritt 2: Transformiere alle in Schritt 1 entstandenen Ungleichungen in Gleichungen der Form (8.28) – (8.31). Kann unmittelbar eine zulässige Basislösung angegeben werden, so ist das Verfahren beendet.

Schritt 3: Füge, wo notwendig, dem Gleichungssystem künstliche Variablen z_j zur Ermittlung einer zulässigen Basislösung hinzu. Formuliere eine Zielfunktion, die lediglich Strafkosten für die z_j enthält.

Schritt 4: Iteriere mit der M-Methode, bis eine zulässige Basislösung von (8.28) – (8.31) erreicht ist oder bis feststeht, daß der Lösungsraum leer ist. Beachte dabei, daß (8.31) erfüllt bleibt, indem bestimmte Basisvertauschungen verboten werden. Es dürfen nie x_j und y_j mit demselben $j \in \{1,...,n\}$ oder u_i und v_i mit gleichem $i \in \{1,...,m\}$ gemeinsam in der Basis sein.

Ergebnis: Wird eine zulässige Basislösung **x, y, u, v** (ohne künstliche Variablen) gefunden, so bilden die zugehörigen Vektoren **x** eine optimale Lösung des quadratischen Optimierungsproblems.

* * * * *

Beispiel: Wir wollen nun unser Beispiel 1 aus Kap. 8.1.2 mit dem Algorithmus von Wolfe lösen.

Die Matrizen C und A und die Vektoren **c** und **b** haben folgendes Aussehen:

$$C = \begin{bmatrix} 2 & 0 \\ 0 & 2 \end{bmatrix}, \quad A = \begin{bmatrix} 1 & 2 \\ 3 & 1 \end{bmatrix}, \quad \mathbf{c} = \begin{bmatrix} 5 \\ 5 \end{bmatrix}, \quad \mathbf{b} = \begin{bmatrix} 8 \\ 9 \end{bmatrix}$$

C ist positiv semidefinit. Dies läßt sich auch leicht dadurch erkennen, daß $\mathbf{x}^T C\, \mathbf{x} = 2x_1^2 + 2x_2^2$ nur quadratische Terme mit positivem Vorzeichen enthält; somit ist $\mathbf{x}^T C\, \mathbf{x} \geq 0$ für alle $\mathbf{x} \in \mathbb{R}^2$.

Der Ausdruck (8.28) umfaßt die folgenden beiden Gleichungen:

$$\begin{aligned} 2x_1 \quad\quad + u_1 + 3u_2 - y_1 \quad\quad &= 5 \\ 2x_2 + 2u_1 + u_2 \quad\quad - y_2 &= 5 \end{aligned}$$

Der Ausdruck (8.29) liefert zwei weitere Gleichungen:

$$\begin{aligned} x_1 + 2x_2 \quad\quad + v_1 \quad\quad &= 8 \\ 3x_1 + x_2 \quad\quad\quad + v_2 &= 9 \end{aligned}$$

Ergänzen wir in den aus (8.28) hergeleiteten Gleichungen künstliche Variablen z_1 bzw. z_2 und interpretieren wir das Problem als Maximierungsproblem, so erhalten wir für die Anwendung der M-Methode das Ausgangstableau in Tab. 8.1.

Die M-Zeile ergibt sich aus: Maximiere $M(z) = -Mz_1 - Mz_2$.

BV	x_1	x_2	u_1	u_2	y_1	y_2	v_1	v_2	z_1	z_2	b_i
z_1	2		1	[3]	−1				1		5
z_2		2	2	1		−1				1	5
v_1	1	2					1				8
v_2	3	1						1			9
M-Zeile	−2M	−2M	−3M	−4M	M	M					−10M

Tab. 8.1

Nach drei Iterationen erhalten wir die auch in Kap. 8.4.1 gefundene Lösung ($x_1 = 2.2$, $x_2 = 2.4$) mit $u_1 = 0$ und $u_2 = 0.2$.

8.6 Konvexe Optimierungsprobleme

Wir beschreiben zunächst ein Verfahren zur Lösung konvexer Optimierungsprobleme mit linearen Restriktionen. In Kap. 8.6.2 folgen prinzipielle Erläuterungen zu sogenannten Hilfsfunktionsverfahren und eine algorithmische Beschreibung des Verfahrens SUMT.

8.6.1 Die Methode der zulässigen Richtungen bzw. des steilsten Anstiegs

Wir beschreiben die Vorgehensweise für linear restringierte Probleme der folgenden Art:

$$\left.\begin{array}{l}\text{Maximiere } F(\mathbf{x})\\ \text{unter den Nebenbedingungen}\\ \qquad A\,\mathbf{x} \le \mathbf{b}\end{array}\right\} \qquad (8.32)$$

Dabei sei $F : \mathbb{R}^n \to \mathbb{R}$ eine differenzierbare, konkave Funktion. Das Nebenbedingungssystem mit dem m-dimensionalen Spaltenvektor **b** und der $(m \times n)$-Matrix A enthalte zugleich die gegebenenfalls vorhandenen Nichtnegativitätsbedingungen.

Die "Methode der zulässigen Richtungen bzw. des steilsten Anstiegs" (vgl. dazu auch Krabs (1983, S. 110 ff.)) verläuft prinzipiell so wie das in Kap. 8.3.2 dargestellte Gradientenverfahren. Dort hatten wir jedoch unterstellt, daß der Bereich der zulässigen Lösungen $X = \mathbb{R}^n$ ist. Wir konnten also immer in Richtung des Gradienten, dh. des steilsten Anstiegs, gehen. Das ist hier nicht immer möglich, da X durch das Nebenbedingungssystem beschränkt wird. Deshalb berechnet man jeweils eine *zulässige* Richtung mit möglichst großem Anstieg. Dazu müssen wir zunächst definieren, was wir unter einer zulässigen Richtung verstehen.

Definition 8.9: Sei $\mathbf{x} \in X$ eine zulässige Lösung von (8.32).

Ein Vektor $\mathbf{h} \in \mathbb{R}^n$ heißt **zulässige Richtung** im Punkt **x**, falls ein Skalar $\bar{\lambda}(\mathbf{h}) > 0$ existiert, so daß $(\mathbf{x} + \lambda\mathbf{h}) \in X$ für alle $\lambda \in [0, \bar{\lambda}(\mathbf{h})]$. [4]

Mit $K(\mathbf{x}) = \{\mathbf{h} \in \mathbb{R}^n \mid \mathbf{h}$ ist zulässige Richtung im Punkt $\mathbf{x}\}$ bezeichnen wir den **Kegel der zulässigen Richtungen** im Punkt **x**.

Um die in Def. 8.9 angegebene Bedingung nicht explizit prüfen zu müssen, ist es nützlich, eine Charakterisierung des Kegels der zulässigen Richtungen in der durch das Nebenbedingungssystem von (8.32) definierten Menge $X = \{\mathbf{x} \in \mathbb{R}^n \mid A\mathbf{x} \le \mathbf{b}\}$ der zulässigen Lösungen zu kennen. Wir geben sie in Def. 8.10 und Satz 8.10.

Definition 8.10: Sei $\mathbf{x} \in X$ eine zulässige Lösung von (8.32).

Mit $\mathbf{a}^i$ bezeichnen wir den i-ten Zeilenvektor der Matrix A (der einfacheren Darstellung halber verzichten wir hier auf das Transponiertzeichen T); also $\mathbf{a}^i = (a_{i1}, \ldots, a_{in})$.

---

4 Falls es keine positive Schrittweite $\bar{\lambda}(\mathbf{h})$ gibt, würde man in Richtung **h** unmittelbar den zulässigen Bereich verlassen.

Nun definieren wir $I(\mathbf{x}) := \{i \in \{1,...,m\} \mid \mathbf{a}^i \cdot \mathbf{x} = b_i\}$ als **Menge der** (im Punkt **x**) **aktiven Indizes** bzw. **Nebenbedingungen**; das sind die Indizes derjenigen Nebenbedingungen, die in **x** gerade als Gleichungen erfüllt sind.

Satz 8.10: Für jeden Punkt $\mathbf{x} \in X$ gilt: $K(\mathbf{x}) = \{\mathbf{h} \in \mathbb{R}^n \mid \mathbf{a}^i \cdot \mathbf{h} \leq \mathbf{0}$ für alle $i \in I(\mathbf{x})\}$.

Bemerkung 8.11: Gemäß Satz 8.10 besteht $K(\mathbf{x})$ gerade aus denjenigen Vektoren, in deren Richtung sich der Wert der linken Seite der bisher als Gleichung erfüllten Bedingungen $\mathbf{a}^i\mathbf{x} = b_i$ nicht erhöht (ansonsten würde der zulässige Bereich X verlassen). Ist **x** innerer Punkt von X, so ist jede Richtung **h** zulässig; dh. $K(\mathbf{x}) = \mathbb{R}^n$.

Beachten muß man nun für jede Richtung $\mathbf{h} \in K(\mathbf{x})$ mit den Komponenten $h_1,...,h_n$ diejenigen Indizes j, für die $\mathbf{a}^j\mathbf{h} = \sum_{q=1}^{n} a_{jq} h_q > 0$ ist. Diese bisher nicht aktiven Nebenbedingungen (bei ihnen ist noch Schlupf vorhanden) könnten bei Fortschreiten in Richtung **h** aktiv werden. Wir definieren daher:

Definition 8.11: $J(\mathbf{h}) := \{j \mid \mathbf{a}^j\mathbf{h} = \sum_{q=1}^{n} a_{jq} h_q > 0\}$ für alle $\mathbf{h} \in K(\mathbf{x})$.

$J(\mathbf{h})$ ist die Menge der in **x** nicht aktiven Indizes bzw. Nebenbedingungen, die bei Fortschreiten in Richtung **h** aktiv werden könnten. Die maximale Schrittweite $\bar{\lambda}$ in Richtung **h** ist so zu wählen, daß keine dieser Nebenbedingungen verletzt wird.

Wählen wir $\bar{\lambda}(\mathbf{h}) := \min\limits_{j \in J(\mathbf{h})} \dfrac{b_j - \mathbf{a}^j\mathbf{x}}{\mathbf{a}^j\mathbf{h}}$, so ist $(\mathbf{x} + \lambda\mathbf{h}) \in X$ für alle $\lambda \in [0, \bar{\lambda}(\mathbf{h})]$.

Im Zähler des Bruches steht für jede im Punkt **x** nicht aktive Nebenbedingung j der Schlupf. Im Nenner befindet sich für j der Bedarf an Schlupf für jede Einheit, die in Richtung **h** fortgeschritten wird. Diejenige Restriktion j, die bei Vorwärtsschreiten in Richtung **h** zuerst als Gleichung erfüllt ist, begrenzt die maximal zulässige Schrittweite $\bar{\lambda}(\mathbf{h})$.

Abb. 8.12 soll den Satz 8.10 noch einmal veranschaulichen. Sie verdeutlicht, daß alle Richtungen **h** zulässig sind, die mit dem Vektor $\mathbf{a}^i (i \in I(\mathbf{x}))$ einen Winkel $90^\circ \leq \varphi \leq 270^\circ$ bilden. Das bedeutet aber gerade $\mathbf{a}^i \cdot \mathbf{h} \leq 0$.

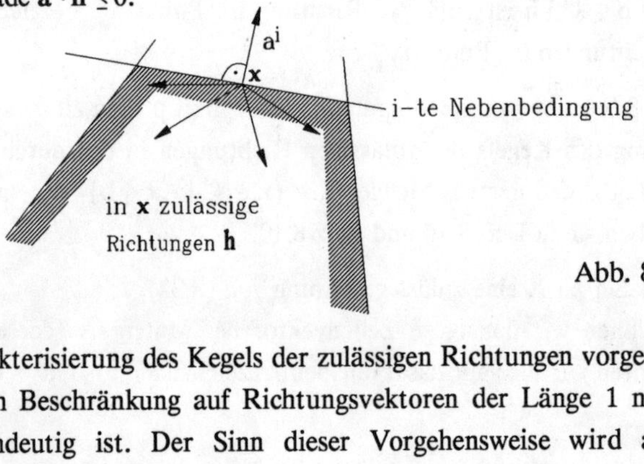

Abb. 8.12

Wir haben eine Charakterisierung des Kegels der zulässigen Richtungen vorgenommen. Dieser Kegel wird nun durch Beschränkung auf Richtungsvektoren der Länge 1 normiert, so daß seine Darstellung eindeutig ist. Der Sinn dieser Vorgehensweise wird aus dem unten betrachteten Beispiel deutlich.

Definition 8.12: Seien $\mathbf{x} \in X$ und $K(\mathbf{x})$ gegeben. Dann definieren wir den normierten Kegel der zulässigen Richtungen:

$$D(\mathbf{x}) = \{\mathbf{h} \in K(\mathbf{x}) \mid \mathbf{h}^T \mathbf{h} = 1\}$$

Für jede zulässige Richtung gibt es in D genau einen Vektor **h**; er hat die Länge 1.

Bevor wir die "Methode der zulässigen Richtungen bzw. des steilsten Anstiegs" algorithmisch beschreiben, benötigen wir abschließend noch den Begriff der "Richtungsableitung in Richtung **h**".

Definition 8.13: Seien $\mathbf{x} \in X$ und $\mathbf{h} \in D(\mathbf{x})$ gegeben.

Das Skalarprodukt $\nabla F(\mathbf{x})^T \cdot \mathbf{h}$ heißt **Richtungsableitung** der Funktion F im Punkt **x** in Richtung **h**. Sie ist ein Maß für den Anstieg von F in Richtung **h**.

Gilt also $\nabla F(\mathbf{x})^T \cdot \mathbf{h} \geq 0$, so ist **h** eine **Anstiegsrichtung** in **x**. Wie der nachfolgenden Beschreibung zu entnehmen ist, läßt sich die Richtung **h** mit größtmöglichem Produkt $\nabla F(\mathbf{x})^T \cdot \mathbf{h}$ für einen Punkt **x** mit Hilfe einer Modifikation des Simplex-Algorithmus bestimmen.

Methode der zulässigen Richtungen bzw. des steilsten Anstiegs

Voraussetzung: Ein Maximierungsproblem (8.32) mit einer differenzierbaren, konkaven Zielfunktion F; ein zulässiger Punkt $\mathbf{x}^{(0)} \in X$; ein Parameter $\epsilon > 0$ als Abbruchschranke.

Iteration k (= 0, 1, ...):

Schritt 1: Falls $k \geq 1$ und $\|\mathbf{x}^{(k)} - \mathbf{x}^{(k-1)}\| < \epsilon$, Abbruch des Verfahrens.

Schritt 2: Berechne $\nabla F(\mathbf{x}^{(k)})$; falls $\nabla F(\mathbf{x}^{(k)}) = \mathbf{0}$, Abbruch des Verfahrens.

Schritt 3: Bestimme $I(\mathbf{x}^{(k)})$ sowie $D(\mathbf{x}^{(k)})$ und löse mit einer Modifikation des Simplex-Algorithmus das Problem:

Maximiere $\nabla F(\mathbf{x}^{(k)})^T \cdot \mathbf{h}$ unter der Nebenbedingung $\mathbf{h} \in D(\mathbf{x}^{(k)})$;

die optimale Lösung sei $\tilde{\mathbf{h}}$.

Falls $\nabla F(\mathbf{x}^{(k)})^T \cdot \tilde{\mathbf{h}} \leq 0$, Abbruch des Verfahrens (in $\mathbf{x}^{(k)}$ existiert keine Anstiegsrichtung).

Schritt 4: Bestimme $J(\tilde{\mathbf{h}})$ sowie $\bar{\lambda}(\tilde{\mathbf{h}}) := \min\limits_{j \in J(\tilde{\mathbf{h}})} \dfrac{b_j - \mathbf{a}^j \mathbf{x}^{(k)}}{\mathbf{a}^j \tilde{\mathbf{h}}}$.

Ermittle mit einem Verfahren der eindimensionalen Optimierung (Kap. 8.3.1) dasjenige $\tilde{\lambda}$, für das $F(\mathbf{x}^{(k)} + \tilde{\lambda} \cdot \tilde{\mathbf{h}}) = \max\{F(\mathbf{x}^{(k)} + \lambda \cdot \tilde{\mathbf{h}}) \mid \lambda \in (0, \bar{\lambda}(\tilde{\mathbf{h}})]\}$.

Berechne $\mathbf{x}^{(k+1)} := \mathbf{x}^{(k)} + \tilde{\lambda} \cdot \tilde{\mathbf{h}}$ und gehe zur nächsten Iteration.

Ergebnis: $\mathbf{x}^{(k)}$ ist Näherung für die Stelle eines globalen Maximums.

* * * * *

Beispiel: Wir wollen auch dieses Verfahren auf unser Beispiel 1 aus Kap. 8.1.2 anwenden. Wir schreiben das Problem in folgender Weise erneut auf:

Maximiere $F(x_1,x_2) = 5x_1 - x_1^2 + 5x_2 - x_2^2$ (8.33)

unter den Nebenbedingungen

$[a^1 \mathbf{x} :=] \quad x_1 + 2x_2 \leq 8$ (8.34)

$[a^2 \mathbf{x} :=] \quad 3x_1 + x_2 \leq 9$ (8.35)

$[a^3 \mathbf{x} :=] \quad -x_1 \leq 0$ (8.36)

$[a^4 \mathbf{x} :=] \quad -x_2 \leq 0$ (8.37)

Der Ablauf des Verfahrens kann anhand von Abb. 8.13 nachvollzogen werden. Gestartet werde im Punkt $\mathbf{x}^{(0)} = (0,4)$.

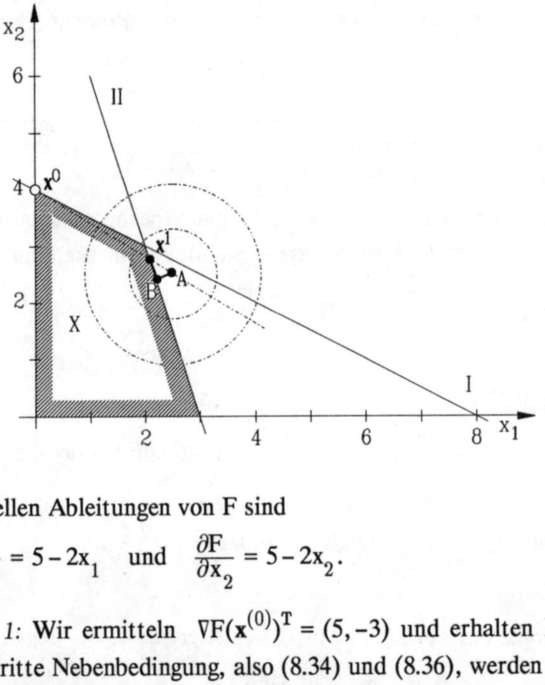

Abb. 8.13

Die partiellen Ableitungen von F sind

$$\frac{\partial F}{\partial x_1} = 5 - 2x_1 \quad \text{und} \quad \frac{\partial F}{\partial x_2} = 5 - 2x_2 .$$

Iteration 1: Wir ermitteln $\nabla F(\mathbf{x}^{(0)})^T = (5,-3)$ und erhalten $I(\mathbf{x}^{(0)}) = \{1,3\}$; denn die erste und die dritte Nebenbedingung, also (8.34) und (8.36), werden im Punkt $\mathbf{x}^{(0)} = (0,4)$ als Gleichungen erfüllt.

$K(\mathbf{x}^{(0)})$ ist der Durchschnitt von (8.39) und (8.40). In Abb. 8.13 entspricht er allen von $\mathbf{x}^{(0)}$ ausgehenden Vektoren, die im Durchschnitt von (8.34) und (8.36) liegen. Die Richtung des steilsten Anstiegs ist im Kegel $K(\mathbf{x}^{(0)})$ enthalten (gestrichelte Linie in Abb. 8.13). Ohne die in Def. 8.12 vorgenommene Normierung würde der Simplex-Algorithmus keine optimale Lösung liefern können (Sonderfall 2 in Kap. 2.4.4). Einschließlich der Normierung ist das folgende Problem zu lösen:[5]

5 (8.41) ist im Rahmen des Simplex-Algorithmus bei der Bestimmung des Wertes Δ einer neuen Basisvariablen durch Formulierung und Lösung einer quadratischen Gleichung in Δ zu berücksichtigen.

Maximiere $\nabla F(\mathbf{x}^{(k)})^T \cdot \mathbf{h} = 5h_1 - 3h_2$ (8.38)

unter den Nebenbedingungen

$[a^1 \mathbf{h} =] \quad h_1 + 2h_2 \leq 0$ (8.39)

$[a^3 \mathbf{h} =] \quad -h_1 \leq 0$ (8.40)

$\mathbf{h}^T \cdot \mathbf{h} = 1$ (8.41)

Als optimale Lösung erhalten wir $(\tilde{h}_1, \tilde{h}_2) = \sqrt{\frac{1}{34}}\,(5,-3)$. Das ist die auf die Länge 1 normierte Richtung des steilsten Anstiegs, die in diesem Fall zulässig ist.

$J(\tilde{\mathbf{h}}) = \{2,4\}$; dh. die Bedingungen (8.35) und (8.37) könnten durch Fortschreiten in Richtung $\tilde{\mathbf{h}}$ verletzt werden. $\bar{\lambda}(\tilde{\mathbf{h}})$ nimmt sein Minimum bezüglich der Restriktion (8.35) an. Wir erhalten $\bar{\lambda}(\tilde{\mathbf{h}}) = (9-4)/2.058 = 2.42$. Da, wie Abb. 8.13 zu entnehmen ist, der Zielfunktionswert tatsächlich über der gesamten Strecke $\bar{\lambda}(\tilde{\mathbf{h}})$ wächst, würden wir $\tilde{\lambda} = 2.42$ auch durch Anwendung eines Verfahrens der eindimensionalen Optimierung erhalten. Damit gelangen wir zur neuen, verbesserten zulässigen Lösung $\mathbf{x}^{(1)} = (2.08, 2.75)$.

Iteration 2: Als Gradienten erhalten wir $\nabla F(\mathbf{x}^{(1)})^T = (0.84, -0.5)$. Diese Richtung des steilsten Anstiegs liegt außerhalb des zulässigen Bereichs X und damit auch außerhalb des zu bestimmenden Kegels $K(\mathbf{x}^{(1)})$. In dieser Iteration findet das Verfahren, auf der Begrenzungsgeraden der Bedingung (8.35) fortschreitend (dies ist unter allen zulässigen Richtungen diejenige mit dem größten Anstieg), das uns bereits bekannte Optimum B = (2.2, 2.4).

Bemerkung 8.12: Eine Alternative zu dieser Methode stellt der "sequentielle Näherungsalgorithmus" von Frank und Wolfe dar. Die Idee besteht darin, die Zielfunktion mit der Taylor-Entwicklung 1. Ordnung linear zu approximieren. Eine Beschreibung des Verfahrens findet man z.B. in Hillier und Lieberman (1988, S. 452 – 456).

8.6.2 Hilfsfunktionsverfahren

Die "Hilfsfunktionsverfahren" geben uns die Möglichkeit, Näherungslösungen für Probleme der Art (8.42) zu berechnen.

$$\left.\begin{array}{ll} \text{Maximiere } z = F(\mathbf{x}) & \\ \text{unter den Nebenbedingungen} & \\ \quad g_i(\mathbf{x}) \leq b_i & \text{für } i = 1,\ldots,m \\ \quad \mathbf{x} \geq \mathbf{0} & \end{array}\right\} \quad (8.42)$$

Dabei setzen wir zunächst voraus, daß (8.42) ein Problem der *konvexen Optimierung* im Sinne von Bem. 8.3 ist. Der Unterschied zwischen (8.42) und (8.32) in Kap. 8.6.1 besteht darin, daß nun die $g_i(\mathbf{x})$ nichtlinear sein können. Für konvexe Optimierungsprobleme liefern Hilfsfunktionsverfahren Näherungen für globale Maxima.

Die im folgenden beschriebene Vorgehensweise kann modifiziert werden, so daß sich auch Nebenbedingungen in Form von Gleichungen direkt berücksichtigen lassen; vgl. dazu Bem. 8.13.

Sind die Voraussetzungen einer konkaven Zielfunktion und eines konvexen zulässigen Bereiches X nicht erfüllt, so sind die Vorgehensweisen ebenfalls anwendbar. Wir können dann jedoch nie mit Sicherheit sagen, ob eine Näherungslösung für ein lokales Maximum auch eine Näherungslösung eines globalen Maximums ist. Oft berechnet man dann möglichst viele Näherungen für lokale Maxima und wählt unter diesen jene mit dem größten Zielfunktionswert aus, um zumindest mit einer relativ großen Wahrscheinlichkeit annehmen zu können, daß diese Näherung sogar ein globales Maximum approximiert.

Generell unterscheidet man zwei Arten von "Hilfsfunktionsverfahren"; zum einen gibt es die sogenannten (Penalty- oder) Strafkostenverfahren, zum anderen die sogenannten Barriere-Verfahren. Die Idee beider Verfahrenstypen besteht darin, ein restringiertes Problem (8.42) in eine Folge unrestringierter Probleme zu transformieren und als solche zu lösen.

Bei den **Strafkostenverfahren** wird von der Zielfunktion eine Strafkostenfunktion $S: \mathbb{R}^n \to \mathbb{R}_+$ abgezogen, deren Wert gegen unendlich strebt, je weiter $\mathbf{x}$ außerhalb des zulässigen Bereichs X liegt. Für $\mathbf{x} \in X$ gilt $S(\mathbf{x}) = 0$. Damit wird ein Verstoß gegen die Zulässigkeit zwar erlaubt, in der Zielfunktion jedoch bestraft. Charakteristisch für Strafkostenverfahren ist die "Approximation von außen". Das bedeutet, daß für die durch ein Strafkostenverfahren sukzessive ermittelten Näherungslösungen $\mathbf{x}^{(0)}, \mathbf{x}^{(1)}, \ldots, \mathbf{x}^{(q)}$ gilt: $\mathbf{x}^{(k)} \notin X$ für alle $0 \leq k \leq q$. Deshalb spricht man bei diesen Vorgehensweisen auch von "Außenpunkt-Algorithmen"; vgl. zu Verfahren dieses Typs z.B. Simmons (1975, S. 422 ff.) sowie Horst (1979, S. 239 ff.).

Die von uns in Kap. 6 geschilderten Lagrange-Relaxationen sind spezielle Strafkostenverfahren für lineare, ganzzahlige Probleme.

Im Gegensatz zu Strafkostenverfahren handelt es sich bei **Barriere-Verfahren** um "Innenpunkt-Algorithmen". Für die sukzessive ermittelten Näherungslösungen $\mathbf{x}^{(0)}, \mathbf{x}^{(1)}, \ldots, \mathbf{x}^{(q)}$ gilt hier jeweils $\mathbf{x}^{(k)} \in X$ für alle $0 \leq k \leq q$.

Aus dieser Gruppe beschreiben wir das Verfahren *SUMT* (Sequential Unconstrained Maximization Technique). Es geht von der folgenden Zielfunktion (ohne Nebenbedingungen) aus:

$$\text{Maximiere } P(\mathbf{x},r) = F(\mathbf{x}) - r\,B(\mathbf{x}) \quad \text{mit } r > 0$$

Dabei ist $B(\mathbf{x})$ eine "Barrierefunktion", die verhindern soll, daß der zulässige Bereich X verlassen wird. Sie sollte die folgenden Eigenschaften besitzen:

1. $B(\mathbf{x})$ ist klein, wenn $\mathbf{x} \in X$ weit von der Grenze des zulässigen Lösungsraumes X von (8.42) entfernt ist. Liegt also $\mathbf{x}$ inmitten des zulässigen Bereichs, so soll $F(\mathbf{x})$ möglichst wenig "verfälscht" werden.

2. $B(\mathbf{x})$ ist groß, wenn $\mathbf{x} \in X$ dicht an der Grenze des zulässigen Lösungsraums X von (8.42) liegt.

3. $B(\mathbf{x})$ geht gegen unendlich, wenn die Entfernung von $\mathbf{x} \in X$ zu der (am nächsten liegenden) Grenze des zulässigen Lösungsraums X von (8.42) gegen 0 konvergiert.

Mit 2. und 3. soll verhindert werden, daß **x** in den nächsten Verfahrensschritten X verläßt.

Wenn wir $B(\mathbf{x}) := \sum_{i=1}^{m} \frac{1}{b_i - g_i(\mathbf{x})} + \sum_{j=1}^{n} \frac{1}{x_j}$ setzen, so sind alle drei Eigenschaften erfüllt. Der zweite Term sichert die Einhaltung der Nichtnegativitätsbedingungen, der erste die der übrigen Restriktionen.

$B(\mathbf{x})$ wird mit einem positiven Parameter r gewichtet, den man von Iteration zu Iteration um einen bestimmten Faktor verkleinert. Dadurch wird u.a. erreicht, daß gegen Ende des Verfahrens auch Randpunkte aufgesucht werden.

Das Lösungsprinzip von SUMT läßt sich nun wie folgt skizzieren: Ausgehend von einem Startpunkt $\mathbf{x}^{(0)} \in X$, der nicht auf dem Rand von X liegt, berechne man mit einer Methode der unrestringierten mehrdimensionalen Maximierung (Kap. 8.3.2) eine Näherung $\mathbf{x}^{(1)}$ für ein lokales Maximum der Funktion $P(\mathbf{x},r)$.[6] Überschreitet die Differenz zwischen den beiden Lösungen eine vorzugebende Abbruchschranke, so setze man $r := \Theta \cdot r$ mit $\Theta \in (0,1)$ und berechne, ausgehend von $\mathbf{x}^{(1)}$, wiederum eine Approximation; usw.

Algorithmus SUMT

Voraussetzung: Ein Maximierungsproblem (8.42) mit konkaver Zielfunktion F und konvexem X; ein zulässiger Punkt $\mathbf{x}^{(0)}$, der nicht auf dem Rand von X liegen darf; eine Abbruchschranke $\epsilon > 0$; Parameter $\Theta \in (0,1)$ und $r > 0$.

Iteration k (= 0,1,...): Ausgehend von $\mathbf{x}^{(k)}$ verwende man ein Verfahren der unrestringierten mehrdimensionalen Maximierung zum Auffinden einer Näherung $\mathbf{x}^{(k+1)}$ für ein lokales Maximum von $P(\mathbf{x},r) = F(\mathbf{x}) - r\,(\sum_{i=1}^{m} \frac{1}{b_i - g_i(\mathbf{x})} + \sum_{j=1}^{n} \frac{1}{x_j})$.

Falls $\|\mathbf{x}^{(k+1)} - \mathbf{x}^{(k)}\| < \epsilon$, Abbruch des Verfahrens, ansonsten setze $r := \Theta \cdot r$ und gehe zur nächsten Interation.

Ergebnis: $\mathbf{x}^{(k+1)}$ ist eine Näherung für ein lokales Maximum der Funktion F auf dem Bereich X der zulässigen Lösungen.

* * * * *

6 Aufgrund der Konkavität von $P(\mathbf{x},r)$, die z.B. in Eiselt et al. (1987, S. 624) nachgewiesen wird, folgt aus dem Satz 8.4, daß zugleich das globale Maximum von $P(\mathbf{x},r)$ approximiert wird.

Bemerkung 8.13: SUMT eignet sich auch für Modelle mit Gleichheitsrestriktionen. Das zu lösende Problem sei wie folgt gegeben:

$$\left.\begin{array}{ll} \text{Maximiere } z = F(\mathbf{x}) & \\ \text{unter den Nebenbedingungen} & \\ \qquad g_i(\mathbf{x}) \le b_i & \text{für } i = 1,\dots,m \\ \qquad h_k(\mathbf{x}) = d_k & \text{für } k = 1,\dots,q \\ \qquad \mathbf{x} \ge \mathbf{0} & \end{array}\right\} \tag{8.43}$$

Die Funktionen $F(\mathbf{x})$, $g_i(\mathbf{x})$ und $h_k(\mathbf{x})$ können linear oder nichtlinear sein.

Als $P(\mathbf{x},r)$ eignet sich in diesem Fall

$$P(\mathbf{x},r) = F(\mathbf{x}) - r \sum_{i=1}^{m} \frac{1}{b_i - g_i(\mathbf{x})} - r \sum_{j=1}^{n} \frac{1}{x_j} - \sum_{k=1}^{q} \frac{(d_k - h_k(\mathbf{x}))^2}{\sqrt{r}}$$

Durch den letzten Ausdruck von $P(\mathbf{x},r)$ wird gegen Ende des Verfahrens die Verletzung von Gleichungen immer stärker bestraft.

8.7 Optimierung bei zerlegbaren Funktionen

Bei der sogenannten *separablen konvexen Optimierung* handelt es sich um einen weiteren Spezialfall der nichtlinearen Optimierung. Bei diesem wird außer linearen Nebenbedingungen vorausgesetzt, daß die Zielfunktion keine gemischten Terme $h_i(x_i) \cdot h_j(x_j)$ mit $i \neq j$ enthält. Sie ist somit als Summe von Funktionen $f_j(x_j)$ mit je einer Variablen x_j darstellbar. Für die Funktionen f_j wird vorausgesetzt, daß sie bei Minimierungsproblemen konvex, bei Maximierungsproblemen konkav sind. Gegeben ist also z.B. ein Problem der Art:

$$\left.\begin{array}{l} \text{Maximiere } F(\mathbf{x}) = \sum_{j=1}^{n} f_j(x_j) \\ \text{unter den Nebenbedingungen} \\ \qquad A\,\mathbf{x} \le \mathbf{b} \\ \qquad \mathbf{x} \ge \mathbf{0} \end{array}\right\} \tag{8.44}$$

$f_j(x_j)$ ist für jedes $j = 1,\dots,n$ eine konkave Funktion.

Die Idee der separablen konvexen Optimierung besteht nun darin, das gegebene nichtlineare Problem durch stückweise lineare Approximation der Funktionen $f_j(x_j)$ in ein Problem mit linearer Zielfunktion zu überführen, welches dann mit dem Simplex-Algorithmus gelöst werden kann (siehe Bem. 8.14). Dafür unterteilt man die positive reelle Achse (den Wertebereich für x_j) in q_j Teilintervalle $[u_{j,k-1}, u_{jk}]$ mit $k = 1,\dots,q_j$ und $u_{j0} := 0$. Die festzulegenden Parameter u_{jk} bezeichnet man als *Stützstellen*. Falls x_{jq_j} nach oben unbeschränkt sein kann, wählt man $u_{jq_j} = \infty$.

In dem (8.44) approximierenden, linearen Optimierungsproblem wird jede der nichtlinearen Funktionen $f_j(x_j)$ durch die Summe von q_j linearen Funktionen $f_{jk}(x_{jk}) := c_{jk}\, x_{jk}$ mit $0 \le x_{jk} \le (u_{jk} - u_{j,k-1})$ ersetzt; siehe auch Abb. 8.14.

Der Koeffizient c_{jk} der linearen Funktion $f_{jk}(x_{jk}) = c_{jk}\, x_{jk}$ ergibt sich aus

$$c_{jk} := (f_j(u_{jk}) - f_j(u_{j,k-1})) \,/\, (u_{jk} - u_{j,k-1}).$$

Mit $x_j := \sum_{k=1}^{q_j} x_{jk}$ gilt $f_j(x_j) \approx \sum_{k=1}^{q_j} f_{jk}(x_{jk}) = \sum_{k=1}^{q_j} c_{jk}\, x_{jk}$ für $j = 1,\ldots,n$.

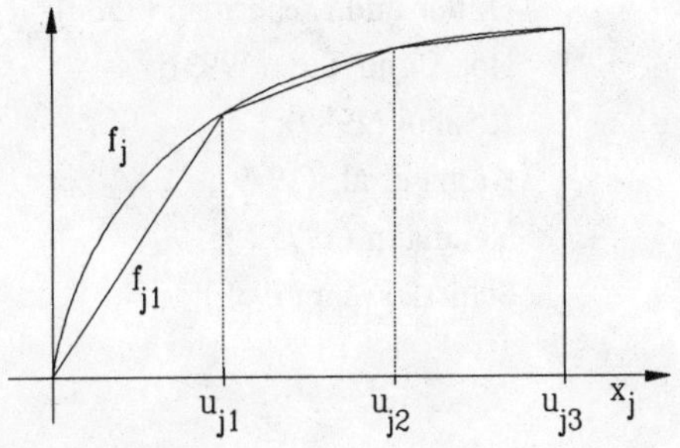

Abb. 8.14

Ausgehend von diesen Variablen- und Parameterdefinitionen, können wir somit (8.44) durch (8.45) approximieren:

$$\left.\begin{array}{ll} \text{Maximiere } F(\mathbf{x}) = \sum\limits_{j=1}^{n} \sum\limits_{k=1}^{q_j} c_{jk}\, x_{jk} & \\ \text{unter den Nebenbedingungen} & \\ \sum\limits_{j=1}^{n} a_{ij} \Big(\sum\limits_{k=1}^{q_j} x_{jk} \Big) \le b_i & \text{für } i = 1,\ldots,m \\ 0 \le x_{jk} \le (u_{jk} - u_{j,k-1}) & \text{für } i = 1,\ldots,m \text{ und } k = 1,\ldots,q_j \end{array}\right\} \qquad (8.45)$$

Wählen wir die q_j groß, so führt dies zu einer relativ genauen stückweise linearen Approximation der konkaven Funktionen $f_j(x_j)$. Ist q_j klein, so fällt die Approximation weniger genau aus. Für den Fall, daß $f_j(x_j)$ von vornherein linear ist, wählt man $q_j = 1$.

Bemerkung 8.14: In der Formulierung (8.45) ist nicht berücksichtigt, daß eine Variable x_{jk} erst dann positive Werte annehmen darf, wenn sämtliche Variablen x_{jh} mit $h < k$ ihre obere Schranke erreicht haben. Zu fordern wäre eine Zusatzrestriktion z.B. der folgenden Art:

$$((u_{jk} - u_{j,k-1}) - x_{jk})\, x_{j,k+1} = 0 \qquad \text{für } j = 1,\ldots,n \text{ und } k = 1,\ldots,q_j - 1 \qquad (8.46)$$

Da jedoch die c_{jk} in der Reihenfolge $k = 1,\ldots,q_j$ monoton abnehmende Werte besitzen, weist der Simplex-Algorithmus bei einem Maximierungsproblem den x_{jk} auch in der genannten

Reihenfolge Werte zu, bis jeweils die obere Schranke erreicht ist. Auf die quadratische Restriktion (8.46) kann daher verzichtet werden.

Literatur zu Kapitel 8

Bazaraa und Shetty (1979);
Collatz und Wetterling (1971);
Dekkers und Aarts (1991);
Domschke (1996);
Domschke et al. (1995) – *Übungsbuch*;
Domschke et al. (1993);
Ecker und Kupferschmid (1988);
Eiselt et al. (1987);
Ellinger (1990);
Golden und Wasil (1986);
Hadley (1969);
Hillier und Lieberman (1988);
Horst (1979);
Horst und Tuy (1993);
Kistner (1993);
Kosmol (1989);
Krabs (1983);
Künzi et al. (1979);
Minoux (1986);
Neumann (1975 a);
Opitz (1989);
Schittkowski (1980);
Simmons (1975).

Kapitel 9: Warteschlangentheorie

9.1 Einführung

Warteschlangen gehören zum täglichen Erscheinungsbild: Kundenschlangen vor der Essensausgabe in Mensen, vor Kassen in Supermärkten, an Bank-, Post- und Behördenschaltern, an Bus- oder Straßenbahnhaltestellen; Autoschlangen vor Kreuzungen und Baustellen etc. Auch im *betrieblichen Alltag* sind Warteschlangen allgegenwärtig: Pufferlager von Bauteilen vor Maschinen; auf Aufträge oder Reparaturleistungen wartende Maschinen; Endprodukte, die im Lager auf Verkauf "warten"; noch nicht ausgeführte Bestellungen usw.

Zweifelsfrei empfindet kaum ein Mensch den Zustand des Wartens als Vergnügen; produktive Beschäftigung oder Freizeit werden vorgezogen. Aus ökonomischer Sicht könnten die Kapazitäten wartender Maschinen zur Produktivitätssteigerung beitragen. Wartezeiten von Aufträgen vor Maschinen führen zu überhöhten Kapitalbindungskosten im Umlaufvermögen, über eine verzögerte Fertigstellung ggf. zu Konventionalstrafen oder sogar zur Nichtabsetzbarkeit eines Produktes bei verärgerten Kunden. Umgekehrt führt zu hohe Maschinenkapazität zu überhöhten Kapitalbindungskosten im Anlagevermögen.

Persönliche Präferenzen, betriebliche Kosten etc. erfordern also eine Untersuchung der Ursachen für das Auftreten von Warteschlangen, der damit verbundenen Wartezeiten sowie von Möglichkeiten zur Veränderung und Gestaltung von Warteschlangensystemen.

Ein **Warteschlangensystem** bzw. **Wartesystem** läßt sich vereinfacht als ein *Input-Output-System* mit **Warteraum** und **Abfertigung** charakterisieren.

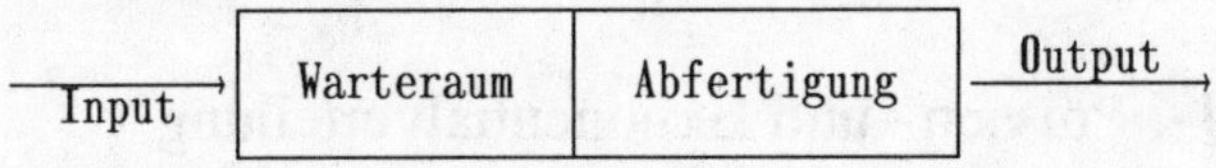

Die Abfertigung besteht in der Regel aus einer Tätigkeit, die an einer **Servicestelle** ausgeführt wird. Synonyme zu Servicestelle sind in der Literatur zur Warteschlangentheorie **Kanal**, Schalter und Bedienungsstation.

"Input" des Systems sind z.B. Aufträge, die bearbeitet, oder Kunden, die bedient werden sollen. Nach der Bearbeitung bzw. Bedienung verlassen sie als "Output" das System. Die das System passierenden Aufträge oder Kunden werden auch als **Elemente** bezeichnet. Zugangs- und/oder Abfertigungszeiten der Elemente sind im allgemeinen *Zufallsgrößen.*

Interessante Kenngrößen von Wartesystemen sind z.B.

- die durchschnittliche **Systemlänge** (Anzahl der Elemente im Warteraum und in der Abfertigung),

- die durchschnittliche **Schlangenlänge** (Anzahl der Elemente im Warteraum),
- die durchschnittliche **Verweilzeit** im System,
- die durchschnittliche **Wartezeit** im Warteraum.

Tab. 9.1 enthält einige Beispiele für Wartesysteme.

System	Elemente	Abfertigung	Servicestelle(n)
Kaufhaus	Kunden	Bedienung	Kasse, Verkauf
Spedition	Lieferaufträge	Zustellung	LKW
Arztpraxis	Patienten	Untersuchung	Arzt
Reparaturtrupp	defekte Maschinen	Reparatur	Mechaniker
Telefonzentrale	Anrufe	Vermittlung	Leitungen

Tab. 9.1

Zur formalen Beschreibung des Systemzugangs der Elemente (**Ankunftsprozeß**), der Abfertigung und der Servicestellen wurde trotz der oben skizzierten einfachen Grundstruktur von Wartesystemen eine Vielzahl unterschiedlicher mathematischer Modelle (**Wartemodelle**) entwickelt.

Wir beschreiben im folgenden zunächst einige zentrale Wahrscheinlichkeitsverteilungen, mit deren Hilfe Ankunfts- und Abfertigungsprozesse abgebildet werden können. Anschließend beschäftigen wir uns mit Wartemodellen in Form homogener Markovketten. Wir beenden das Kapitel mit Hinweisen auf weitere Wartemodelle. Ausführliche Darstellungen zur Warteschlangentheorie und weitere Literaturhinweise findet man z.B. in Schassberger (1973), Meyer und Hansen (1985, S. 233 ff.), Hillier und Lieberman (1988, S. 502 ff.) oder Bolch (1989).

9.2 Binomial-, Poisson- und Exponentialverteilung

Wir beschreiben jede der drei Verteilungen zunächst allgemein und stellen danach jeweils den Bezug zur Warteschlangentheorie her. Dadurch können wir auf sie auch in Kap. 10.3 zur Beschreibung stochastischer Inputgrößen von Simulationsmodellen, die keinen Bezug zur Warteschlangentheorie besitzen, zurückgreifen.

Wir beginnen mit einem speziellen Fall der Binomialverteilung, der gelegentlich auch als Bernoulli-Verteilung bezeichnet wird. Die **Bernoulli-Verteilung** ist geeignet zur Beschreibung von Situationen mit zwei sich gegenseitig ausschließenden Ergebnissen (z.B. "Erfolg" oder "Mißerfolg") unter Verwendung einer Zufallsvariablen X. Derartige Situationen liegen z.B. bei der Qualitätskontrolle von Produkten (durch Ziehen einer Stichprobe) vor. Die sich gegenseitig ausschließenden Ergebnisse können sein, daß das geprüfte Produkt einwandfrei oder mangelhaft ist.

Die Bernoulli-Verteilung gehört zu den diskreten Verteilungen. Ihre Wahrscheinlichkeitsfunktion läßt sich wie folgt darstellen:[1]

$$f_1(x) = \begin{cases} p & \text{für } x = 1 \\ 1-p & \text{für } x = 0 \end{cases} \tag{9.1}$$

p ist also die Wahrscheinlichkeit für einen "Erfolg" (x = 1) und 1 − p die Wahrscheinlichkeit für einen "Mißerfolg" (x = 0).

Binomialverteilung

E sei nun das Ereignis "Erfolg", das bei einem *wiederholbaren* zufälligen Geschehen mit Wahrscheinlichkeit p eintreten kann. Wiederholen wir den Zufallsvorgang n-mal, wobei es zwischen den einzelnen Wiederholungen keinerlei wechselseitige Beeinflussung gibt (*stochastische Unabhängigkeit* der Vorgänge), so können wir die i-te Wiederholung (i = 1,...,n) durch die Zufallsvariable

$$X_i = \begin{cases} 1 & \text{falls E eintritt} \\ 0 & \text{sonst} \end{cases}$$

beschreiben. Die Zufallsvariable

$$X = \sum_{i=1}^{n} X_i$$

mit dem Wertebereich {0,1,...,n} mißt die Anzahl an Durchführungen, bei denen E eintritt. Die Wahrscheinlichkeitsfunktion $f_2(x)$ der Binomialverteilung läßt sich nun folgendermaßen herleiten; vgl. auch Bamberg und Baur (1989, S. 99 ff.):

a) Alle X_i (i = 1,...,n) sind voneinander stochastisch unabhängig, und für jedes i gilt

$$f_1(X_i = 1) = p \quad \text{sowie} \quad f_1(X_i = 0) = 1-p.$$

b) Für $x_i \in \{0, 1\}$ und $x := \sum_{i=1}^{n} x_i$ gilt dann wegen der Unabhängigkeit der X_i:

$$f_2(X_1 = x_1,..., X_n = x_n) = f_1(X_1 = x_1) \cdot ... \cdot f_1(X_n = x_n) = p^x \cdot (1-p)^{n-x}$$

c) Jeder Vektor $(x_1,..., x_n)$ entspricht einer speziellen Anordnung von x "Einsen" und n − x "Nullen". Insgesamt gibt es

$$\binom{n}{x} = \frac{n!}{x!(n-x)!} \quad \text{derartige Anordnungsmöglichkeiten.}$$

d) Aus (b) und (c) erhalten wir die Wahrscheinlichkeit $f_2(X = x)$ dafür, daß bei n-maliger Wiederholung eines Bernoulli-Experiments (n Stichprobenziehungen) genau x-mal die 1 auftritt:

---

1 Wie in der Statistik üblich, verwenden wir Großbuchstaben für Zufallsvariable und kleine Buchstaben für Realisationen von Zufallsvariablen. Abweichend von der üblichen Notation in der statistischen Literatur, verwenden wir auch für Wahrscheinlichkeiten diskreter Verteilungen die funktionale Schreibweise f(x) anstelle von P(X=x).

$$f_2(X=x) = \binom{n}{x} \cdot p^x \cdot (1-p)^{n-x}$$

Die diskrete Zufallsvariable X besitzt damit die Wahrscheinlichkeitsfunktion

$$f_2(x) = \begin{cases} \binom{n}{x} \cdot p^x \cdot (1-p)^{n-x} & \text{für } x = 0, 1, \ldots, n \\ 0 & \text{sonst} \end{cases} \qquad (9.2)$$

(9.2) ist die Wahrscheinlichkeitsfunktion der *Binomialverteilung* mit den Parametern n und p, die man kürzer auch als *B(n,p)-Verteilung* bezeichnet. Die Herleitung von (9.2) läßt sich mit Hilfe eines binären Zustands- / Ereignisbaumes veranschaulichen, auf dessen Kanten jeweils p bzw. 1 – p notiert wird; siehe z.B. Meyer und Hansen (1985, S. 246 f.).

Wie man leicht sieht, entspricht die Bernoulli-Verteilung der B(1,p)-Verteilung.

Mit Hilfe der Binomialverteilung können wir beispielsweise den *Zugang des Wartesystems "Bankschalter"* (unter der Annahme eines unbegrenzten Kundenreservoirs und eines unbeschränkten Warteraums) abbilden: Tritt durchschnittlich alle T = 2 Minuten ein Kunde ein, und ist während jedes einzelnen Teilintervalls von T das Eintreffen des Kunden gleichwahrscheinlich, so kann innerhalb eines Beobachtungszeitraums von $\Delta t = 6$ Sekunden mit der Wahrscheinlichkeit 1/20 mit dem Zugang eines Kunden gerechnet werden.

Unter diesen Voraussetzungen gibt $p = \Delta t/T$ allgemein die Wahrscheinlichkeit dafür an, daß im Beobachtungszeitraum Δt ein Kunde ankommt, wobei T dem durchschnittlichen zeitlichen Abstand zweier aufeinanderfolgender Kunden entspricht. Mit der Wahrscheinlichkeit $1-p = 1-\Delta t/T$ kommt kein Kunde an. Eine B(n,p)-verteilte Zufallsvariable mit $p = \Delta t/T$ beschreibt somit die Anzahl der Kunden, die voneinander unabhängig am Bankschalter eingetroffen sind, nachdem dieser seit $n \cdot \Delta t$ Zeiteinheiten (ZE) geöffnet ist.

Die Binomialverteilung bietet also gute Möglichkeiten zur Beschreibung von *Ankunftsprozessen* (aber auch von *Abfertigungsprozessen*) in Warteschlangensystemen. Ihr Nachteil ist der relativ große Rechenaufwand, den die Ermittlung ihrer Wahrscheinlichkeitsfunktion $f_2(x)$ erfordert. Dieser Nachteil läßt sich durch Verwendung der Poisson-Verteilung vermeiden.

Poisson-Verteilung

Eine diskrete Zufallsvariable X mit der Wahrscheinlichkeitsfunktion

$$f_3(x) = \begin{cases} \frac{\gamma^x}{x!} e^{-\gamma} & \text{für } x = 0, 1, 2, \ldots \\ 0 & \text{sonst} \end{cases} \qquad (9.3)$$

heißt *Poisson-verteilt* oder genauer $P(\gamma)$-verteilt mit Parameter $\gamma > 0$.

Im Gegensatz zur Binomialverteilung, deren Praxisbezug unmittelbar aus Beispielen der oben geschilderten Art folgt, ist die Poisson-Verteilung vergleichsweise "künstlich". Ihre Bedeutung resultiert daraus, daß sie eine *Approximationsmöglichkeit* für die B(n,p)-Verteilung bei "kleinem" p und "großem" n bietet. Für $n \geq 50$, $p \leq 1/10$ und $n \cdot p \leq 10$ kann die B(n,p)-durch die $P(\gamma)$-Verteilung mit $\gamma = n \cdot p$ in der Regel hinreichend gut approximiert werden. "Infolgedessen findet man die Poisson-Verteilung dann empirisch besonders gut bestätigt, wenn man registriert, wie oft ein bei einmaliger Durchführung sehr unwahrscheinliches Ereignis bei vielen Wiederholungen eintritt. Die Poisson-Verteilung wird aus diesem Grunde auch als **Verteilung der seltenen Ereignisse** bezeichnet" (Bamberg und Baur (1989, S. 103)).

Eine ausführliche Darstellung des formalen Zusammenhangs zwischen der Binomial- und der Poisson-Verteilung findet man in Meyer und Hansen (1985, S. 248 f.).

Mit $\gamma = n \cdot p$ gibt $f_3(x)$ gemäß (9.3) die Wahrscheinlichkeit dafür an, daß nach $n \cdot \Delta t$ ZE genau x Kunden angekommen sind (bzw. abgefertigt wurden).

Beispiel: Wir betrachten das obige Wartesystem "Bankschalter" (mit T = 2 Minuten, $\Delta t = 6$ Sekunden und $p = 1/20$) und wollen mit Hilfe der Binomialverteilung und der Poisson-Verteilung Wahrscheinlichkeiten dafür angeben, daß nach n = 25 Zeitintervallen der Länge Δt, also nach 2.5 Minuten, genau x Kunden angekommen sind. Wir erhalten folgende Wahrscheinlichkeiten für die Ankunft von x = 0,1,...,5 Kunden.

x	0	1	2	3	4	5
B(n,p)	0.2773	0.3650	0.2305	0.0930	0.0269	0.0060
$P(\gamma)$	0.2865	0.3581	0.2238	0.0932	0.0291	0.0073

Erweitern wir den Beobachtungszeitraum auf n = 50 Zeitintervalle, so ergeben sich folgende Wahrscheinlichkeiten für die Ankunft von x = 0,1,...,5 Kunden.

x	0	1	2	3	4	5
B(n,p)	0.0769	0.2025	0.2611	0.2200	0.1360	0.0658
$P(\gamma)$	0.0821	0.2052	0.2565	0.2138	0.1336	0.0668

Exponentialverteilung

Eine kontinuierliche Zufallsvariable X mit der Dichtefunktion

$$f_4(x) = \begin{cases} \delta\, e^{-\delta x} & \text{für } x \geq 0 \\ 0 & \text{sonst} \end{cases} \tag{9.4}$$

und $\delta > 0$ heißt *exponentialverteilt*. Es gilt $f_4(0) = \delta$.

Die Exponentialverteilung ist, wie wir zeigen wollen, geeignet zur Beschreibung des zeitlichen Abstandes der Ankunft zweier unmittelbar aufeinander folgender Kunden (**Zwischenankunftszeit**). Dabei gibt $f_4(x)$ die Wahrscheinlichkeit dafür an, daß der zeitliche Abstand zwischen der Ankunft zweier Kunden genau x ZE beträgt. Der Parameter δ entspricht der oben eingeführten Wahrscheinlichkeit für das Eintreffen eines Kunden in Δt ($\delta = p = \Delta t / T$).

$1/\delta$ entspricht dem Erwartungswert und $1/\delta^2$ der Varianz der Exponentialverteilung.

Die Verteilungsfunktion der Exponentialverteilung ist

$$F_4(x) = \int_{-\infty}^{x} f_4(t)\,dt = \int_{0}^{x} \delta e^{-\delta t}\,dt = 1 - e^{-\delta x}.$$

$F_4(x)$ gibt die Wahrscheinlichkeit dafür an, daß zwischen der Ankunft zweier aufeinander folgender Kunden *höchstens* x ZE verstreichen.

Diese Aussagen lassen sich wie folgt aus der Poisson-Verteilung herleiten:

Gemäß (9.3) gilt wegen $\gamma = p \cdot n$ für die Wahrscheinlichkeit, daß in $n \cdot \Delta t$ Perioden *kein* Kunde ankommt:

$$f_3(0) = e^{-\gamma} = e^{-pn}$$

$1 - e^{-pn}$ ist damit die Wahrscheinlichkeit dafür, daß in $n \cdot \Delta t$ *mindestens ein* Kunde ankommt. Somit vergehen mit dieser Wahrscheinlichkeit auch *höchstens n Perioden* der Länge Δt zwischen der Ankunft zweier aufeinanderfolgender Kunden.

Durch Substitution von p durch δ und von n durch die Variable x erkennen wir, daß $1 - e^{-pn}$ mit der Verteilungsfunktion $1 - e^{-\delta x}$ der Exponentialverteilung identisch ist.

Diese Ausführungen können in folgendem Satz zusammengefaßt werden:

Satz 9.1: Läßt sich der stochastische Prozeß der Ankunft von Kunden in einem Wartesystem durch eine Poisson-Verteilung beschreiben, so sind die Zwischenankunftszeiten der Kunden exponentialverteilt.

9.3 Wartemodelle als homogene Markovketten

Eine wichtige Klasse von Wartemodellen läßt sich als homogene Markovkette interpretieren. Im folgenden charakterisieren wir derartige stochastische Prozesse und beschreiben einen einfachen Markov'schen Ankunfts- und Abfertigungsprozeß.

9.3.1 Homogene Markovketten

Bevor wir den Begriff homogene Markovkette definieren, betrachten wir das folgende **Beispiel:**

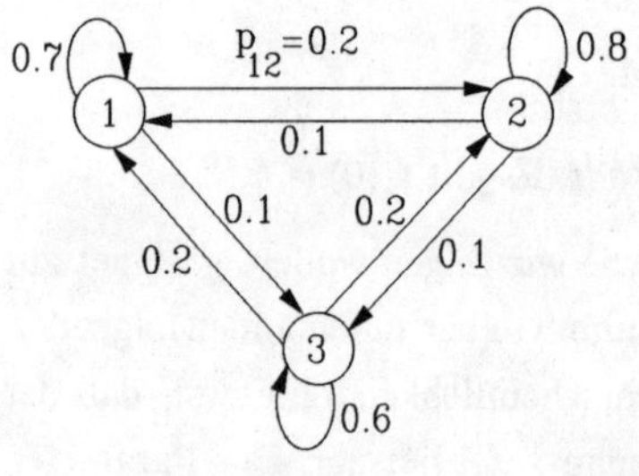

Abb. 9.1

Bei Sonnenschein hält sich ein Frosch stets auf den drei Seerosenblättern 1, 2 oder 3 auf. Registriert man seinen Platz zu äquidistanten Zeitpunkten t_0, t_1, t_2,..., so möge sich sein Verhalten durch den in Abb. 9.1 dargestellten Graphen veranschaulichen lassen. Ein Wert $p_{ij} = 0.2$ besagt, daß der Frosch zwischen zwei aufeinanderfolgenden Zeitpunkten t_h und t_{h+1} mit der Wahrscheinlichkeit 0.2 von Blatt i zu Blatt j wechselt (einperiodige **Übergangswahrscheinlichkeit**), falls er zum Zeitpunkt t_h auf Blatt i sitzt.

Diese Wahrscheinlichkeiten fassen wir zu einer Matrix $P = (p_{ij})$ zusammen. Ferner bezeichnen wir die Matrizen, welche die Wahrscheinlichkeiten für Übergänge nach zwei, drei bzw. n Perioden angeben, mit P^2, P^3 bzw. P^n. Sie ergeben sich aus $P^2 = P \cdot P$, $P^3 = P^2 \cdot P$ bzw. $P^n = P^{n-1} \cdot P$. Für unser Beispiel stellt man fest, daß sich für hinreichend großes n jeweils die gleiche Matrix ergibt. Es gilt hier also $\lim_{n \to \infty} P^n = \bar{P} = (\bar{p}_{ij})$. Die Matrix $\bar{P}$ bezeichnet man als **Gleichgewichtsmatrix.** Sie veranschaulicht, daß die Wahrscheinlichkeit dafür, daß nach n Perioden ein bestimmter Zustand eintritt, unabhängig davon ist, welcher Zustand zum Zeitpunkt 0 bestand. Die Matrizen P, P^2 und $\bar{P}$ für das Beispiel zeigt Tab. 9.2.

t_0	t_1			t_2			...	t_n $(n \to \infty)$		
	1	2	3	1	2	3	...	1	2	3
1	0.7	0.2	0.1	0.53	0.32	0.15	...	0.3	0.5	0.2
2	0.1	0.8	0.1	0.17	0.68	0.15	...	0.3	0.5	0.2
3	0.2	0.2	0.6	0.28	0.32	0.40	...	0.3	0.5	0.2

Tab. 9.2

Die Zeilenvektoren von $\bar{P}$ sind identisch. Sie lassen sich durch Lösung eines linearen Gleichungssystems bestimmen. Dazu setzen wir $\bar{p}_1 := \bar{p}_{11}$ $(= \bar{p}_{21} = \bar{p}_{31})$, $\bar{p}_2 := \bar{p}_{i2}$, $\bar{p}_3 := \bar{p}_{i3}$ und $\bar{\mathbf{p}} := (\bar{p}_1, \bar{p}_2, \bar{p}_3)$. Unter Hinzunahme von $\bar{p}_1 + \bar{p}_2 + \bar{p}_3 = 1$ und $\bar{p}_j \geq 0$ für $j = 1,2,3$ besitzt das Gleichungssystem $\bar{\mathbf{p}} \cdot P = \bar{\mathbf{p}}$ für unser Beispiel folgendes Aussehen:

$$
\begin{aligned}
0.7\bar{p}_1 + 0.1\bar{p}_2 + 0.2\bar{p}_3 &= \bar{p}_1 \\
0.2\bar{p}_1 + 0.8\bar{p}_2 + 0.2\bar{p}_3 &= \bar{p}_2 \\
0.1\bar{p}_1 + 0.1\bar{p}_2 + 0.6\bar{p}_3 &= \bar{p}_3 \\
\bar{p}_1 + \bar{p}_2 + \bar{p}_3 &= 1 \\
\bar{p}_j &\geq 0 \qquad \text{für } j = 1,2,3
\end{aligned}
$$

Durch Lösen dieses linearen Gleichungssystems erhalten wir die Matrix $\bar{P}$, wie sie in Tab. 9.2 für die Periode t_n angegeben ist.

Das zufallsabhängige Wechseln des Frosches zwischen den Seerosenblättern haben wir als **stochastischen Prozeß**, dh. als zufallsbedingten Ablauf in der Zeit, beschrieben.

Das zugrundeliegende Modell entspricht einem stochastischen Prozeß mit speziellen Eigenschaften:

(1) Da diskrete Beobachtungszeitpunkte t_h unterstellt werden, nennt man ihn eine *stochastische Kette*.

(2) Da der Übergang vom Zustand i im Zeitpunkt t_h zum Zustand j im Zeitpunkt t_{h+1} unabhängig von der Vergangenheit, dh. den Zuständen in den Zeitpunkten $t_0,\dots,t_{h-1}$ ist, nennt man ihn eine **Markovkette.** [2]

(3) Da die Übergangswahrscheinlichkeiten p_{ij} zeitinvariant sind (in jedem Zeitpunkt dieselben Wahrscheinlichkeiten), bezeichnet man das von uns betrachtete Modell als eine **homogene Markovkette.**

Homogene Markovketten können nun sehr einfach und anschaulich zur Beschreibung der Ankunft und Abfertigung von Kunden in einem Warteschlangensystem verwendet werden.

9.3.2 Der Ankunftsprozeß

Um den Ankunftsprozeß von Kunden in einem Wartesystem durch eine homogene Markovkette beschreiben zu können, gehen wir von folgenden *Annahmen* aus:

- Durchschnittlich möge alle T Zeiteinheiten ein Kunde eintreffen. Die Ankunft der einzelnen Kunden ist unabhängig voneinander.
- Das Eintreffen eines Kunden sei in jedem Zeitpunkt *gleichwahrscheinlich.* Die Wahrscheinlichkeit für das Eintreffen eines Kunden pro ZE sei $\lambda := 1/T$; man nennt λ auch **Ankunftsrate.** Keine Ankunft erfolgt pro ZE mit der Wahrscheinlichkeit $1-\lambda = 1-1/T$.
- Für die Beobachtung von Ankunftsereignissen werde ein Zeitraum Δt so gewählt, daß in Δt *höchstens ein* Kunde ankommen kann. In Δt Zeiteinheiten ist mit der Wahrscheinlichkeit $\lambda \cdot \Delta t$ mit der Ankunft eines Kunden zu rechnen. $1-\lambda \cdot \Delta t$ ist die Wahrscheinlichkeit dafür, daß in Δt kein Kunde ankommt.
- a_i $(i = 0, 1, 2, \dots)$ sei der Zustand, daß bis zu einem bestimmten Zeitpunkt genau i Kunden angekommen sind.
- Unterstellt werden ein unendliches Kundenreservoir und ein unbeschränkter Warteraum.

Unter diesen Annahmen läßt sich für den Übergang von Zustand a_i zu Zustand a_j (mit $i, j = 0, 1, 2, \dots$) während eines Intervalls Δt die in Tab. 9.3 angegebene **Übergangsmatrix** aufstellen.

Wie man sich leicht überlegt, wird der Übergang von a_i zu a_{i+1} bzw. von a_i zu a_i während eines Intervalls Δt durch die Bernoulli-Verteilung beschrieben.

Mit Hilfe der Binomialverteilung $B(n, \lambda \cdot \Delta t)$ können wir die Wahrscheinlichkeit dafür berechnen, daß nach $n \cdot \Delta t$ ZE eine bestimmte Anzahl an Kunden angekommen ist. Sind die oben genannten Voraussetzungen erfüllt, können wir diese Wahrscheinlichkeit auch mit weniger Aufwand näherungsweise mit Hilfe der Poisson-Verteilung bestimmen; dabei gilt

[2] Vgl. in diesem Zusammenhang auch Ferschl (1973). Die geschilderte Art des zeitlichen Zusammenhangs bezeichnet man auch als **Markov-Eigenschaft.** Sie ist in der dynamischen Optimierung ebenfalls von zentraler Bedeutung; siehe Kap. 7.1.1.

$\gamma = n \cdot \lambda \cdot \Delta t$. Die Exponentialverteilung schließlich liefert uns mit $1 - e^{-\lambda \cdot \Delta t \cdot n}$ die Wahrscheinlichkeit dafür, daß zwischen der Ankunft zweier Kunden höchstens $n \cdot \Delta t$ ZE vergehen.

	a_0	a_1	a_2	a_3 ...
a_0	$1-\lambda \cdot \Delta t$	$\lambda \cdot \Delta t$	0	0
a_1	0	$1-\lambda \cdot \Delta t$	$\lambda \cdot \Delta t$	0
a_2	0	0	$1-\lambda \cdot \Delta t$	$\lambda \cdot \Delta t$
a_3	0	0	0	$1-\lambda \cdot \Delta t$
⋮				

Tab. 9.3

Der skizzierte Ankunftsprozeß besitzt dieselben Eigenschaften wie das Beispiel in Kap. 9.3.1 und entspricht daher ebenfalls einer homogenen Markovkette.

9.3.3 Berücksichtigung der Abfertigung

Die Abfertigung kann (für sich betrachtet) analog zur Ankunft behandelt werden. Im einzelnen gehen wir von folgenden *Annahmen* aus:

- Sofern Kunden auf Abfertigung warten, möge durchschnittlich alle $\bar{T}$ ZE ein Kunde das System verlassen. Die Austrittszeitpunkte der Kunden aus dem System seien unabhängig voneinander.
- Der Austritt eines Kunden aus dem System sei in jedem Zeitpunkt *gleichwahrscheinlich* mit der Wahrscheinlichkeit $\mu := 1/\bar{T}$ pro ZE. Man nennt μ auch **Abfertigungsrate**. $1 - \mu = 1 - 1/\bar{T}$ ist die Wahrscheinlichkeit dafür, daß in einer ZE kein Kunde das System verläßt.
- Im gewählten Beobachtungszeitraum Δt soll *höchstens ein* Kunde abgefertigt werden können.
- a_i $(i = 0, 1, 2, ...)$ sei der Zustand, daß bis zu einem bestimmten Zeitpunkt genau i Kunden abgefertigt wurden.

Unter diesen Annahmen läßt sich für den Abfertigungsprozeß eine Übergangsmatrix ähnlich der in Tab. 9.3 aufstellen.

Wir betrachten nun *gleichzeitig* einen *Ankunfts- und Abfertigungsprozeß* und unterstellen, daß Ankunft und Abfertigung von Kunden unabhängig voneinander sind. Die Abfertigungsrate sei größer als die Ankunftsrate, dh. $\mu > \lambda$ und damit $T > \bar{T}$.
Der verfügbare Warteraum sei auf N Kunden beschränkt. a_i $(i = 0,1,...,N)$ sei der Zustand, daß sich in einem bestimmten Zeitpunkt genau i Kunden im System befinden.
In Δt möge *höchstens* ein Kunde ankommen und/oder abgefertigt werden können.

Für den simultanen Ankunfts- und Abfertigungsprozeß können wir dann eine *Übergangs-*

matrix entwickeln, in der folgende Wahrscheinlichkeiten (W.) enthalten sind:

$\mu \cdot \Delta t$	W., daß in Δt *ein* Kunde abgefertigt wird.
$1-\mu \cdot \Delta t$	W., daß in Δt *kein* Kunde abgefertigt wird.
$(\lambda \cdot \Delta t) \cdot (\mu \cdot \Delta t) = \lambda\mu(\Delta t)^2$	W., daß in Δt *ein* Kunde ankommt und *einer* abgefertigt wird.
$(\lambda \cdot \Delta t) \cdot (1-\mu \cdot \Delta t) = \lambda \cdot \Delta t - \lambda\mu(\Delta t)^2$	W., daß in Δt *ein* Kunde ankommt und *keiner* abgefertigt wird.
$(1-\lambda \cdot \Delta t) \cdot (\mu \cdot \Delta t) = \mu \cdot \Delta t - \lambda\mu(\Delta t)^2$	W., daß in Δt *kein* Kunde ankommt und *einer* abgefertigt wird.
$(1-\lambda \cdot \Delta t) \cdot (1-\mu \cdot \Delta t) = 1-(\lambda+\mu) \cdot \Delta t + \lambda\mu(\Delta t)^2$	W., daß in Δt *kein* Kunde ankommt und *keiner* abgefertigt wird.

In Tab. 9.4 haben wir der Einfachheit halber auf die Angabe der bei kleinem Δt vernachlässigbaren Werte $\lambda\mu(\Delta t)^2$ verzichtet.

	a_0	a_1	a_2	a_3 ... (a_N)
a_0	$1-\lambda \cdot \Delta t$	$\lambda \cdot \Delta t$	0	0
a_1	$\mu \cdot \Delta t$	$1-(\lambda+\mu) \cdot \Delta t$	$\lambda \cdot \Delta t$	0
a_2	0	$\mu \cdot \Delta t$	$1-(\lambda+\mu) \cdot \Delta t$	$\lambda \cdot \Delta t$
a_3	0	0	$\mu \cdot \Delta t$	$1-(\lambda+\mu) \cdot \Delta t$
$\vdots$				
(a_N)				

Tab. 9.4

Ausgehend von der (vereinfachten) einperiodigen Übergangsmatrix P in Tab. 9.4, können wir analog zur Vorgehensweise in Kap. 9.3.1 eine **Gleichgewichtsmatrix** $\bar{P}$ ermitteln. Wir setzen $\bar{p}_0 := \bar{p}_{i0}, \dots, \bar{p}_N := \bar{p}_{iN}$ und $\bar{\mathbf{p}} := (\bar{p}_0, \dots, \bar{p}_N)$. Dabei ist $\bar{p}_j$ die Wahrscheinlichkeit dafür, daß sich in einem bestimmten Zeitpunkt genau j Kunden im System befinden. Nach Hinzufügung von $\bar{p}_0 + \dots + \bar{p}_N = 1$ und $\bar{p}_j \geq 0$ für alle j lautet das Gleichungssystem $\bar{\mathbf{p}} \cdot P = \bar{\mathbf{p}}$ zur Ermittlung der mehrperiodigen Übergangswahrscheinlichkeiten:

$$
\begin{aligned}
(1-\lambda \cdot \Delta t)\bar{p}_0 + \mu \cdot \Delta t \cdot \bar{p}_1 &= \bar{p}_0 \\
\lambda \cdot \Delta t \cdot \bar{p}_0 + (1-(\lambda+\mu)\Delta t)\bar{p}_1 + \mu \cdot \Delta t \cdot \bar{p}_2 &= \bar{p}_1 \\
\ddots \qquad &\vdots \\
\lambda \cdot \Delta t \cdot \bar{p}_{N-2} + (1-(\lambda+\mu)\Delta t)\bar{p}_{N-1} + \mu \cdot \Delta t \cdot \bar{p}_N &= \bar{p}_{N-1} \\
\lambda \cdot \Delta t \cdot \bar{p}_{N-1} + (1-\mu \cdot \Delta t)\bar{p}_N &= \bar{p}_N \\
\bar{p}_0 + \bar{p}_1 + \dots + \bar{p}_N &= 1 \\
\text{alle } \bar{p}_j &\geq 0
\end{aligned}
$$

Subtrahieren wir in den ersten N+1 Gleichungen jeweils die rechte Seite, so enthalten alle Terme den Faktor Δt. Er kann daher durch Division eliminiert werden. Die ersten N+1 Gleichungen können nun, beginnend mit $\bar{p}_1$, rekursiv so umgeformt werden, daß jedes $\bar{p}_j$ nur noch von $\bar{p}_0$ abhängt. Es gilt $\bar{p}_j = \bar{p}_0 \cdot (\lambda/\mu)^j$.

Unter Berücksichtigung der vorletzten Nebenbedingung erhält man schließlich die gesuchten Wahrscheinlichkeiten $\bar{p}_j$ für j = 0,...,N. Verwenden wir für den Quotienten λ/μ das Symbol $\rho := \lambda/\mu$ (ρ kann man als **Verkehrsdichte** oder **Servicegrad** bezeichnen), dann gilt (vgl. Meyer und Hansen (1985, S. 258 ff.)):

$$\bar{p}_j = \rho^j \cdot \frac{1-\rho}{1-\rho^{N+1}} \qquad \text{für } j = 0,1,\ldots,N$$

Für $N \to \infty$ gilt: $\bar{p}_j = \rho^j (1-\rho)$ für alle j = 1, 2,...

Unter Verwendung der so ermittelten Gleichgewichtswahrscheinlichkeiten können wir nun die eingangs erwähnten Kenngrößen für Wartesysteme ermitteln.

Die *durchschnittliche Systemlänge* L läßt sich für $N \to \infty$ wie folgt berechnen:

$$L := \sum_{j=0}^{\infty} j \cdot \bar{p}_j = \sum_{j=0}^{\infty} j \cdot \rho^j (1-\rho) = \frac{\rho}{1-\rho}$$

Ebenfalls für $N \to \infty$ ergibt sich:

Die durchschnittliche Schlangenlänge: $L_S = \frac{\rho^2}{1-\rho}$

Die durchschnittliche Anzahl an Kunden in der Abfertigung: $L_A = \rho$

Die durchschnittliche Verweilzeit eines Kunden im System: $\bar{t} = L/\lambda = \frac{\rho}{(1-\rho)\cdot\lambda}$

Die durchschnittliche Wartezeit eines Kunden im Warteraum: $\bar{t}_S = L_S/\lambda = \frac{\rho^2}{(1-\rho)\cdot\lambda}$

Zur Auswertung eines einfachen Warteschlangenmodells mittels Simulation vgl. Kap. 10.6.2.

9.4 Weitere Wartemodelle

Bislang haben wir uns nur mit einem speziellen, sehr einfachen Typ von Warteschlangenmodellen beschäftigt. Darüber hinaus existiert eine Vielzahl weiterer Modelltypen. Sie lassen sich hinsichtlich

- der *Anzahl der Servicestellen* in Ein- oder Mehrkanalmodelle,
- der *Beziehung* des betrachteten Systems *zur Umwelt* in offene und geschlossene Modelle

sowie hinsichtlich zahlreicher weiterer Unterscheidungsmerkmale unterteilen.

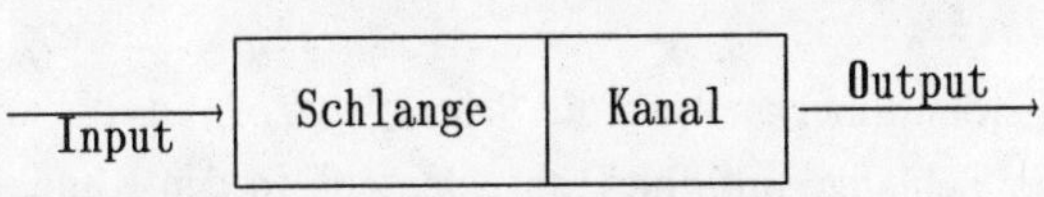

Abb. 9.2: Einkanalmodell

Bei **Einkanalmodellen** steht zur Abfertigung von Elementen nur eine einzige Servicestelle (Kanal) zur Verfügung. Abb. 9.2 enthält die schematische Darstellung dieses Typs.

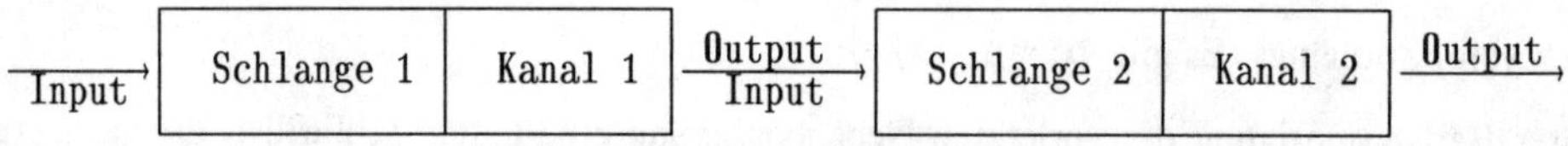

Abb. 9.3: Serielles Mehrkanalmodell

Bei **Mehrkanalmodellen** stehen mehrere Servicestellen zur Verfügung. Dieser Modelltyp läßt sich weiter unterscheiden in *serielle* (Abb. 9.3) und *parallele* Mehrkanalmodelle (Abb. 9.4). Im seriellen Fall ist der Output eines ersten Kanals Input für den zweiten usw. Im parallelen Fall stehen mehrere Kanäle alternativ zur Abfertigung der Kunden, die sich in einer gemeinsamen Warteschlange befinden, zur Verfügung. Auch Kombinationen bzw. Mischformen beider Fälle existieren.

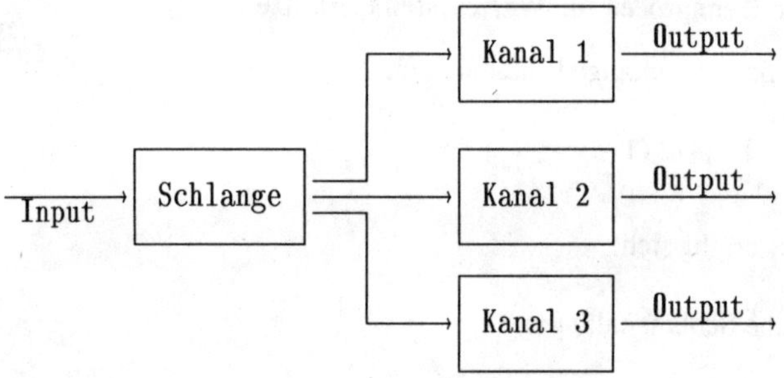

Abb. 9.4: Paralleles Mehrkanalmodell

Ein **offenes Wartemodell** liegt vor, wenn – wie bislang ausschließlich in den Abbildungen enthalten – mindestens ein Kanal Input von außen (nicht oder nicht nur aus dem System selbst) erhält und auch Output mindestens eines Kanals das System verläßt. Ein solches Modell liegt bei dem bereits mehrfach genannten System "Bankschalter" vor.

Ein **geschlossenes Wartemodell** liegt dagegen vor, wenn weder Input von außen erfolgt noch Output an die Umwelt abgegeben wird. Beispiel für ein geschlossenes Modell: Gegeben seien n Maschinen, die aufgrund zweier verschiedener Fehlerquellen q_1 bzw. q_2 ausfallen können. Zur Behebung von q_1 steht eine Servicestelle (Kanal) K_1, zur Behebung von q_2 ein Kanal K_2 zur Verfügung. In einem "Kanal" K_0 befinden sich die Maschinen, während sie fehlerfrei arbeiten. Geschlossene Wartemodelle werden z.B. in Bolch (1989) ausführlich behandelt.

Offene und geschlossene Wartemodelle sind von großer Bedeutung bei der Analyse *flexibler Fertigungssysteme*; vgl. hierzu z.B. Kuhn (1990), Tetzlaff (1990) sowie Tempelmeier und Kuhn (1992).

Ein weiteres Unterscheidungsmerkmal ist die *Schlangendisziplin*, dh. die Art der "Auswahl" von Elementen aus der Schlange und ihr "Einschleusen" in den Kanal (bzw. die Kanäle). Es gibt zahlreiche verschiedene Ausprägungen: Neben dem FIFO- (First In - First Out -)

Prinzip, bei dem die Kunden in der Reihenfolge des Eintreffens im System abgefertigt werden, besteht die Möglichkeit, Elemente (z.B. Aufträge) mit kürzester Bedienungszeit, mit größtem Deckungsbeitrag usw. bevorzugt auszuwählen.

In der Literatur zur Warteschlangentheorie hat man zur Unterscheidung der verschiedenen möglichen Problemstellungen einen **Klassifizierungscode** a / b / c : (d / e / f) entwickelt; siehe z.B. Taha (1992, S. 554 f.). Jedes der Symbole dieses Codes steht für die möglichen Ausprägungen eines Unterscheidungsmerkmals von Wartesystemen:

a : An der ersten Stelle des 6-Tupels wird der *Ankunftsprozeß* beschrieben.
a = M bedeutet, daß die Ankünfte poissonverteilt und damit die Zwischenankunftszeiten exponentialverteilt sind. Der Ankunftsprozeß ist eine Markovkette.
a = G steht für eine beliebige Verteilung.
a = D steht für deterministische (dh. fest vorgegebene) Ankunftszeitpunkte.

b : Die zweite Stelle charakterisiert den *Abfertigungsprozeß*, wobei dieselben Eintragungen wie für a in Frage kommen.

c : Die Eintragung an der dritten Stelle beziffert die *Anzahl paralleler Kanäle.*

d : An dieser Stelle wird die gewählte *Schlangendisziplin* notiert.

e : An der fünften Stelle wird durch $e < \infty$ oder $e = \infty$ zum Ausdruck gebracht, ob und wie ggf. die *Systemkapazität* (Schlangenkapazität plus 1 Element pro Kanal) beschränkt ist oder nicht.

f : Die letzte Stelle ermöglicht eine Eintragung, aus der hervorgeht, ob der für das System relevante *Input beschränkt* ist ($f < \infty$) oder nicht ($f = \infty$).

Häufig (vor allem im Falle d = FIFO und $e = f = \infty$) beschränkt man sich darauf, lediglich die ersten drei Merkmale anzugeben. In Kap. 9.3 beispielsweise haben wir ein offenes Einkanalmodell mit Poisson-verteiltem Ankunfts- und Abfertigungsprozeß untersucht, das wir nun auch als M/M/1-System bezeichnen können.

Mit Hilfe dieser Notation kann man auf kurze und prägnante Art und Weise das einer Untersuchung zugrundeliegende Wartemodell charakterisieren und damit dem Leser einen hilfreichen Leitfaden für die Orientierung an die Hand geben; vgl. hierzu z.B. Schassberger (1973) oder Neumann (1977, S. 365 ff.).

Literatur zu Kapitel 9

Bamberg und Baur (1989);
Diruf und Schönbauer (1976);
Hillier und Lieberman (1988);
Meyer und Hansen (1985);
Schäl (1990);
Taha (1992);
Tetzlaff (1990).
Bolch (1989);
Ferschl (1973);
Kuhn (1990);
Neumann (1977);
Schassberger (1973);
Tempelmeier und Kuhn (1992);

Kapitel 10: Simulation

10.1 Einführung

Lange Zeit war die Simulation ein bedeutsames Analyseinstrument vorwiegend im technischen Bereich. Ein klassisches Beispiel hierfür ist die Simulation der aerodynamischen Eigenschaften von Flugzeugen im Windkanal. Die Verbreitung leistungsfähiger Computer zur Durchführung aufwendiger Simulationsexperimente hat dieser Technik auch im Operations Research zu großer Bedeutung verholfen. "Die *Simulation* wurde ein *experimenteller Zweig des Operations Research*" (Hillier und Lieberman (1988, S. 773)). Sie ist – neben der Netzplantechnik und der linearen Optimierung – das für die Praxis wichtigste Teilgebiet des Operations Research.

Besonders nützlich ist die Simulation in folgenden Situationen:

- Ein vollständiges mathematisches Optimierungsmodell ist nicht verfügbar bzw. nicht (mit vertretbaren Kosten) entwickelbar.
- Verfügbare analytische Methoden machen vereinfachende Annahmen erforderlich, die den Kern des eigentlich vorliegenden Problems verfälschen.
- Verfügbare analytische Methoden sind zu kompliziert bzw. mit so erheblichem Aufwand verbunden, daß ihr Einsatz nicht praktikabel erscheint.
- Es ist zu komplex oder zu kostspielig, reale Experimente (z.B. mit Prototypen) durchzuführen.
- Die Beobachtung eines realen Systems oder Prozesses ist zu gefährlich (z.B. Reaktorverhalten), zu zeitaufwendig (z.B. konjunkturelle Schwankungen) oder mit irreversiblen Konsequenzen (z.B. Konkurs eines Unternehmens) verbunden.

Die Simulation im Bereich des Operations Research dient vor allem der Analyse stochastischer Problemstellungen. Für sie ist kennzeichnend, daß mathematisch teilweise hochkomplexe Modelle entwickelt werden müssen. Im Unterschied beispielsweise zu einem linearen Optimierungsmodell, das den relevanten Sachverhalt komplett und geschlossen darstellt, beschreibt ein Simulationsmodell i.a. den Wirkungsmechanismus eines Systems durch Abbildung einzelner Komponenten und Erfassung der wechselseitigen Abhängigkeiten. Ein einfaches Warteschlangensystem an *einer* Maschine kann beispielsweise eine derartige Komponente darstellen, die ihrerseits in einen übergeordneten, komplexen Fertigungsablauf eingebettet ist.

Die Simulation dient der Vorhersage der Zustände einzelner Komponenten und des Gesamtsystems, wobei diese (End-)Zustände meist von einer Fülle von Einflußfaktoren in Form von Wahrscheinlichkeitsverteilungen (z.B. für einen Maschinenausfall) abhängen. Neben der Abbildung einzelner Komponenten und der Quantifizierung der (stochastischen) Einflußfaktoren ist es notwendig, die Zusammenhänge zwischen den Komponenten bzw. Elementen in einem Modell abzubilden. Simulation entspricht dann der Durchführung von *Stichprobenexperimenten* in einem derartigen Modell.

Im folgenden befassen wir uns zunächst in Kap. 10.2 mit grundlegenden Arten der Simulation. Anschließend beschreiben wir in Kap. 10.3 wichtige Funktionen für den stochastischen Verlauf von Inputgrößen. Kap. 10.4 ist Methoden zur Erzeugung von Zufallszahlen gewidmet. Beispiele für die Anwendung der Simulation folgen in Kap. 10.5. Wir beschließen das Kapitel mit Hinweisen auf verfügbare Simulationssprachen und einer Einführung in SIMAN.

10.2 Grundlegende Arten der Simulation

Die Anwendungsmöglichkeiten der Simulation sind äußerst vielfältig. Entsprechend differenziert ist das methodische Instrumentarium, das für Simulationszwecke entwickelt wurde.

Die Meinungen in der Literatur über eine Klassifikation von Ansätzen bzw. Arten der Simulation gehen weit auseinander; vgl. z.B. Law und Kelton (1982) sowie Watson und Blackstone (1989). Vereinfacht lassen sich die im folgenden skizzierten drei grundlegenden Arten der Simulation unterscheiden.

10.2.1 Monte Carlo-Simulation

Der Name "Monte Carlo" stammt von der Stadt Monte Carlo mit dem weltbekannten Spielkasino. Die Analogie zwischen Roulette und dem Ziehen von Stichproben per Computer stand Pate bei der Namensgebung. Im Hinblick auf diese Namensgebung sind zwei Eigenschaften des Roulette von besonderem Interesse:

- Bei einem "fairen" Spieltisch sind die Wahrscheinlichkeiten dafür, daß die Kugel bei einer bestimmten Zahl landet, a priori bekannt und für alle Zahlen gleich groß. Eine solche Spielsituation mit bekannten Wahrscheinlichkeiten läßt sich per Computer leicht nachvollziehen (simulieren).
- Die Wahrscheinlichkeit dafür, daß die Kugel bei einem Wurf auf einer bestimmten Zahl landet, ist unabhängig davon, auf welcher Zahl sie beim vorhergehenden Wurf liegengeblieben ist. Roulette ist damit ein *statisches* Spiel, bei dem der Zeitaspekt keine Rolle spielt.

Die Monte Carlo-Simulation ist also geeignet zur Analyse statischer Probleme mit bekannten Wahrscheinlichkeitsverteilungen. Vgl. z.B. die Integration von Funktionen in Kap. 10.5.1.

10.2.2 Diskrete Simulation

Die diskrete bzw. genauer *diskrete Ereignis-Simulation (discrete event simulation)* befaßt sich mit der Modellierung von *dynamischen Systemen.* Dabei wird der Zustand eines dynamischen Systems durch zeitabhängige Zustandsvariablen beschrieben. Die Zustandsvariablen ändern sich ggf. durch den Eintritt von Ereignissen an bestimmten, und zwar endlich vielen Zeitpunkten. Je nach Vorgabe bzw. Ermittlung der diskreten Zeitpunkte (mit Hilfe einer sogenannten "Simulationsuhr"), an denen sich unter Umständen Zustandsvariablen ändern, lassen sich *zwei Arten der diskreten Ereignis-Simulation* unterscheiden:

- *Periodenorientierte Zeitführung* (fixed-increment time advance): Hierbei wird die Simulationsuhrzeit jeweils um Δt Zeiteinheiten (ZE) erhöht. Δt ist dabei je nach Problemstellung geeignet zu wählen (Minute, Stunde, Tag. etc.). Nach jeder Aktualisierung der Simulationsuhrzeit wird überprüft, ob irgendwelche Ereignisse während Δt eingetreten sind, die zu einer Veränderung der Zustandsvariablen führen.

- *Ereignisorientierte Zeitführung* (next-event time advance): Nach der Initialisierung der Simulationsuhrzeit zu Null ermittelt man die Zeitpunkte, an denen zukünftige Ereignisse eintreten. Anschließend wird die Simulationsuhrzeit mit dem Zeitpunkt des Eintritts des (zeitlich) ersten Ereignisses gleichgesetzt und die zugehörige Zustandsvariable aktualisiert. Dieser Prozeß ist solange fortzusetzen, bis eine bestimmte Abbruchbedingung eintritt.

Bei der ersten Variante hängt es sehr stark von der Wahl von Δt ab, ob (im Extremfall) zahlreiche Ereignisse und damit Zustandsänderungen innerhalb Δt ZE eintreten oder ob während mehrerer Perioden "nichts passiert". Bei der zweiten Variante werden demgegenüber ereignislose Perioden übersprungen; es entfällt damit eine Rechenzeit erfordernde "Buchführung" über Perioden ohne Zustandsänderungen.

Wegen der offensichtlichen Vorzüge der zweiten Variante ist diese in allen verbreiteten Simulationssprachen implementiert; ferner wird sie i.a. auch bei der Implementierung eines Simulationsmodells in einer allgemeinen Programmiersprache verwendet.

10.2.3 Kontinuierliche Simulation

Die kontinuierliche Simulation befaßt sich mit der Modellierung und Analyse dynamischer Systeme, bei denen sich die Zustandsvariablen kontinuierlich mit der Zeit ändern. Kontinuierliche Simulationsmodelle beinhalten typischerweise eine oder mehrere Differentialgleichungen zur Abbildung des Zusammenhangs zwischen Zeitfortschritt und Änderung der Zustandsvariablen, wobei sich die Differentialgleichungen wegen ihrer Komplexität einer analytischen Behandlung entziehen. Das Verhalten von Systemen kann häufig durch *Feedback-Modelle* beschrieben werden. Positiver Feedback verstärkt das Systemverhalten, negativer schwächt es ab (Selbstregulation). In der von Forrester gegründeten "Modellierungsschule" wird das Verhalten hochkomplexer, dynamischer Systeme mit Methoden der kontinuierlichen Simulation untersucht (*industrial* bzw. *system dynamics;* vgl. hierzu z.B. Kreutzer (1986, S. 138 ff.)).

10.3 Stochastischer Verlauf von Inputgrößen

Die Simulation ist ein Analysewerkzeug vor allem für Problemstellungen, in denen Zustände bzw. Ereignisse in Abhängigkeit von Eintrittswahrscheinlichkeiten für Inputgrößen auftreten. Wir beschreiben daher im folgenden einige wichtige stochastische Verläufe von Inputgrößen und beschränken uns dabei auf *eindimensionale Zufallsvariablen*; vgl. hierzu sowie zu mehrdimensionalen Zufallsvariablen z.B. Bamberg und Baur (1989, S. 93 ff.).

10.3.1 Kontinuierliche Dichtefunktionen

Wir beschreiben die Dichtefunktionen zweier wichtiger kontinuierlicher Verteilungen, die der Gleichverteilung und die der Normalverteilung. Die Exponentialverteilung haben wir bereits in Kap. 9.2 dargestellt.

Gleichverteilung

Mit a und b $\in \mathbb{R}$ sowie a < b heißt eine Zufallsvariable X mit der Dichtefunktion

$$f_1(x) = \begin{cases} \dfrac{1}{b-a} & \text{für } a \le x \le b \\ 0 & \text{sonst} \end{cases} \tag{10.1}$$

gleichverteilt im Intervall [a,b]. Sie besitzt den Erwartungswert $\mu = (a+b)/2$ und die Varianz $\sigma^2 = (b-a)^2/12$.

Normalverteilung

Eine Zufallsvariable X mit der Dichtefunktion

$$f_2(x) = \frac{1}{\sigma\sqrt{2\pi}}\, e^{-\frac{(x-\mu)^2}{2\sigma^2}} \quad \text{für } x \in \mathbb{R} \tag{10.2}$$

heißt *normalverteilt* mit Erwartungswert $\mu \in \mathbb{R}$ und Standardabweichung $\sigma > 0$ oder $N(\mu,\sigma)$-verteilt. Die *Standardnormalverteilung* N(0,1) erhält man für die spezielle Parameterwahl $\mu = 0$ und $\sigma = 1$. $f_2(x)$ besitzt ein globales Maximum im Punkt $x = \mu$ sowie zwei Wendepunkte an den Stellen $\mu - \sigma$ und $\mu + \sigma$.

Der Zusammenhang zwischen N(0,1) und $N(\mu,\sigma)$ ergibt sich aus folgender Aussage: Ist die Zufallsvariable X gemäß $N(\mu,\sigma)$ verteilt, so ist die *standardisierte Zufallsvariable*

$$Y = (X-\mu)/\sigma$$

gemäß N(0,1) verteilt. Umgekehrt gilt demnach $X = Y \cdot \sigma + \mu$.

10.3.2 Diskrete Wahrscheinlichkeitsfunktionen

Die für die Simulation wichtigsten diskreten Verteilungen sind die Binomial- und die Poisson-Verteilung. Beide haben wir in Kap. 9.2 ausführlich dargestellt. Von besonderer Bedeutung sind sie in diesem Kapitel für die Simulation von Warteschlangensystemen; vgl. hierzu auch Kap. 10.5.4.

10.3.3 Empirische Funktionsverläufe

Die bisher skizzierten Funktionen sind durch einen mathematischen Ausdruck eindeutig zu beschreiben. In der Praxis beobachtbare Zufallsvariablen lassen sich in der Regel (wenn überhaupt) allenfalls *näherungsweise* durch eine mathematische Funktion beschreiben. Häufig jedoch liegen Beobachtungswerte vor, denen keine *theoretische* Dichte- oder Wahrscheinlichkeitsfunktion zugeordnet werden kann. Man könnte derartige *empirisch* beobachtete, stochastische Verläufe von Inputgrößen auch als *nicht-theoretische* Dichte- oder Wahrscheinlichkeitsfunktionen bezeichnen.

Wir betrachten hierzu ein Beispiel: Für die wöchentliche Nachfrage nach einem Gut wurden in der Vergangenheit die Häufigkeiten von Tab. 10.1 registriert.

Nachfragemenge	1	2	3	4	5	6
Häufigkeit ($\Sigma = 50$)	5	10	20	4	5	6
relative Häufigkeit	0.1	0.2	0.4	0.08	0.1	0.12

Tab. 10.1

Zeile eins gibt die aufgetretenen Nachfragemengen pro Woche wieder. Zeile zwei enthält die absoluten, Zeile drei die relativen Häufigkeiten der Nachfragemengen, die als Wahrscheinlichkeiten (als Wahrscheinlichkeitsfunktion) interpretiert werden können. Sie spiegeln das Verhalten der Nachfrager in einem begrenzten Beobachtungszeitraum wider und können u.U. als Basis für zufallsgesteuerte (simulative) Experimente künftigen Nachfrageverhaltens und seiner Auswirkungen z.B. auf Produktions- und Lagerhaltungsaktivitäten dienen.

10.3.4 Signifikanztests

Praktische Erfahrungen oder theoretische Überlegungen führen in der Regel zu der **Hypothese**, daß der stochastische Verlauf einer Inputgröße einem bestimmten Verteilungstyp folgt. Solche Hypothesen können auf Stichprobenbasis überprüft werden. Eine Hypothese gilt als statistisch widerlegt und wird abgelehnt bzw. verworfen, wenn das Stichprobenergebnis in *signifikantem* (deutlichem) Widerspruch zu ihr steht. Entsprechende Verfahren zur Hypothesenprüfung werden daher auch als **Signifikanztests** bezeichnet.

In der Literatur werden die verschiedensten Arten von Signifikanztests diskutiert; vgl. z.B. Bamberg und Baur (1989, S. 173 ff.) oder Law und Kelton (1982, S. 192 ff.). Mit ihrer Hilfe kann beispielsweise getestet werden, ob die Annahme, der Erwartungswert (bzw. die Standardabweichung) einer als normalverteilt unterstellten Inputgröße sei μ (bzw. σ), durch eine Stichprobe bei einem bestimmten Signifikanzniveau zu verwerfen ist oder nicht. Ferner könnte man z.B. testen, ob der in Kap. 10.3.3 wiedergegebene diskrete Nachfrageverlauf Poisson-verteilt ist oder nicht.

10.4 Erzeugung von Zufallszahlen

Bei bekanntem stochastischem Verlauf der Inputgrößen (siehe oben) ist es nun erforderlich, Methoden zu entwickeln, mit deren Hilfe man einem Verteilungstyp folgende Zufallszahlen in einem Simulationsexperiment erzeugen kann. Wir schildern zunächst grundsätzliche Möglichkeiten der Erzeugung von Zufallszahlen und beschäftigen uns anschließend mit Verfahren zur Generierung (0,1)-gleichverteilter sowie mit Methoden zur Erzeugung diskret und kontinuierlich verteilter Zufallszahlen; vgl. hierzu auch Domschke et al. (1995).

10.4.1 Grundsätzliche Möglichkeiten

Man kann Zufallszahlen durch Ziehen aus einer Urne oder mittels eines Ziehungsgerätes wie bei der Lotterie gewinnen. Derart erhaltene Zahlen bezeichnet man als echte Zufallszahlen. Für die Simulation ist diese Vorgehensweise nicht geeignet. Man arbeitet stattdessen mit unechten, sogenannten *Pseudo-Zufallszahlen*, zu deren Ermittlung grundsätzlich die folgenden Möglichkeiten bestehen:

- Zahlenfolgen werden mittels eines sogenannten *Zufallszahlen-Generators* arithmetisch ermittelt; dieser Methode bedient sich die Simulation, siehe unten;
- Ausnutzen von Unregelmäßigkeiten in der Ziffernfolge bei der Dezimaldarstellung der Zahlen e, π, $\sqrt{2}$ usw.;
- Ausnutzen der Frequenzen des natürlichen Rauschens (z.B. beim Radio).

An einen Zufallszahlen-Generator sind folgende **Anforderungen** zu stellen:

- Es soll eine gute Annäherung der Verteilung der Pseudozufallszahlen an die gewünschte Verteilungsfunktion erreicht werden.
- Die Zahlenfolgen sollen reproduzierbar sein. Diese Eigenschaft ist wichtig, wenn man z.B. Algorithmen anhand derselben zufällig erzeugten Daten vergleichen möchte.
- Die Zahlen sollen eine große *Periodenlänge* (bis zur Wiederkehr derselben Zahlenfolge) aufweisen.
- Die Generierungszeit soll kurz und der Speicherplatzbedarf gering sein.

10.4.2 Standardzufallszahlen

Wir beschreiben einen Algorithmus zur Erzeugung von im Intervall (0,1) gleichverteilten Zufallszahlen. Dabei handelt es sich um eine Variante der sogenannten *Kongruenzmethode von Lehmer*.

Kongruenzmethode von Lehmer

Voraussetzung: Parameter $a, m \in \mathbb{N}$ und $b \in \mathbb{N} \cup \{0\}$.

Start: Wähle eine beliebige Zahl $g_0 \in \mathbb{N}$.

Iteration i (= 1, 2, ...):

Bilde $g_i = (a \cdot g_{i-1} + b) \text{ modulo } m =$

$(a \cdot g_{i-1} + b) - \lfloor (a \cdot g_{i-1} + b)/m \rfloor \cdot m$;[1]

berechne die Zufallszahl $z_i := g_i / m$.

* * * * *

Die geschilderte Methode bezeichnet man als *additive*, bei Vorgabe von b = 0 als *multiplikative* Kongruenzmethode.

Bemerkung 10.1: Die Wahl der Parameter a, b und m sowie des Startwertes g_0 hat wesentlichen Einfluß darauf, ob das Verfahren die in Kap. 10.4.1 formulierten Anforderungen erfüllt. Parameter, die dies nicht gewährleisten, zeigt folgendes Beispiel: Verwenden wir $a = 3$, $b = 0$, $m = 2^4 = 16$ sowie $g_0 = 1$, so erhalten wir die Zahlenfolge $z_1 = 3/16$, $z_2 = 9/16$, $z_3 = 11/16$, $z_4 = 1/16$, $z_5 = 3/16 = z_1$ usw. und damit eine Periodenlänge von 4.

Mit der Parameterwahl in Abhängigkeit vom zu verwendenden Rechnertyp (z.B. 16 Bit-, 32 Bit-Rechner) haben sich zahlreiche Autoren beschäftigt. In Schrage (1979) z.B. ist eine FORTRAN-Implementierung der multiplikativen Kongruenzmethode für 32 Bit-Rechner wiedergegeben, die für $a = 7^5$, $m = 2^{31}-1$ und ganzzahliges g_0 mit $0 < g_0 < m$ eine Periodenlänge von m−1 besitzt, also je Zyklus jede ganze Zahl g_i von 1 bis m−1 genau einmal erzeugt. Ein FORTRAN-Code für die additive Kongruenzmethode für 16 Bit-Microcomputer ist Kao (1989) zu entnehmen.

Bemerkung 10.2: Bei sinnvoller Vorgabe der Parameter sind die g_i ganze Zahlen aus $\{1,...,m-1\}$. Die Zahl $g_i = m$ kann wegen der Modulofunktion nicht auftreten.

Bei der *additiven* Kongruenzmethode darf bei positivem b der Fall $g_i = 0$ auftreten; die Division g_i / m liefert somit gleichverteilte Zufallszahlen $z_i \in [0,1)$.

---

1 g_i ist der ganzzahlige Rest, der nach Division von $a \cdot g_{i-1} + b$ durch m verbleibt, z.B. ist $g_i = 5$ bei 29/8.

Bei der *multiplikativen* Kongruenzmethode darf $g_i = 0$ nicht erzeugt werden, weil sonst alle weiteren Zahlen ebenfalls gleich Null wären; die Division g_i / m liefert also gleichverteilte Zufallszahlen $z_i \in (0,1)$.
Bei großer Periodenlänge läßt sich eine hinreichend genaue Annäherung an die Werte 0 und 1 erzielen, so daß wir bei Anwendungen den Unterschied zwischen offenen und geschlossenen Intervallen vernachlässigen können.
Derartige Zufallszahlen werden wegen ihrer Bedeutung für die zufällige Erzeugung anderer stochastischer Inputgrößen als *Standardzufallszahlen* bezeichnet.

10.4.3 Diskret verteilte Zufallszahlen

In ökonomischen Simulationsrechnungen benötigt man oft *diskrete* Zufallszahlen, die einer **empirisch** ermittelten **Verteilung** folgen. Wir betrachten hierzu das **Beispiel** von Tab. 10.1.

Die simulierten Absatzmengen sollen in ihren Häufigkeiten den bisherigen Beobachtungen entsprechen.

Unter Verwendung von im Intervall (0,1) gleichverteilten Zufallszahlen z_i lassen sich diskret verteilte Zufallszahlen, die den relativen Häufigkeiten in Tab. 10.1 entsprechen, wie folgt ermitteln:

Man unterteilt das Intervall (0,1) entsprechend den relativen Häufigkeiten in disjunkte Abschnitte (0, 0.1), [0.1, 0.3), ... , [0.88, 1.0). Fällt eine Zufallszahl z_i in das k-te Intervall (mit $k = 1, 2, \dots, 6$), so erhält man die simulierte Absatzmenge (die diskret verteilte Zufallszahl) $x_i = k$; vgl. dazu auch Tab. 10.2.

	0	0.1	0.3	0.7	0.78	0.88	1.0
gleichverteilt z_i:	(——)	[——)	[——)	[——)	[——)	[——)	
Nachfrage x_i:	1	2	3	4	5	6	

Tab. 10.2

In Kap. 9.2 haben wir bereits die Bernoulli-, die Binomial- und die Poisson-Verteilung beschrieben und anhand von Ankunfts- und Abfertigungsprozessen für Warteschlangensysteme erläutert.

Binomial- bzw. B(n,p)-verteilte Zufallszahlen

Entsprechend (9.2) verteilte Zufallszahlen lassen sich sehr einfach dadurch erzeugen, daß man n gemäß (9.1) Bernoulli-verteilte Zufallszahlen generiert und die Ergebnisse addiert.

Poisson-verteilte Zufallszahlen

Die Poisson-Verteilung mit Parameter γ bietet eine Approximationsmöglichkeit für die Binomial- bzw. für die B(n,p)-Verteilung. Mit $\gamma = n \cdot p$ gibt (9.3) die Wahrscheinlichkeit dafür an, daß nach $n \cdot \Delta t$ ZE genau x Kunden angekommen sind. Der in Kap. 9.2 geschilderte Zusammenhang zwischen der Poisson- und der Exponentialverteilung liefert damit folgende Möglichkeit zur Erzeugung Poisson-verteilter Zufallszahlen: Wir erzeugen während des Beobachtungszeitraumes $n \cdot \Delta t$ exponentialverteilte Zufallszahlen (siehe Kap. 10.4.4) und summieren die Anzahl der zugehörigen Ankünfte, die während des Beobachtungszeitraumes Poisson-verteilt ist. [2]

10.4.4 Kontinuierlich verteilte Zufallszahlen

Ausgehend von einer Standardzufallszahl z erhalten wir eine im Intervall (a, b) **gleichverteilte Zufallszahl** x gemäß $x := a + z \cdot (b - a)$.

Beliebig kontinuierlich verteilte Zufallszahlen lassen sich im Prinzip unter Ausnutzung des folgenden Satzes erzeugen.

Satz 10.1: Z sei eine im Intervall (0,1) gleichverteilte Zufallsvariable. Ist F eine Verteilungsfunktion, für die die Umkehrfunktion F^{-1} existiert, so besitzt die Zufallsvariable $X = F^{-1}(Z)$ die Verteilungsfunktion F.

Exponentialverteilte Zufallszahlen

Die Anwendung von Satz 10.1 läßt sich hier recht einfach veranschaulichen; vgl. Kap. 9.2. Integrieren der Dichtefunktion (9.4) liefert die Verteilungsfunktion F(x) der Exponentialverteilung:

$$F(x) = 1 - e^{-\delta x}$$

Gleichsetzen der Standardzufallszahl z mit F(x) führt zu:

$$z = F(x) = -e^{-\delta x} + 1 \quad \Leftrightarrow \quad e^{-\delta x} = 1 - z$$

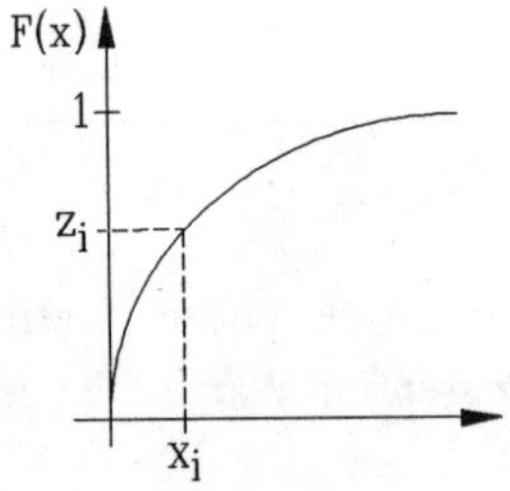

Abb. 10.1 a

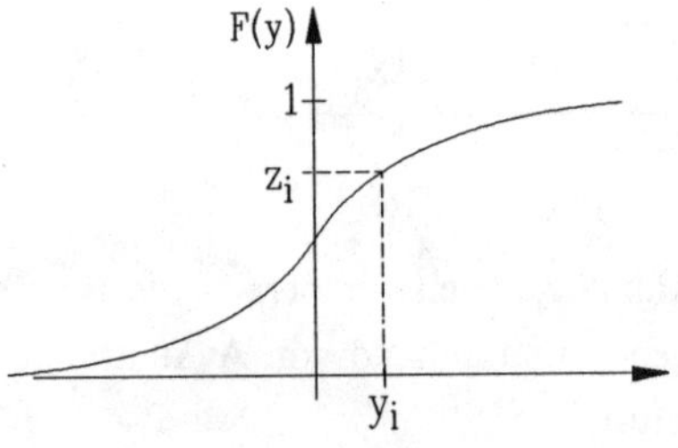

Abb. 10.1 b

Durch Logarithmieren erhält man

$$-\delta x \ln e = \ln(1-z) \quad \Leftrightarrow \quad x = -\tfrac{1}{\delta}\ln(1-z) \quad \text{oder} \quad x = -\tfrac{1}{\delta}\ln(z)$$

2 Eine Methode zur Erzeugung Poisson-verteilter Zufallszahlen, die weniger Rechenzeit benötigt als die von uns beschriebene, findet man in Ahrens und Dieter (1990).

und damit eine einfache Möglichkeit zur Erzeugung einer exponentialverteilten Zufallszahl x aus einer Standardzufallszahl z, wobei wir zur Einsparung von Rechenaufwand in der letzten Gleichung 1 – z durch z ersetzen können; siehe auch Abb. 10.1 a.

N(0,1)-verteilte Zufallszahlen

In Abb. 10.1 b ist die Verteilungsfunktion einer N(0,1)-verteilten Zufallszahl skizziert. Trägt man eine im Intervall (0,1) gleichverteilte Zufallszahl z_i auf der Ordinate ab, so läßt sich die daraus ableitbare N(0,1)-verteilte Zufallszahl y_i auf der Abszisse ablesen.

Die Berechnung normalverteilter Zufallszahlen anhand von Satz 10.1 stößt jedoch auf Schwierigkeiten, weil weder die Verteilungsfunktion F noch deren Inverse durch einen geschlossenen Ausdruck angebbar sind; vgl. z.B. Bamberg und Baur (1989, S. 108 ff.). In Statistikbüchern findet man jedoch beide Funktionen tabelliert. Unter Verwendung dieser Tabellen erhält man, ausgehend von gleichverteilten Zufallszahlen z_i, beispielsweise die in Tab. 10.3 angegebenen N(0,1)-verteilten Zufallszahlen y_i.

z_i	0.01	0.05	0.1	0.25	0.5	0.75	0.9	0.95	0.99
y_i	−2.33	−1.65	−1.29	−0.67	0	0.67	1.29	1.65	2.33

Tab. 10.3

Eine *Alternative* zu obiger Vorgehensweise zur *Erzeugung N(0,1)-verteilter Zufallszahlen* ist die folgende:[3]

a) Erzeuge 12 im Intervall (0,1) gleichverteilte Zufallszahlen $z_1,\dots,z_{12}$.

b) Berechne $y_i := (\sum_{j=1}^{12} z_j) - 6$.

Die Zahlen y_i sind aufgrund des zentralen Grenzwertsatzes der Statistik[4] näherungsweise normalverteilt mit dem Erwartungswert $\mu = 0$ und der Standardabweichung $\sigma = 1$.

Es gilt ferner: Berechnet man unter Verwendung von beliebigen Konstanten μ und σ sowie mittels der y_i aus b) Zufallszahlen $x_i := \sigma \cdot y_i + \mu$, so sind diese x_i normalverteilt mit dem Erwartungswert μ und der Standardabweichung σ (vgl. auch Kap. 10.3.1).

10.5 Anwendungen der Simulation

Als Anwendungsbeispiele von Simulationsmethoden erläutern wir die numerische Integration von Funktionen, die Auswertung stochastischer Netzpläne, ein Modell aus der Lagerhaltungstheorie (Beispiele für Monte Carlo-Simulation) und die Simulation eines Warteschlangenmodells (Beispiel für diskrete Simulation); vgl. zu weiteren Anwendungen z.B. Hummeltenberg und Preßmar (1989), Stähly (1989) sowie Watson und Blackstone (1989).

---

3 Eine effizientere und gleichzeitig präzisere Methode findet man in Ahrens und Dieter (1989).

4 Vgl. z.B. Kohlas (1977, S. 161) oder Lehn und Wegmann (1985, S. 89).

10.5.1 Numerische Integration

Wir betrachten ein sehr einfaches Problem der Integration einer Funktion nach *einer* Variablen. Praktische Verwendung findet die Simulation v.a. bei der gleichzeitigen Integration von Funktionen nach *zahlreichen* Variablen.

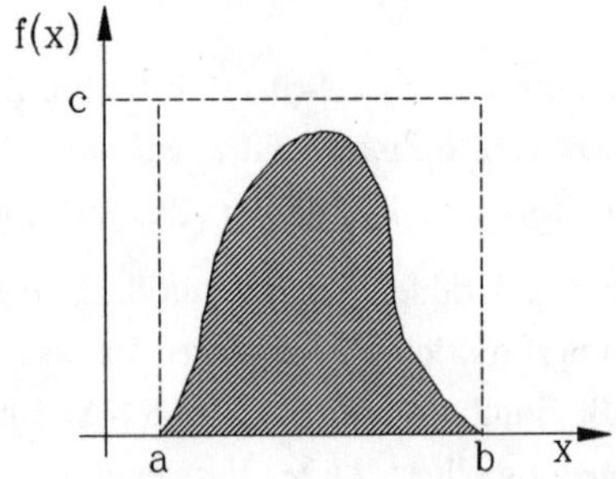

Abb. 10.2

Zu bestimmen sei das Integral $\int_a^b f(x)\,dx$ einer Funktion f(x); siehe Abb. 10.2. Mit c sei eine obere Schranke für den Maximalwert der Funktion im Intervall [a,b] bekannt. Dann läßt sich der gesuchte Flächeninhalt näherungsweise wie folgt ermitteln:

Ausgehend von einer in (0,1) gleichverteilten Zufallszahl y ist $y' := a + (b-a)\cdot y$ in (a,b) gleichverteilt. Wir bestimmen den Funktionswert $t = f(y')$. Danach ermitteln wir in (0,1) bzw. (0,c) gleichverteilte Zufallszahlen z bzw. $z' := z \cdot c$. Ist $z' \leq t$, so haben wir einen Punkt unterhalb oder auf f(x) gefunden, ansonsten handelt es sich um einen Punkt oberhalb von f(x). Auf diese Weise läßt sich durch hinreichend viele Iterationen näherungsweise das Verhältnis des gesuchten Flächeninhaltes zu dem des Rechteckes mit den Seitenlängen $b-a$ und c ermitteln.

Integration von f(x)

Voraussetzung: Eine Methode zur Erzeugung (0,1)-gleichverteilter Zufallszahlen y_i und z_i.

Start: Setze den Zähler $j := 0$.

Iteration i (= 1, 2, ...): Bestimme y_i sowie z_i und berechne $t := f(a + (b-a)\cdot y_i)$;

falls $z_i \cdot c \leq t$, setze $j := j + 1$.

Ergebnis: Nach hinreichend[5] vielen Iterationen erhält man durch Gleichsetzen von $\frac{j}{i} = \frac{F}{(b-a)\cdot c}$ die gesuchte Fläche $F = j \cdot c \cdot (b-a)/i$ als Näherung für das Integral.

* * * * *

5 Methoden zur Bestimmung eines geeigneten Stichprobenumfanges findet man z.B. in Neumann (1977, S. 354 ff.); dort wird ebenfalls erläutert, wie man bei umfangreichen Simulationsstudien den Rechenaufwand ohne Einbußen an Aussagegenauigkeit durch varianzreduzierende Methoden verringern kann.

10.5.2 Auswertung stochastischer Netzpläne

Wir wollen zunächst einen Netzplan mit deterministischer Vorgangsfolge und *stochastischen Vorgangsdauern* (vgl. auch Kap. 5.1) und anschließend einen *nicht-ablaufdeterministischen Netzplan* betrachten.

10.5.2.1 Netzpläne mit stochastischen Vorgangsdauern

Einen Netzplan mit stochastischen Vorgangsdauern *auszuwerten* heißt vor allem, die minimale Projektdauer (im stochastischen Fall richtiger: die Dichte- oder Verteilungsfunktion der Projektdauer) zu ermitteln.

Netzpläne mit stetig (aber auch mit diskret) verteilten Vorgangsdauern sind analytisch i.a. sehr schwer oder gar nicht auswertbar.

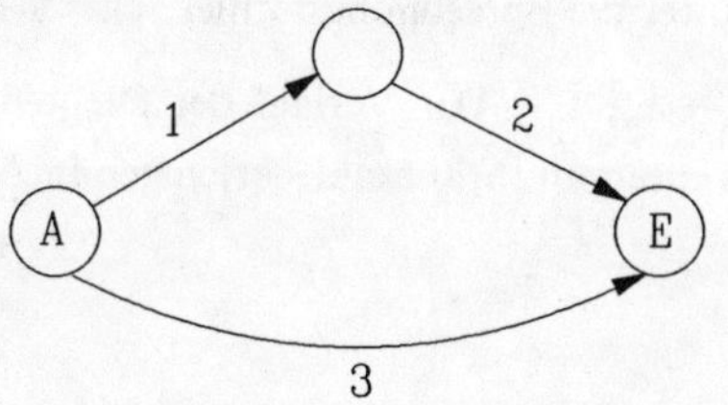

Abb. 10.3

Beispiel 1: Wir betrachten den Vorgangspfeilnetzplan in Abb. 10.3. Die Dauern t_1, t_2 und t_3 der Vorgänge 1, 2 und 3 mögen jeweils diskrete Zufallszahlen aus der Menge $\{1,2,...,6\}$ sein. Jede dieser möglichen Zeiten sei mit 1/6 gleich wahrscheinlich. $t_A = 0$ sei der Projektbeginn; gesucht sei die Wahrscheinlichkeitsfunktion für das zufallsabhängige Projektende t_E.

Ausgehend von (0,1)-gleichverteilten Zufallszahlen z_i, erzeugen wir wiederholt diskret mit Wahrscheinlichkeit 1/6 verteilte (Pseudo-) Zufallszahlen für t_1, t_2 sowie t_3 und berechnen $t_E := \max\{t_1 + t_2, t_3\}$. Die exakte Wahrscheinlichkeitsfunktion $f(t_1 + t_2)$ ist:

t_1+t_2	2	3	4	5	6	7	8	9	10	11	12
$f(t_1+t_2)$	$\frac{1}{36}$	$\frac{2}{36}$	$\frac{3}{36}$	$\frac{4}{36}$	$\frac{5}{36}$	$\frac{6}{36}$	$\frac{5}{36}$	$\frac{4}{36}$	$\frac{3}{36}$	$\frac{2}{36}$	$\frac{1}{36}$

Mit Simulation erhielten wir bei einem Testlauf nach 200 Iterationen die folgenden Wahrscheinlichkeitsfunktionen $f(t_1+t_2)$ und $f(t_E)$:

t_1+t_2	2	3	4	5	6	7	8	9	10	11	12
$f(t_1+t_2)$	0.025	0.040	0.065	0.095	0.140	0.210	0.135	0.105	0.085	0.060	0.040
$f(t_E)$	0.015	0.030	0.060	0.095	0.165	0.210	0.135	0.105	0.085	0.060	0.040

Wegen der Maximumbildung gibt es bei den Dauern im Bereich 2 bis 6 ZE bei $f(t_E)$ gegenüber $f(t_1 + t_2)$ eine Verschiebung hin zu höheren Werten: Die Dauer $t_E = 1$ kann nicht auftreten. Im Bereich 2 bis 6 wird t_E zwar häufiger durch $t_1 + t_2$ bestimmt als durch t_3; in einigen Fällen ist jedoch t_3 größer als $t_1 + t_2$ mit der Folge einer "Verschiebung" bei t_E.

Beispiel 2: Wir betrachten erneut den Netzplan in Abb. 10.3. Für die Dauern der Vorgänge möge nun gelten:

t_1 ist gleichverteilt im Intervall [1,3];
t_2 ist gleichverteilt im Intervall [3,5];
t_3 ist gleichverteilt im Intervall [3,6].

$t_A = 0$ sei der Projektbeginn; gesucht sei die Dichtefunktion für das zufallsabhängige Projektende t_E.

Ausgehend von (0,1)-gleichverteilten Zufallszahlen z_i, erzeugen wir wiederholt in den vorgegebenen Intervallen gleichverteilte Zufallszahlen x_i für t_1, t_2 und t_3. Für eine im Intervall (a,b) gleichverteilte Zahl x_i lautet die Berechnungsformel $x_i := a + z_i \cdot (b-a)$.

Wir berechnen $t_E := \max \{t_1 + t_2, t_3\}$. Der Verlauf der Dichtefunktion $f(t_E)$ entspricht im Intervall [4,6] in etwa und im Intervall [6,8] exakt derjenigen in Abb. 10.4.

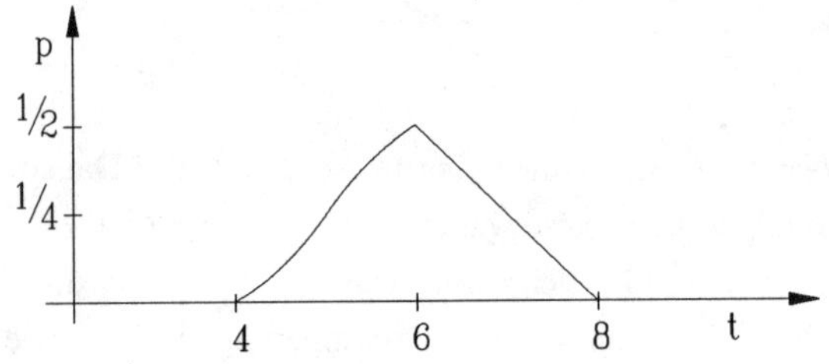

Abb. 10.4

10.5.2.2 Entscheidungsnetzpläne

Wir skizzieren nunmehr eine Problemstellung aus der Kategorie der sogenannten **Entscheidungs- oder GERT-Netzpläne.**[6] Hierbei sind nicht nur stochastische Vorgangsdauern, sondern auch stochastische Vorgangsfolgen möglich.

Wir betrachten das sehr einfach strukturierte Beispiel von Abb. 10.5 aus dem Bereich der industriellen Fertigung. Die Pfeile des Graphen entsprechen Vorgängen, die Knoten sind Entscheidungsknoten mit *Oder-Eingang*, dh. das mit einem Knoten verbundene Ereignis tritt ein, wenn *mindestens einer* der im Knoten einmündenden Vorgänge beendet ist. Vorgangsdauern sind deterministisch (t_{hi}) oder stochastisch (T_{hi}). Knotenausgänge (Vorgänge) werden nur mit gewissen Wahrscheinlichkeiten realisiert.

Abb. 10.5 spiegelt folgenden Sachverhalt wider: Bei der Herstellung eines Produktes (Dauer t_{12}) stellt man im Rahmen einer anschließenden Qualitätsprüfung (1. Inspektion) in 80% der Fälle fest, daß keine Mängel vorliegen. 20% sind mangelhaft, wobei die Prüfung mangelhafter

6 GERT steht für Graphical Evaluation and Review Technique; vgl. hierzu z.B. Neumann (1975 b, S. 320 ff.) und (1990).

Produkte (T_{23}) im allgemeinen weniger lange dauern wird als die fehlerfreier (T_{26}). Im Anschluß an die Nachbearbeitung mangelhafter Produkte (t_{34}) wird eine 2. Inspektion durchgeführt mit dem Ergebnis, daß 50% der nachbearbeiteten Produkte fehlerhaft/fehlerfrei (T_{45}/T_{46}) sind. Nur fehlerfreie Produkte werden an Kunden ausgeliefert, fehlerhafte sind Ausschuß.

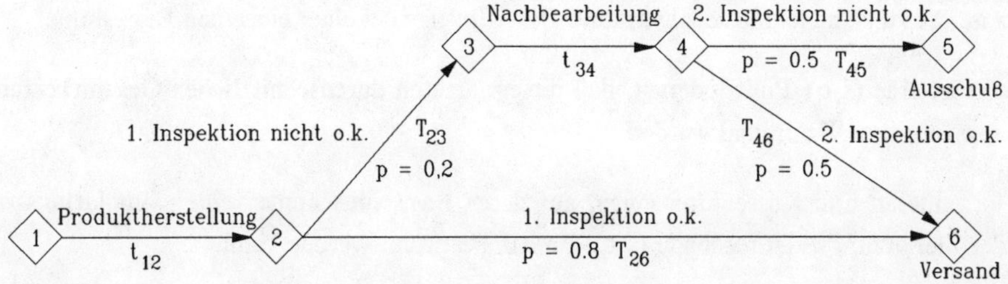

Abb. 10.5

Während die analytische Behandlung derartiger Entscheidungsnetzpläne in der Regel äußerst schwierig ist, lassen sich mittels Simulation z.B. die folgenden Fragen vergleichsweise einfach beantworten:

- Wie groß ist die erwartete Anzahl fehlerfreier bzw. mangelhafter Produkte?
- Wie lange dauert durchschnittlich die Bearbeitung eines Ausschußteils bzw. eines versandfertigen Teils?

10.5.3 Analyse eines stochastischen Lagerhaltungsproblems

Lagerhaltungsprobleme sind i.a. dadurch gekennzeichnet, daß Nachfrage und/oder Lieferzeiten stochastisch sind. Wir wollen im folgenden nicht näher auf verschiedene Möglichkeiten der Modellierung von Lagerhaltungsproblemen eingehen (vgl. hierzu z.B. Schneeweiß (1981) oder Bartmann und Beckmann (1989)), sondern uns ausschließlich mit einem speziellen Lagerhaltungsproblem bei *stochastischer Nachfrage* und *deterministischer Lieferzeit* befassen.

Im einzelnen gehen wir von folgenden *Annahmen* aus:

- Bis zum *Planungshorizont* T (z.B. 1 Jahr) treten Nachfragen nach einem Produkt jeweils zu Beginn von Perioden $t = 1,2,...,T$ auf.
- Die *Nachfrage* ist zufallsabhängig. Mit μ bezeichnen wir den Erwartungswert der Nachfrage in T.
- τ ist die deterministisch bekannte *Lieferzeit* (ganzzahliges Vielfaches einer Periode). Bestellungen sind nur zu Periodenbeginn möglich.
- Mit d_τ bezeichnen wir die zufallsabhängige Nachfrage während der Lieferzeit τ. Ihre Wahrscheinlichkeitsfunktion sei $f(d_\tau)$. Der Erwartungswert der Nachfrage während der Lieferzeit sei μ_τ.

- c_h sind die *Lagerungskosten* pro ME im gesamten Planungszeitraum T. c_f sind die *Fehlmengenkosten* pro nicht lieferbarer ME. Mit c_b bezeichnen wir die fixen (mengenunabhängigen) *Kosten pro Bestellung.*
- s ist der zu ermittelnde zeitinvariante *Meldebestand.* Unterschreitet der Lagerbestand den Meldebestand s, so wird eine Bestellung ausgelöst.
- q ist die zu ermittelnde zeitinvariante *Bestellmenge* bei einer einzelnen Bestellung.

Gesucht ist eine **(s,q)-Politik** derart, daß die erwarteten durchschnittlichen Gesamtkosten im Planungszeitraum T minimal werden.

Wir formulieren nun Kostenfunktionen, auf deren Basis im Rahmen einer Simulationsstudie eine der Zielsetzung entsprechende (s,q)-Politik bestimmt werden kann.

Die **durchschnittlichen Bestellkosten** $\bar{C}_b$ im Planungszeitraum ergeben sich mit μ/q als durchschnittlicher Anzahl an Bestellungen aus

$$\bar{C}_b(q) := \frac{\mu}{q} c_b .$$

Die **durchschnittlichen Lagerungskosten** $\bar{C}_h$ im Planungszeitraum entsprechen:

$$\bar{C}_h(s,q) := \left[\frac{q}{2} + s - \mu_\tau\right] c_h$$

$s - \mu_\tau$ ist der Lagerbestand zum Zeitpunkt des Eintreffens einer Lieferung. $q/2 + s - \mu_\tau$ ist der durchschnittliche Lagerbestand während des gesamten Planungszeitraums.

Die nachfrageabhängige, zu erwartende Fehlmenge während der Lieferzeit τ ist:

$$\mu_s := \sum_{d_\tau = s}^{\infty} (d_\tau - s)\, f(d_\tau)$$

Damit ergeben sich die **durchschnittlichen Fehlmengenkosten** $\bar{C}_f$ im Planungszeitraum zu:

$$\bar{C}_f(s,q) : \frac{\mu}{q} \cdot \mu_s \cdot c_f = \frac{\mu}{q} \cdot c_f \cdot \sum_{d_\tau = s}^{\infty} (d_\tau - s)\, f(d_\tau)$$

Die **durchschnittlichen Gesamtkosten** im Planungszeitraum sind damit

$$\bar{C}(s,q) := \bar{C}_b + \bar{C}_h + \bar{C}_f .$$

Die Gesamtkosten $\bar{C}$ können wir mittels **Simulation** in Anlehnung an Meyer und Hansen (1985, S. 217 ff.) sehr einfach folgendermaßen näherungsweise minimieren: Wir geben (s,q), dh. einen Punkt im $\mathbb{R}^2$, willkürlich vor oder schätzen ihn geeignet, erzeugen die zufallsabhängige Nachfrage während der Lieferzeit und berechnen die zugehörigen Gesamtkosten. Anschließend verändern wir (s,q), indem wir aus acht möglichen *Suchrichtungen* 0°, 45°, 90°,..., 315° diejenige auswählen, entlang der die Gesamtkosten am stärksten fallen. Entlang dieser Suchrichtung gelangen wir bis zu einem lokalen Minimum, von dem aus wir erneut die sieben restlichen Suchrichtungen überprüfen usw.[7] Das Verfahren bricht mit einer lokal optimalen (s*, q*)-Politik ab, sobald die Gesamtkosten bei einer möglichen Veränderung in jeder zulässigen Richtung ansteigen.

10.5.4 Simulation von Warteschlangensystemen

Nach den bisherigen Ausführungen dürfte unmittelbar klar sein, wie sich Warteschlangensysteme simulativ analysieren lassen. Wir beschränken uns daher an dieser Stelle auf einige Hinweise zum Einkanalwarteschlangenmodell M/M/1 mit Poisson-verteiltem Ankunfts- bzw. Abfertigungsprozeß von Kunden mit Ankunftsrate λ und Abfertigungsrate μ. Ausführungen zur Simulation weiterer Warteschlangenmodelle findet man z.B. in Stahlknecht (1970, S. 260 ff.) sowie Krampe et al. (1973, S. 163 ff.).

Wir generieren mit Parameter λ bzw. μ exponentialverteilte Zwischenankunfts- bzw. -abfertigungszeiten von Kunden und bekommen damit durch Aufsummieren der Anzahl angekommener bzw. abgefertigter Kunden beispielsweise die Kennziffer "mittlere Anzahl an Kunden im System". Auch die anderen in Kap. 9.3.3 genannten Kennziffern lassen sich als statistische Größen durch Protokollieren der relevanten Ereignisse des simulierten dynamischen Ankunfts- und Abfertigungsprozesses bestimmen. Zu einer Realisation eines Warteschlangenmodells in SIMAN vgl. Kap. 10.6.2.

10.6 Simulationssprachen

10.6.1 Einführung und Überblick

Die obigen Beispiele enthalten zahlreiche *Elemente*, die häufig in *Simulationsprogrammen* benötigt werden. Beispiele hierfür sind:

- Erzeugung von Standardzufallszahlen
- Erzeugung von Zufallszahlen entsprechend einer vorgegebenen Dichte- oder Wahrscheinlichkeitsfunktion
- Überwachung des zeitlichen Ablaufs der Simulation mit Hilfe der Simulationsuhr
- Sammlung, Analyse und statistische Auswertung relevanter Daten/Ergebnisse
- Aufbereitung und Präsentation von Ergebnissen

Zur effizienten Implementierung komplexer Simulationsprogramme sind spezielle (special purpose) Programmiersprachen, sogenannte *Simulationssprachen*, entwickelt worden. Im ökonomischen Bereich sind sie bevorzugt konzipiert zur diskreten Simulation (vgl. Kap.

[7] Suchrichtung 0° bedeutet, s monoton zu erhöhen bei Konstanz von q. Suchrichtung 45° heißt, s und q prozentual in gleichem Maße zu erhöhen. Suchrichtung 135° bedeutet, s prozentual zu senken und gleichzeitig q in gleichem Maße zu erhöhen.

10.2.2) dynamischer Problemstellungen mit stochastischen Inputgrößen. Zur Codierung typischer Aufgaben bzw. Elemente, wie sie beispielsweise oben aufgelistet sind, enthalten sie eigene Sprachelemente (Makrobefehle), die in allgemeinen (general purpose) Programmiersprachen wie FORTRAN oder PASCAL nur recht aufwendig und umständlich in Form eigener Routinen darstellbar sind. Umgekehrt können jedoch je nach Sprachtyp bzw. "Verträglichkeit" auch FORTRAN- oder C-Unterprogramme in Programme spezieller Simulationssprachen eingefügt werden.

Simulationssprachen unterscheiden sich voneinander hinsichtlich ihrer Problemorientierung und ihres Sprachkonzeptes. Eine Ausrichtung auf spezielle Probleme impliziert ein starres Sprachkonzept. Ein flexibles Sprachkonzept hingegen erlaubt auch die Programmierung verschiedenster Simulationsprobleme. Der Vorteil einer fehlenden bzw. speziellen Problemorientierung liegt in einem flexiblen Sprachkonzept und damit einer vergleichsweise universellen Eignung bzw. in einer einfachen und effizienten Programmierbarkeit.

Wir geben nun eine stichwortartige **Charakterisierung** einiger der wichtigsten **Simulationssprachen**; detaillierte Ausführungen findet man beispielsweise in Law und Kelton (1982, S. 114 ff.), Kreutzer (1986, S. 85 ff.) sowie Watson und Blackstone (1989, S. 196 ff.).

- **GASP** (**G**eneral **A**ctivity **S**imulation **P**rograms): Ursprünglich als ereignisorientierte[8] Simulationssprache konzipiert; spätere Versionen (GASP IV) zur kombinierten diskreten und kontinuierlichen Simulation geeignet; basiert auf FORTRAN.

- **GPSS** (**G**eneral **P**urpose **S**imulation **S**ystem): Eine der bekanntesten Simulationssprachen mit spezieller Problemorientierung, konzipiert primär zur Simulation komplexer Warteschlangensysteme.

- **SIMAN** (**SIM**ulation **AN**alysis language): Ähnlich wie GPSS primär zur Simulation komplexer Warteschlangensysteme konzipiert (siehe Kap. 10.6.2); basiert auf FORTRAN; zur diskreten und kontinuierlichen Simulation geeignet.

- **SIMSCRIPT**: Sehr allgemeine und mächtige Programmiersprache zur Implementierung zahlreicher Simulationsprogramme; basiert auf Entities (Objekten), Attributen (Eigenschaften) von Entities und Sets (Gruppen) von Entities.

- **SIMULA** (**SIMU**lation **LA**nguage): Weniger stark problemorientiert, dafür aber wesentlich flexibler als beispielsweise GPSS; basiert auf ALGOL.

- **SLAM** (**S**imulation **La**nguage **A**lternative **M**odelling): Nachfolgesprache von GASP; vgl. hierzu insbesondere Witte et al. (1994).

Simulationssprachen versetzen den Benutzer in die Lage, Simulationsmodelle ohne detaillierte Programmierkenntnisse schneller und effizienter zu implementieren als mit allgemeinen

8 Wesentliche Bausteine ereignisorientierter Simulationssprachen sind Befehle zur Generierung, Verarbeitung und "Vernichtung" von Ereignissen.

Programmiersprachen. Ferner lassen sich Programme von Simulationsmodellen, die in einer speziellen Simulationssprache geschrieben sind, vergleichsweise einfach ändern.

10.6.2 Ein kleiner Einblick in SIMAN

Wie im Überblick erwähnt, ist SIMAN insbesondere zur Simulation komplexer Warteschlangensysteme (z.B. zur Simulation flexibler Fertigungssysteme; vgl. dazu etwa Tempelmeier und Kuhn (1992)) geeignet. Wir wollen daher wichtige Bestandteile dieser Sprache anhand des folgenden einfachen *Beispiels* beschreiben:

In einer Mensa treffen während der Essenszeit Gäste mit exponentialverteilten Zwischenankunftszeiten (mit dem Parameter $\delta = 0.8$) ein. Sie reihen sich in eine Warteschlange mit unbegrenzter Kapazität vor der Essensausgabe (= Kanal) ein. Die Kunden werden nach dem FIFO-Prinzip bedient. Die Dauer der Bedienung eines Gastes ist ebenfalls exponentialverteilt mit $\delta = 0.7$.

Gesucht sind durchschnittliche Warte- und Verweilzeit eines Gastes und die durchschnittliche Schlangenlänge.

Im Hinblick auf unser Beispiel sollte eine Simulationssprache (komfortable) Möglichkeiten zur Modellierung folgender Komponenten haben: Gäste kommen an, reihen sich in die Warteschlange ein, werden bedient und verlassen die Mensa.

Eine mögliche formale Abbildung (in SIMAN **Modellstruktur** genannt) des oben beschriebenen *Wartesystems* sieht in SIMAN folgendermaßen aus:[9]

```
BEGIN;                                                               ZEILENNUMMER
ANKUNFT    CREATE:EX(1,6):MARK(1);       MENSAGÄSTE KOMMEN AN                 M10
WARTEN     QUEUE,1;                      WARTEN IN SCHLANGE "1"               M20
BELEGEN    SEIZE:AUSGABE;                (ESSENS-) AUSGABE BELEGEN            M30
           TALLY:1,INT(1);               WARTEZEIT ERFASSEN                   M40
           DELAY:EX(2,8);                ESSEN PORTIONIEREN UND AUSGEBEN      M50
           TALLY:2,INT(1);               DURCHLAUFZEIT ERFASSEN               M60
FREIGABE   RELEASE:AUSGABE:DISPOSE;      GAST "ABGEFERTIGT"                   M70
END;
```

Die zugehörigen *Daten, Versuchsbedingungen etc.* werden in folgender Datei abgelegt, die in SIMAN als **experimenteller Rahmen** bezeichnet wird:

```
BEGIN;                                                               ZEILENNUMMER
PROJECT,MENSA,DOMSCHKE/DREXL,06/30/1991;                                      E10
DISCRETE,100,2,1;                                                             E20
RESOURCES:1,AUSGABE,1;                                                        E30
```

[9] Die Zeilennummern am rechten Rand erleichtern die unten folgenden erläuternden Hinweise.

```
PARAMETERS:1,0.8:
           2,0.7;                                        E40
TALLIES:   1,WARTEZEIT,1:
           2,VERWEILZEIT,2;                              E50
DSTAT: 1,NQ(1),WARTESCHLANGE,3;                          E60
REPLICATE,1000;                                          E70
END;
```

Aus dem Beispiel geht hervor, daß SIMAN strikt zwischen Modellstruktur und experimentellem Rahmen trennt. Dadurch werden Analysen durch alleinige Variation der Daten im experimentellen Rahmen erleichtert.

Die Modellstruktur enthält zur Abbildung der oben genannten Komponenten Makrobefehle (in SIMAN als **Blöcke** bezeichnet). Im experimentellen Rahmen werden die erforderlichen Daten etc. (in SIMAN als **Elemente** bezeichnet) abgelegt.

Wir erläutern zunächst die Elemente des experimentellen Rahmens für unser Beispiel:[10]

- E10 definiert das Projekt.
- E20 legt fest, daß gleichzeitig höchstens 100 Gäste im System sind, daß jeder Gast 2 Attribute hat und 1 Warteschlange vorzusehen ist.
- E30 definiert Kanal 1 mit dem Namen AUSGABE und der Kapazität 1.
- E40 enthält zwei Parametergruppen für Wahrscheinlichkeitsverteilungen.
- E50 definiert die Variablen 1 mit dem Namen WARTEZEIT bzw. 2 mit dem Namen VERWEILZEIT; sie werden modellintern statistisch erfaßt und in die Dateien OUTPUT.1 bzw. OUTPUT.2 eingetragen.
- E60 sorgt durch NQ(1) dafür, daß die Veränderungen der Warteschlange 1 mit dem Namen WARTESCHLANGE in der Datei OUTPUT.3 statistisch erfaßt werden.
- E70 bestimmt, daß der Simulationslauf spätestens nach 1000 ZE abgebrochen wird.

Die Modellstruktur unseres Beispiels enthält folgende Blöcke:

- Der Block CREATE mit dem Namen ANKUNFT "erzeugt" die in der Mensa eintreffenden Gäste. EX(1,6) drückt aus, daß die Zwischenankunftszeiten exponentialverteilt sind, wobei durch den Zufallszahlengenerator mit der Nummer 6 unter Verwendung von $\delta = 0.8$ aus Parametergruppe 1 von E40 die entsprechende Zwischenankunftszeit erzeugt wird. MARK(1) sorgt dafür, daß im ersten Attribut jedes Gastes die aktuelle Simulationszeit (Ankunftszeit) gespeichert wird.
- Im Block QUEUE wird festgelegt, daß ankommende Gäste in Warteschlange 1 eingereiht werden.

---

10 Jeder Block bzw. jedes Element wird durch ein Semikolon abgeschlossen; nach dem Semikolon kann ein (erläuternder) Kommentar folgen. Modellstruktur und experimenteller Rahmen müssen mit einer BEGIN–Anweisung anfangen und mit einer END–Anweisung enden. Die ersten 9 Spalten der Modellstruktur entsprechen einem Identifikationsfeld (Label); in Spalte 10 beginnt der eigentliche Text eines Blockes.

- Der Block BELEGEN führt in M30 dazu, daß jeweils der am längsten wartende Gast (am Schlangenkopf, vgl. Kap. 3.1.2) bedient wird; ohne Spezifikation gilt FIFO. In M40 wird über INT(1) symbolisiert, daß die Differenz aus aktueller Simulationszeit und Ankunftszeit (= Wartezeit des Gastes) errechnet und in der in E50 definierten Variablen 1 (WARTEZEIT) statistisch erfaßt wird. M50 erzeugt exponentialverteilte Bedienungsdauern mit dem Generator 8 unter Verwendung von Parameter δ aus Gruppe 2 von E40. In M60 wird analog zu M40 die VERWEILZEIT erfaßt.
- In M70 wird die Belegung der Essensausgabe aufgehoben und der Gast aus dem System entfernt.

Wenn wir die Modellstruktur und den experimentellen Rahmen für unser Beispiel, wie oben angegeben, editiert haben, befinden wir uns bezüglich der in Abb. 10.6 dargestellten Übersicht über die Software-Organisation von SIMAN in den Input-Dateien links oben und unten. Mit Hilfe der Prozessoren MODEL und EXPMT werden die Inputs übersetzt und anschließend mit Hilfe des LINKER-Prozessors zu einem ausführbaren Programm gebunden. Der Run-Prozessor namens SIMAN bringt das Programm zur Ausführung, er führt das Simulationsexperiment durch. Standardberichte werden automatisch erzeugt, zusätzliche Ergebnisanalysen können mit dem OUTPT-Prozessor durchgeführt werden.

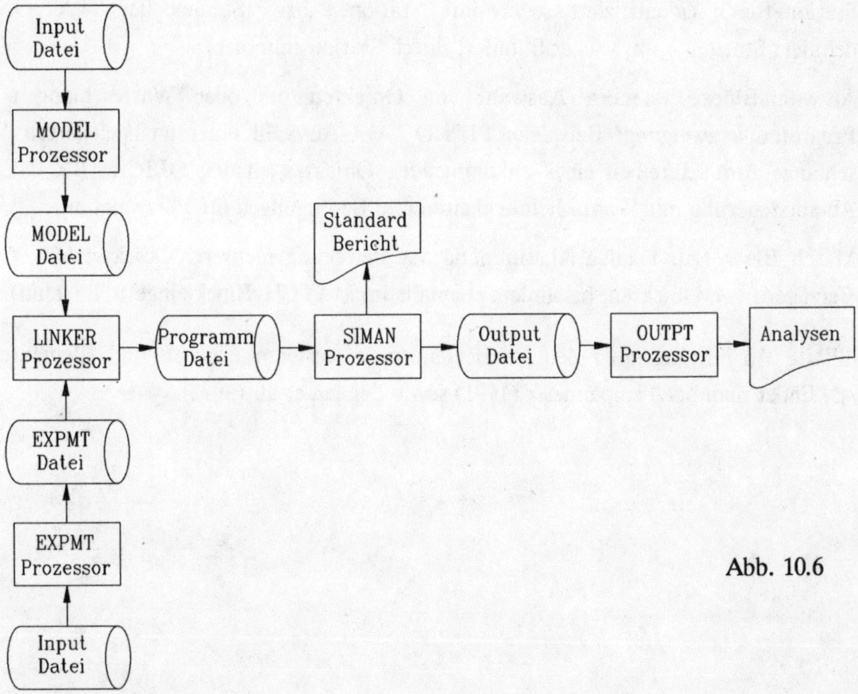

Abb. 10.6

Die Aufteilung des Gesamtkomplexes aller im Rahmen der "Simulation mit SIMAN" auszuführenden Programmschritte auf fünf individuelle Prozessoren führt zu einem stark reduzierten Speicherplatzbedarf. Zur "Kommunikation" bzw. Interaktion zwischen den Prozessoren dienen die vier (unabhängig voneinander) zu erzeugenden und zu speichernden (Programm-) Dateien.

Übersetzen, Linken und Ausführen der obigen SIMAN-Programme liefert für unser Beispiel u.a. folgende *Ergebnisse:* Die mittlere Wartezeit beträgt 7.8 ZE, die mittlere Verweilzeit 8.5 ZE. Im Durchschnitt warten in der Schlange 10 Gäste auf die Essensausgabe.

Über die oben verwendeten Blöcke hinaus stellt SIMAN zahlreiche weitere zur Verfügung. Sie lassen sich folgenden *Typen von Blöcken* zuordnen:

- Operations-Blöcke (zur Modellierung von Objekten bzw. Transaktionen sowie zugehörigen Attributen; Beispiel: CREATE $\Rightarrow$ Erzeugen von Objekten)
- Transfer-Blöcke (steuern den Weg von Objekten; Beispiel: ROUTE $\Rightarrow$ Transfer ohne Benutzung eines Materialflußsystems)
- Hold-Blöcke (bewirken Belegen, Verzögern etc. von Objekten; Beispiel: SEIZE $\Rightarrow$ belegen einer Bedienungseinrichtung)
- Warteschlangen-Block (erzeugt Warteschlange, muß jedem Hold-Block vorangehen; QUEUE $\Rightarrow$ Warteschlange wird generiert)
- Station-Block (identifiziert sogenannte Stationen bzw. Submodelle; STATION $\Rightarrow$ definiert Station = physischer Standort durch Stationsnummer)
- Auswahl-Blöcke (steuern Auswahl von Objekten und/oder Warteschlangen sowie Programmverzweigung; Beispiele: PICKQ $\Rightarrow$ Auswahl einer nachgelagerten Warteschlange zum Einreihen eines ankommenden Objektes, analog QPICK, BRANCH $\Rightarrow$ Ablaufsteuerung mit Wahrscheinlichkeiten und Bedingungen für Verzweigung)
- Match-Block (zur lokalen Abstimmung der Bewegung mehrerer Objekte; MATCH $\Rightarrow$ Verzögern von Objekten, bis andere ebenfalls im MATCH-Block eingetroffen sind)

Detaillierte Ausführungen zu den skizzierten sowie weiteren Blöcken und Elementen von SIMAN findet man bei Tempelmeier (1991) sowie Pegden et al. (1995).

Literatur zu Kapitel 10

Ahrens und Dieter (1989), (1990);
Bamberg und Baur (1989);
Bauknecht et al. (1976);
Chamoni (1986);
Hillier und Lieberman (1988);
Kao (1989);
Krampe et al. (1973);
Krüger (1975);
Lehn und Wegmann (1985);
Meyer und Hansen (1985);
Pegden et al. (1995);
Schrage (1979);
Stahlknecht (1970);
Tempelmeier und Kuhn (1992);
Witte et al. (1994).
Arthur et al. (1986);
Bartmann und Beckmann (1989);
Biethahn (1978);
Domschke et al. (1995) – *Übungsbuch*;
Hummeltenberg und Preßmar (1989);
Kohlas (1972), (1977);
Kreutzer (1986);
Law und Kelton (1982);
Liebl (1992);
Neumann (1975 b), (1977), (1990);
Schneeweiß (1981);
Stähly (1989);
Tempelmeier (1991);
Watson und Blackstone (1989);

Literaturverzeichnis

Aarts, E.H.L. und J.H.M. Korst (1989): Simulated annealing and Boltzman machines. Wiley, Chichester u.a.

Aho, A.V.; J.E. Hopcroft und J.D. Ullman (1983): Data structures and algorithms. Addison-Wesley, Reading (Mass.).

Ahrens, J.H. und U. Dieter (1989): An alias method for sampling from the normal distribution. Computing **42**, S. 159 – 170.

Ahrens, J.H. und U. Dieter (1990): A convenient sampling method with bounded computation times for Poisson distributions. American J. of Mathematical and Management Sciences **25**, S. 1 – 13.

Ahuja, R.K.; T.L. Magnanti und J.B. Orlin (1993): Network flows – theory, algorithms, and applications. Prentice-Hall, Englewood Cliffs.

Altrogge, G. (1994): Netzplantechnik. 2. Aufl., Oldenbourg, München – Wien.

Arthur, J.L.; J.O. Frendewey, P. Ghandforoush und L.P. Rees (1986): Microcomputer simulation systems. Comput. & Ops. Res. **13**, S. 167 – 183.

Assad, A.A.; E.A. Wasil und G.L. Lilien (Hrsg.) (1992): Excellence in management science practice. Prentice-Hall, Englewood Cliffs.

Bachem, A. (1980): Komplexitätstheorie im Operations Research. Zeitschrift für Betriebswirtschaft **50**, S. 812 – 844.

Bachem, A. und W. Kern (1992): Linear programming duality – An introduction to oriented matroids. Springer, Berlin u.a.

Backhaus, K.; B. Erichson, W. Plinke und R. Weiber (1994): Multivariate Analysemethoden – Eine anwendungsorientierte Einführung. 7. Aufl., Springer, Berlin u.a.

Bamberg, G. und F. Baur (1989): Statistik. 6. Aufl., Oldenbourg, München – Wien.

Bamberg, G. und A.G. Coenenberg (1994): Betriebswirtschaftliche Entscheidungslehre. 8. Aufl., Vahlen, München.

Bartels, H.G. (1984): Übungen zur quantitativen Betriebswirtschaftslehre. Vahlen, München.

Bartmann, D. und M.J. Beckmann (1989): Lagerhaltung – Modelle und Methoden. Springer, Berlin u.a.

Bartusch, M.; R.H. Möhring und F.J. Radermacher (1988): Scheduling project networks with resource constraints and time windows. Annals of Operations Research **16**, S. 201 – 240.

Bastian, M. (1980): Lineare Optimierung großer Systeme. Hain, Meisenheim/Glan.

Bauknecht, K.; J. Kohlas und C.A. Zehnder (1976): Simulationstechnik – Entwurf und Simulation von Systemen auf digitalen Rechenautomaten. Springer, Berlin u.a.

Bazaraa, M.S.; J.J. Jarvis und H.D. Sheraly (1990): Linear programming and network flows. 2. Aufl., Wiley, New York u.a.

Bazaraa, M.S. und C.M. Shetty (1979): Nonlinear programming. Wiley, New York u.a.

Beisel, E.-P. und M. Mendel (1987): Optimierungsmethoden des Operations Research, Bd. 1: Lineare und ganzzahlige lineare Optimierung. Vieweg, Braunschweig – Wiesbaden.

Bellman, R. (1957): Dynamic programming. Princeton University Press, Princeton.

Bertsekas, D.P. (1991): Linear network optimization: algorithms and codes. MIT Press, Cambridge / Mass.

Bertsekas, D.P. und P. Tseng (1988): The relax codes for linear minimum cost network flow problems. Annals of Operations Research **13**, S. 125 – 190.

Beuermann, G. (1993): Spieltheorie und Betriebswirtschaftslehre. In: W. Wittmann et al. (Hrsg.): Handwörterbuch der Betriebswirtschaft. 5. Aufl., Schäffer-Poeschel, Stuttgart, Sp. 3929 – 3940.

Biethahn, J. (1978): Optimierung und Simulation. Gabler, Wiesbaden.

Bloech, J. (1974): Lineare Optimierung für Wirtschaftswissenschaftler. Westdeutscher Verlag, Opladen.

Blohm, H. und K. Lüder (1995): Investition. 8. Aufl., Vahlen, München.

Bol, G. (1980): Lineare Optimierung – Theorie und Anwendungen. Athenäum, Königstein/Ts.

Bolch, G. (1989): Leistungsbewertung von Rechensystemen mittels analytischer Warteschlangenmodelle. Teubner, Stuttgart.

Borgwardt, K.H. (1987): The simplex method: A probabilistic analysis. Springer, Berlin u.a.

Brinck, A.; H. Damhorst, D. Kramer und W. v. Zwehl (1991): Lineare und ganzzahlige Optimierung mit impac. Vahlen, München.

Brockhoff, K. (1977): Prognoseverfahren für die Unternehmensplanung. Gabler, Wiesbaden.

Brucker, P. (1975): Ganzzahlige lineare Programmierung mit ökonomischen Anwendungen. Hain, Meisenheim/Glan.

Brucker, P. (1981): Scheduling. Akademische Verlagsgesellschaft, Wiesbaden.

Burkard, R.E. und U. Derigs (1980): Assignment and matching problems: Solution methods with FORTRAN-programs. Springer, Berlin u.a.

Camerini, P.M.; G. Galbiati und F. Maffioli (1988): Algorithms for finding optimum trees: Description, use and evaluation. Annals of Operations Research **13**, S. 265 – 397.

Carpaneto, G.; S. Martello und P. Toth (1988): Algorithms and codes for the assignment problem. Annals of Operations Research **13**, S. 193 – 223.

Chamoni, P. (1986): Simulation störanfälliger Systeme. Gabler, Wiesbaden.

Collatz, L. und W. Wetterling (1971): Optimierungsaufgaben. 2. Aufl., Springer, Berlin u.a.

Dantzig, G.B. (1966): Lineare Programmierung und Erweiterungen. Springer, Berlin u.a.

Dekkers, A. und E. Aarts (1991): Global optimization and simulated annealing. Mathematical Programming **50**, S. 367 – 393.

Demeulemeester, E. und W. Herroelen (1992): A branch-and-bound procedure for the multiple resource-constrained project scheduling problem. Management Science **38**, S. 1803 – 1818.

Derigs, U. (1985/86): The shortest augmenting path method for solving assignment problems – motivation and computational experience. Annals of Operations Research **4**, S. 57 – 102.

Derigs, U. (1988): Programming in networks and graphs – on the combinatorial background and near-equivalence of network flow and matching algorithms. Springer, Berlin u.a.

De Wit, J. und W. Herroelen (1990): An evaluation of microcomputer-based software packages for project management. European J. of Operational Research **49**, S. 102 – 139.

Dijkstra, E.W. (1959): A note on two problems in connection with graphs. Numerische Mathematik **1**, S. 269 – 271.

Dinkelbach, W. (1969): Sensitivitätsanalysen und parametrische Programmierung. Springer, Berlin.

Dinkelbach, W. (1982): Entscheidungsmodelle. de Gruyter, Berlin – New York.

Dinkelbach, W. (1992): Operations Research – Ein Kurzlehr- und Übungsbuch. Springer, Berlin u.a.

Dinkelbach, W. und U. Lorscheider (1990): Übungsbuch zur Betriebswirtschaftslehre – Entscheidungsmodelle und lineare Programmierung. 2. Aufl., Oldenbourg, München – Wien.

Diruf, G. und J. Schönbauer (1976): Operations Research Verfahren. Verlag für Wirtschaftsskripten, München.

Domschke, W. (1994): Planungsrechnung. In: W. Busse von Colbe (Hrsg.): Handwörterbuch des Rechnungswesens. 3. Aufl., Oldenbourg, München – Wien, S. 480 – 483.

Domschke, W. (1995): Logistik: Transport. 4. Aufl., Oldenbourg, München – Wien.

Domschke, W. (1996): Logistik: Rundreisen und Touren. 4. Aufl., Oldenbourg, München – Wien.

Domschke, W. und A. Drexl (1991): Kapazitätsplanung in Netzwerken – Ein Überblick über neuere Modelle und Verfahren. OR Spektrum **13**, S. 63 – 76.

Domschke, W. und A. Drexl (1995): Logistik: Standorte. 4. Aufl., Oldenbourg, München – Wien.

Domschke, W.; A. Drexl, B. Schildt, A. Scholl und S. Voß (1995): Übungsbuch Operations Research. Springer, Berlin u.a.

Domschke, W.; A. Scholl und S. Voß (1993): Produktionsplanung – Ablauforganisatorische Aspekte. Springer, Berlin u.a.

Drexl, A. (1988): A simulated annealing approach to the multiconstraint zero-one knapsack problem. Computing **40**, S. 1 – 8.

Drexl, A. (1990 a): Planung des Ablaufs von Unternehmensprüfungen. Poeschel, Stuttgart.

Drexl, A. (1990 b): Fließbandaustaktung, Maschinenbelegung und Kapazitätsplanung in Netzwerken – Ein integrierender Ansatz. Zeitschrift für Betriebswirtschaft **60**, S. 53 – 70.

Drexl, A. (1991): Scheduling of project networks by job assignment. Management Science **37**, S. 1590 – 1602.

Dück, W. (1979): Optimierung unter mehreren Zielsetzungen. Vieweg, Braunschweig.

Dworatschek, S. und A. Hayek (1987): Marktspiegel 87/88 Projekt-Management Software. Verlag TÜV Rheinland, Köln.

Ecker, J.G. und M. Kupferschmid (1988): Introduction to Operations Research. Wiley, New York u.a.

Eiselt, H.A.; G. Pederzoli und C.-L. Sandblohm (1987): Continuous optimization models. de Gruyter, Berlin – New York.

Eisenführ, F. und M. Weber (1994): Rationales Entscheiden. 2. Aufl., Springer, Berlin u.a.

Ellinger, T. (1990): Operations Research – Eine Einführung. 3. Aufl., Springer, Berlin u.a.

Elmaghraby, S.E. (1977): Activity networks: Project planning and control by network models. Wiley, New York u.a.

Fandel, G. (1972): Optimale Entscheidungen bei mehrfacher Zielsetzung. Springer, Berlin u.a.

Federgruen, A. und M. Tzur (1991): A simple forward algorithm to solve general dynamic lot sizing models with n periods in O(n log n) or O(n) time. Management Science **37**, S. 909 – 925.

Feichtinger, G. und R.F. Hartl (1986): Optimale Kontrolle ökonomischer Prozesse. de Gruyter, Berlin – New York.

Ferschl, F. (1973): Markovketten. Springer, Berlin u.a.

Fleischmann, B. (1988): A new class of cutting planes for the symmetric travelling salesman problem. Mathematical Programming **40**, S. 225 – 246.

Fleischmann, B. (1990): The discrete lot-sizing and scheduling problem. European J. of Operational Research **44**, S. 337 – 348.

Floyd, R. (1962): Algorithm 97: Shortest path. Communications of the Association for Computing Machinery **5**, S. 345.

Gal, T. (Hrsg.) (1989): Grundlagen des Operations Research (3 Bände). 2. Aufl., Springer, Berlin u.a.

Gal, T. und H. Gehring (1981): Betriebswirtschaftliche Planungs- und Entscheidungstechniken. de Gruyter, Berlin – New York.

Gallo, G. und S. Pallottino (1988): Shortest path algorithms. Annals of Operations Research **13**, S. 3 – 79.

Garey, M.R. und D.S. Johnson (1979): Computers and intractability: A guide to the theory of NP-completeness. Freeman, San Francisco.

Gaul, W. (1981): Bounds for the expected duration of a stochastic project planning model. J. of Information & Optimization Sciences **2**, S. 45 – 63.

Gavish, B. und H. Pirkul (1985): Efficient algorithms for solving multiconstraint zero-one knapsack problems to optimality. Mathematical Programming **31**, S. 78 – 105.

Geoffrion, A.M. (1974): Lagrangean relaxation for integer programming. Mathematical Programming Study **2**, S. 82 – 114.

Geoffrion, A.M. (1992): The SML language for structured modeling. Operations Research **40**, S. 38 – 75.

Glover, F. (1989): Tabu search – part I. ORSA J. on Computing **1**, S. 190 – 206.

Glover, F. (1990): Tabu search – part II. ORSA J. on Computing **2**, S. 4 – 32.

Götzke, H. (1969): Netzplantechnik. VEB-Verlag, Leipzig.

Goldberg, D.E. (1989): Genetic algorithms in search, optimization and machine learning. Addison-Wesley, Reading (Mass.) u.a.

Golden, B.L. und E.A. Wasil (1986): Nonlinear programming on a microcomputer. Comput. & Ops. Res. **13**, S. 149 – 166.

Greenberg, H.J. und F.H. Murphy (1992): A comparison of mathematical programming modeling systems. Annals of Operations Research **38**, S. 177 – 238.

Grötschel, M. und W.R. Pulleyblank (1986): Clique tree inequalities and the symmetric travelling salesman problem. Mathematics of Operations Research **11**, S. 537 – 569.

Günther, H.-O. und H. Tempelmeier (1995): Produktion und Logistik. 2. Aufl., Springer, Berlin u.a.

Habenicht, W. (1984): Interaktive Lösungsverfahren für diskrete Vektoroptimierungsprobleme unter besonderer Berücksichtigung von Wegeproblemen in Graphen. Athenäum u.a., Königstein/Ts.

Hadley, G. (1969): Nichtlineare und dynamische Programmierung. Physica, Würzburg – Wien.

Hässig, K. (1979): Graphentheoretische Methoden des Operations Research. Teubner, Stuttgart.

Hansmann, K.-W. (1983): Kurzlehrbuch Prognoseverfahren. Gabler, Wiesbaden.

Hansmann, K.-W. (1992): Industrielles Management. 3. Aufl., Oldenbourg, München – Wien.

Hansohm, J. und M. Hänle (1991): Vieweg Decision Manager – Ein Programmpaket zur Lösung linearer Probleme mit mehreren Zielfunktionen. Vieweg, Braunschweig.

Held, M. und R.M. Karp (1970): The travelling salesman problem and minimum spanning trees. Operations Research **18**, S. 1138 – 1162.

Held, M.; P. Wolfe und H.P. Crowder (1974): Validation of subgradient optimization. Mathematical Programming **6**, S. 62 – 88.

Hillier, F.S. und G. J. Lieberman (1988): Operations Research. 4. Aufl., Oldenbourg, München – Wien.

Horst, R. (1979): Nichtlineare Optimierung. Hanser, München – Wien.

Horst, R. und H. Tuy (1993): Global optimization: Deterministic approaches. 2. Aufl., Springer, Berlin u.a.

Hummeltenberg, W. und D.B. Preßmar (1989): Vergleich von Simulation und Mathematischer Optimierung an Beispielen der Produktions- und Ablaufplanung. OR Spektrum **11**, S. 217 – 229.

Inderfurth, K. (1982): Starre und flexible Investitionsplanung. Gabler, Wiesbaden.

Isermann, H. (1989): Optimierung bei mehrfacher Zielsetzung. In: Gal (1989), Band 1, S. 420 – 497.

Kao, C. (1989): A random-number generator for microcomputers. J. of the Operational Research Society **40**, S. 687 – 691.

Karmarkar, N. (1984): A new polynomial-time algorithm for linear programming. Combinatorica **4**, S. 373 – 395.

Kern, W. (1987): Operations Research. 6. Aufl., Poeschel, Stuttgart.

Khachijan (od. Chatschijan), L.G. (1979): A polynomial algorithm in linear programming. Soviet Math. Doklady **20**, S. 191 – 194.

Kistner, K.-P. (1993): Optimierungsmethoden. 2. Aufl., Physica, Heidelberg.

Kistner, K.-P. und M. Steven (1993): Produktionsplanung. 2. Aufl., Physica, Heidelberg.

Klee, V. und G.J. Minty (1972): How good is the simplex algorithm. In: O. Shisha (Hrsg.): Inequalities III. Academic Press, New York, S. 159 – 175.

Klemm, U. (1966): Automatische Erstellung eines Netzplans aus der Reihenfolgetabelle und seine graphengesteuerte Auswertung nach CPM. Elektronische Datenverarbeitung **8**, S. 66 – 70.

Knolmayer, G. (1980): Programmierungsmodelle für die Produktionsprogrammplanung. Birkhäuser, Basel u.a.

Kohlas, J. (1972): Monte Carlo Simulation im Operations Research. de Gruyter, Berlin u.a.

Kohlas, J. (1977): Stochastische Methoden des Operations Research. Teubner, Stuttgart.

Kolen, A. und E. Pesch (1994): Genetic local search in combinatorial optimization. Discrete Applied Mathematics **48**, S. 273 – 284.

Kolisch, R. (1995): Project scheduling under resource constraints. Physica, Heidelberg.

Kolisch, R. und K. Hempel (1995): Entscheidungstheoretisch fundierte Bewertung von Standardsoftware für das Projektmanagement. Manuskripte aus den Instituten für BWL der Universität Kiel, Nr. 368.

Kolisch, R.; A. Sprecher und A. Drexl (1995): Characterization and generation of a general class of resource-constrained project scheduling problems. Erscheint in Management Science **41**.

Kosmol, P. (1989): Methoden zur numerischen Behandlung nichtlinearer Gleichungen und Optimierungsaufgaben. Teubner, Stuttgart.

Kosmol, P. (1991): Optimierung und Approximation. de Gruyter, Berlin – New York.

Krabs, W. (1983): Einführung in die lineare und nichtlineare Optimierung für Ingenieure. Teubner, Stuttgart.

Krampe, H.; J. Kubat und W. Runge (1973): Bedienungsmodelle – Ein Leitfaden für die praktische Anwendung. Oldenbourg, München – Wien.

Kreko, B. (1970): Lehrbuch der linearen Optimierung. 5. Aufl., Deutscher Verlag der Wissenschaften, Berlin.

Kreutzer, W. (1986): System simulation – programming styles and languages. Addison-Wesley, Sydney u.a.

Krüger, S. (1975): Simulation – Grundlagen, Techniken, Anwendungen. de Gruyter, Berlin – New York.

Kruschwitz, L. (1993): Investitionsrechnung. 5. Aufl., de Gruyter, Berlin – New York.

Kruskal, J.B. (1956): On the shortest spanning subtree of a graph and the traveling salesman problem. Proc. Amer. Math. Soc. **7**, S. 48 – 50.

Künzi, H.P.; W. Krelle und R. van Randow (1979): Nichtlineare Programmierung. Springer, Berlin u.a.

Küpper, W.; K. Lüder und L. Streitferdt (1975): Netzplantechnik. Physica, Würzburg - Wien.

Kuhn, H. (1990): Einlastungsplanung von flexiblen Fertigungssystemen. Physica, Heidelberg.

Laux, H. (1991): Entscheidungstheorie I – Grundlagen. 2. Aufl., Springer, Berlin u.a.

Law, A.M. und W.D. Kelton (1982): Simulation modeling and analysis. McGraw-Hill, New York u.a.

Lawler, E.L.; J.K. Lenstra, A.H.G. Rinnooy Kan und D.B. Shmoys (Hrsg.) (1985): The traveling salesman problem – a guided tour of combinatorial optimization. Wiley, Chichester u.a.

Lehn, J. und H. Wegmann (1985): Einführung in die Statistik. Teubner, Stuttgart.

Liebl, F. (1992): Simulation – Problemorientierte Einführung. Oldenbourg, München – Wien.

Lin, S. und B.W. Kernighan (1973): An effective heuristic algorithm for the traveling-salesman problem. Operations Research **21**, S. 498 – 516.

Llewellyn, J. und R. Sharda (1990): Linear programming software for personal computers: 1990 survey. OR/MS Today **17**, No. 5, S. 35 – 47.

Martello, S. und P. Toth (1990): Knapsack problems - algorithms and computer implementations. Wiley, Chichester.

Mertens, P. (1991): Integrierte Informationsverarbeitung 1. 8. Aufl., Gabler, Wiesbaden.

Meyer, M. und K. Hansen (1985): Planungsverfahren des Operations Research. 3. Aufl., Vahlen, München.

Minoux, M. (1986): Mathematical programming - theory and algorithms. Wiley, New York u.a.

Morlock, M. und K. Neumann (1973): Ein Verfahren zur Minimierung der Kosten eines Projektes bei vorgegebener Projektdauer. Angewandte Informatik **15**, S. 135–140.

Müller-Merbach, H. (1973): Operations Research. 3. Aufl., Vahlen, München.

Müller-Merbach, H. (1981): Heuristics and their design: A survey. European J. of Operational Research **8**, S. 1 – 23.

Neumann, K. (1975 a): Operations Research Verfahren, Band I. Hanser, München – Wien.

Neumann, K. (1975 b): Operations Research Verfahren, Band III. Hanser, München – Wien.

Neumann, K. (1977): Operations Research Verfahren, Band II. Hanser, München - Wien.

Neumann, K. (1990): Stochastic project networks - temporal analysis, scheduling and cost minimization. Springer, Berlin u.a.

Neumann, K. und M. Morlock (1993): Operations Research. Hanser, München – Wien.

Ohse, D. (1989): Transportprobleme. In: Gal (1989), Band 2, S. 261 – 360.

Opitz, O. (1980): Numerische Taxonomie. Fischer, Stuttgart.

Opitz, O. (1989): Mathematik. Oldenbourg, München – Wien.

Papadimitriou, C.H. und K. Steiglitz (1982): Combinatorial optimization: Algorithms and complexity. Prentice-Hall, Englewood Cliffs.

Pape, U. (1974): Implementation and efficiency of Moore algorithms for the shortest route problem. Mathematical Programming 7, S. 212 – 222.

Parker, R.G. und R.L. Rardin (1988): Discrete optimization. Academic Press, Boston u.a.

Pegden, C.D.; R.E. Shannon und R.P. Sadowski (1995): Introduction to SIMAN. 2. Aufl., McGraw-Hill, New York u.a.

Pesch, E. (1994): Learning in automated manufacturing – A local search approach. Physica, Heidelberg.

Prim, R.C. (1957): Shortest connection networks and some generalizations. Bell Syst. Techn. **36**, S. 1389 – 1401.

Rauhut, B.; N. Schmitz und E.W. Zachow (1979): Spieltheorie. Teubner, Stuttgart.

Reese, J. (1980): Standort- und Belegungsplanung für Maschinen in mehrstufigen Produktionsprozessen. Springer, Berlin u.a.

Reeves, C.R. (Hrsg.) (1993): Modern heuristic techniques for combinatorial problems. Blackwell, Oxford u.a.

Richter, K.-J. (1975): Methoden der Optimierung, Band 1: Lineare Optimierung. 5. Aufl., VEB Fachbuchverlag, Leipzig.

Riester, W.F. und R. Schwinn (1970): Projektplanungsmodelle. Physica, Würzburg – Wien.

Rockafellar, R.T. (1970): Convex analysis. Princeton University Press, Princeton.

Rommelfanger, H. (1989): Mathematik für Wirtschaftswissenschaftler, Band 2. Wissenschaftsverlag, Mannheim u.a.

Rossier, Y.; M. Troyon und T.M. Liebling (1986): Probabilistic exchange algorithms and Euclidean traveling salesman problems. OR Spektrum **8**, S. 151 – 164.

Salkin, H.M. (1975): Integer programming. Addison-Wesley, Menlo Park u.a.

Schäl, M. (1990): Markoffsche Entscheidungsprozesse. Teubner, Stuttgart.

Schassberger, R. (1973): Warteschlangen. Springer, Berlin u.a.

Schittkowski, K. (1980): Nonlinear programming codes – information, tests, performance. Springer, Berlin u.a.

Schmitz, P. und A. Schönlein (1978): Lineare und linearisierbare Optimierungsmodelle sowie ihre ADV-gestützte Lösung. Vieweg, Braunschweig.

Schneeweiß, C. (1974): Dynamisches Programmieren. Physica, Würzburg – Wien.

Schneeweiß, C. (1981): Modellierung industrieller Lagerhaltungssysteme – Einführung und Fallstudien. Springer, Berlin u.a.

Schneeweiß, C. (1991): Planung 1 – Systemanalytische und entscheidungstheoretische Grundlagen. Springer, Berlin u.a.

Scholl, A. (1995): Balancing and sequencing of assembly lines. Erscheint bei Physica, Heidelberg.

Schrage, L. (1979): A more portable Fortran random number generator. ACM Transactions on Mathematical Software **5**, S. 132 – 138.

Schwarze, J. (1986): Mathematik für Wirtschaftswissenschaftler, Bd. 3: Lineare Algebra und Lineare Programmierung. 6. Aufl., Verlag Neue Wirtschafts-Briefe, Herne – Berlin.

Schwarze, J. (1994): Netzplantechnik. 7. Aufl., Verlag Neue Wirtschafts-Briefe, Herne – Berlin.

Schwefel, H.-P. (1977): Numerische Optimierung von Computer-Modellen mittels der Evolutionsstrategie. Birkhäuser, Basel u.a.

Seelbach, H. (1975): Ablaufplanung. Physica, Würzburg – Wien.

Shamir, R. (1987): The efficiency of the simplex method: A survey. Management Science 33, S. 301 – 334.

Sharda, R. und C. Somarajan (1986): Comparative performance of advanced microcomputer LP systems. Comput. & Ops. Res. 13, S. 131 – 147.

Simmons, D.M. (1975): Nonlinear programming for Operations Research. Prentice-Hall, Englewood Cliffs.

Slowinski, R. und J. Weglarz (Hrsg.) (1989): Advances in project scheduling. Elsevier, Amsterdam u.a.

Smith, T.H.C. und G.L. Thompson (1977): A LIFO implicit enumeration search algorithm for the symmetric traveling salesman problem using Held and Karp's 1-tree-relaxation. Annals of Discrete Mathematics 1, S. 479 – 493.

Späth, H. (1977): Cluster-Analyse-Algorithmen zur Objektklassifizierung und Datenreduktion. 2. Aufl., Oldenbourg, München – Wien.

Stadtler, H.; M. Groeneveld und H. Hermannsen (1988): A comparison of LP software on personal computers for industrial applications. European J. of Operational Research 35, S. 146 – 159.

Stähly, P. (1989): Einsatzplanung für Katastrophenfälle mittels Simulationsmodellen auf der Basis von SIMULA. OR Spektrum 11, S. 231 – 238.

Stahlknecht, P. (1970): Operations Research. 2. Aufl., Vieweg, Braunschweig.

Stepan, A. und E.O. Fischer (1989): Betriebswirtschaftliche Optimierung – Einführung in die quantitative Betriebswirtschaftslehre. 2. Aufl., Oldenbourg, München – Wien.

Streim, H. (1975): Heuristische Lösungsverfahren – Versuch einer Begriffsklärung. Zeitschrift für Operations Research 19, S. 143 – 162.

Suhl, U.H. (1994): MOPS – Mathematical OPtimization System. European J. of Operational Research 72, S. 312 – 322.

Syslo, M.M. (1984): On the computational complexity of the minimum–dummy–activities problem in a PERT network. Networks 14, S. 37 – 45.

Taha, H.A. (1992): Operations Research – an introduction. 5. Aufl., MacMillan, New York – London.

Tempelmeier, H. (1991): Simulation mit SIMAN. Physica, Heidelberg.

Tempelmeier, H. (1995): Material-Logistik. 3. Aufl., Springer, Berlin u.a.

Tempelmeier, H. und H. Kuhn (1992): Flexible Fertigungssysteme – Entscheidungsunterstützung für Konfiguration und Betrieb. Springer, Berlin u.a.

Tetzlaff, U.A. (1990): Optimal design of flexible manufacturing systems. Physica, Heidelberg.

Tomizawa, N. (1971): On some techniques useful for solution of transportation network problems. Networks 1, S. 173 – 194.

Voß, S. (1990): Steiner-Probleme in Graphen. Hain, Frankfurt/M.

Voß, S. (1994): Intelligent search. Habilitationsschrift, TH Darmstadt, erscheint bei Springer, Berlin u.a.

Wäscher, G. (1982): Innerbetriebliche Standortplanung bei einfacher und mehrfacher Zielsetzung. Gabler, Wiesbaden.

Wäscher, G. (1988): Ausgewählte Optimierungsprobleme der Netzplantechnik. Wirtschaftswissenschaftliches Studium **17**, S. 121 – 126.

Wagelmans, A.; S. von Hoesel und A. Kolen (1992): Economic lot sizing: An O(n log n) algorithm that runs in linear time in the Wagner-Whitin case. Operations Research **40**, S. S 145 – S 156.

Wagner, H.M. und T.M. Whitin (1958): Dynamic version of the economic lot size model. Management Science **5**, S. 89 – 96.

Watson, H.J. und J.H. Blackstone (1989): Computer simulation. 2. Aufl., Wiley, New York u.a.

de Werra, D. und A. Hertz (1989): Tabu search techniques: A tutorial and an application to neural networks. OR Spektrum **11**, S. 131 – 141.

Wirth, N. (1986): Algorithms and data structures. Prentice-Hall, New York u.a.

Witte, T.; T. Claus und K. Helling (1994): Simulation von Produktionssystemen mit SLAM. Addison-Wesley, Bonn u.a.

Zäpfel, G. (1989): Taktisches Produktions-Management. de Gruyter, Berlin – New York.

Zanakis, S.H.; J.R. Evans und A.A. Vazacopoulos (1989): Heuristic methods and applications: A categorized survey. European J. of Operational Research **43**, S. 88 – 110.

Ziegler, H. (1985): Minimal and maximal floats in project networks. Engineering Costs and Production Economics **9**, S. 91 – 97.

Zimmermann, H.-J. (1992): Methoden und Modelle des Operations Research. 2. Aufl., Vieweg, Braunschweig – Wiesbaden.

Sachverzeichnis